人 文 艺 术 丛 书

中国服装简史

ZHONGGUO
FUZHUANG
JIANSHI

·王鸣著·

U0306913

中国出版集团
东方出版中心

图书在版编目（CIP）数据

中国服装简史 / 王鸣著. —上海 ： 东方出版中心，
2018.7
（人文艺术丛书）
ISBN 978-7-5473-1319-0

Ⅰ． ①中… Ⅱ． ①王… Ⅲ． ①服装－历史－中国 Ⅳ.
①TS941-092

中国版本图书馆CIP数据核字(2018)第138535号

策划编辑　梁　惠
责任编辑　刘玉伟　蒋　雯
美术编辑　汤　梅

中国服装简史

出版发行 ： 东方出版中心
地　　址 ： 上海市仙霞路345号
电　　话 ： （021）62417400
邮政编码 ： 200336
经　　销 ： 全国新华书店
印　　刷 ： 江阴市华力印务有限公司
开　　本 ： 720毫米×1000毫米　1/16
字　　数 ： 309千字
印　　张 ： 17.75
印　　次 ： 2018年7月第1版第1次印刷
ISBN　978-7-5473-1319-0
定　　价 ： 86.00元

东方出版中心邮购部　电话：（021）52069798

前 言
FOREWORD

　　中华民族历史悠久，文化灿烂，被誉为"衣冠之国"，是世界服饰文化的典范。最早研究中国服饰史并著书立说的是日本人原田淑人（1885—1974年），他从20世纪20年代初起，出版了《唐代的服饰》和《汉六朝的服饰》等专著。我国现代作家、历史文物研究家沈从文先生在20世纪50年代编写的《中国古代服饰研究》和华梅在20世纪80年代出版的《中国服装史》，虽重点各异、视角不同，前者从考古、文化学角度研究，后者从教材角度编写，但都开创了中国服装发展研究之先河。

　　这本《中国服装简史》结合了笔者20余年的教学实践，运用了大量真实的古代服装资料，系统地揭示出我国历代服饰的艺术风貌和时代特色。本书在编写过程中重视了服装发展与服饰文化的通识性，加入了最新研究成果，从我国服装发展的脉络入手，逐次介绍了不同时代服饰的造型、色彩、材料等的特点，并简单阐述不同时代背景下主流意识形态对服饰的影响以及服饰习俗与风尚等内容，可使读者在学习中国服饰文化的同时，增加对历史文化的热爱。

　　读者通过本书中对中国历史上每个时期服饰文化发展情况的系统介绍，可以掌握不同时期影响服饰发展变迁的主要因素，从中找出服饰变迁的原因和规律，加深对当代服装流行元素的理解，预测未来服饰发展的趋势，汲古创新、继承发展，探索中国传统造型元素、色彩应用、材料发展在现代服装设计中的运用。

王　鸣

2018年3月

内容提要

一代有一代之服装。在我国数千年的历史中，服装不仅是用来保护身体、装饰容仪的织物，还具有标识身份、区别等级的功用。本书以时间为顺序，从人类文明学的角度，系统地介绍了中国服装从原始社会到20世纪后半叶的发展及演变，其中包括各时期历史背景及服装观念、服装形制、穿着方式、首饰佩饰等，并附有大量精美的插图，是一本耐读、好看的中国服饰文化读物，能够帮助读者掌握中国历代服装发展的脉络，深刻感受到中国"农冠大国"美名的真正内涵。

作者简介

王 鸣

沈阳航空航天大学教授、硕士生导师，长期从事服装设计、中外服装史、中国服饰文化、服装美学等课程的教学与研究工作，主讲的"中国服装史"课程被评为优质课程与精品课程。曾先后完成多项国家及省市级课题，在中文核心期刊发表论文20余篇；出版《跟我学服装设计》《服装款式设计大系》《服装图案设计》等专著和教材10余部。2005年，论文《中国清代服装制度与传统色彩文化探询》在日本东京"ASIAN COLOR FORUM 2005"国际会议上公开宣讲并发表。

目 录
CONTENTS

第一章
中国服装史概述

自从1859年达尔文出版了《物种起源》一书，首次提出进化论的观点，人类的生活行为、社会发展、文化与艺术的演进，都变得有迹可循。人猿虽然同祖，但长期以来有多种猿类，都不能创造工具，只能依靠自然条件生活，至今仍不能创造同人类一样的社会。只有在远古时代的一种叫"类人猿"的物种，通过劳动与进化改变了自身的生存状态。它们发明、使用工具为自己创造了有利的生活条件，并把这种智力持续发展，演化成了今天的人类。

人类的生活与繁衍，首先是衣、食、住。有了这些条件后才能使自身的生命得以保存、壮大，并不断延续。人类经历了漫长的演进历史，为了适应各种自然环境形成了不同的衣着方式。服装是人类根据自己所属的时代、环境、风俗及社会而穿着的。它作为人的第二层肌肤，是表达人类精神生活的特殊语言，更是人类社会物质文明发展到一定阶段的产物。

远古时期，人类穴居深山密林，过着非常原始的生活，仅以树叶草葛遮身，后来渐渐知道了"搴木茹皮以御风霜，绚发冒首以去灵雨"，才开始用兽皮裹身，从此服装成为人类物质文明和精神文明的一面镜子。

中国又称"华夏"，这一名称的由来与服装有关。《尚书》注："冕服采章曰华，大国曰夏。"《左传正义》曰："中国有礼仪之大，故称夏；有服章之美，谓之华。"中国自古就被称为"衣冠上国""礼仪之邦"，而"衣冠"便成了文明的代名词。

中华文化历史发展始终与服装发展有着千丝万缕的联系，从我国语言词汇中的成语中可见一斑。如衣锦还乡、衣冠楚楚、衣锦夜行、沐猴而冠、衣架饭囊等，以服饰内容构成的成语之类熟语不胜枚举。这些语言代表了一个个生动的历史故事或典故。

第一节　中国服装发展的三大历史时期

一、我国服装发展的三大历史时期划分

纵观我国服装发展的历史，可概括出古典期、突破期和近现代期三大历史时期。古典期包括夏商周、秦汉、魏晋南北朝、隋、唐、宋、明朝；突破期主要指清朝；近现代期是指辛亥革命至20世纪末。

二、不同历史时期服装特点简述

夏商周时期是中国服装由原始社会的巫术象征过渡到以政治伦理为基础的王权象征的重要历史时期。到了春秋战国时期，以服饰来区别身份贵贱的冠服等级制度已经完备。先秦时期的服装风格总体是古朴敦厚的。秦汉时期，特别是两汉，国力雄厚，内外交流日益活跃，衣冠服饰日趋华丽，男子以袍为贵，女子以深衣为尚，服装风格上雄健庄重。魏晋、隋唐时代，特别是唐朝是一个开放性社会，是古典服饰发展的一个高峰，特点是袒胸、长裙、紧身、短袖，受外来服饰影响明显；风格上丰满、华丽、博大、清新。宋朝受程朱理学的影响，服饰趋向拘谨、质朴、清秀、典雅。女服中的褙子较自由开放，具有较高的艺术美学价值，风格上典雅俊秀。元朝时期，蒙古族人穿长袍、紧袖、束腰、登靴的民族服装，汉族人则仍沿用宋的式样。后期出现了不同的民族服装，有趋同性特点，总体风格粗犷多样。明朝服装上采周汉、下取唐宋，恢复了汉族服饰传统，制定了一整套新的服装制度，总体上崇尚繁丽华美，风格上清新纤巧，是古典期的大成和终结时期。

我国古典期的服装发展有两种显著的特点。一是世代相袭的民族性，即传统汉服的继承和发展，汉服呈现出相对独立而缓慢的发展规律。汉服风格主要是指明末以前，在自然的文化发展和民族交融的过程中形成的汉族服饰特点。汉服的源头可以追溯到中国上古黄帝时期，并一直保持着风格的传承与缓慢的演化。汉服形制从黄帝时期到唐、宋、明时代，在中国广袤的土地上，在历时近5000年的时间跨度和数百万平方公里的空间广度上，一直以主流形态出现，以右衽、大袖、深衣为典型代表。朝代的更替没有摒弃原来的服饰文化，而是通过对传统的继承使服装结构长期保持着相同的模式，直到清代改冠易服，汉

服形制的冠冕衣裳才宣告终止。二是借鉴发展的规律，由于相近民族文化的长期互相借鉴和不同民族间的融合，服装会随时代不同而表现出相应的变化。对于一个民族的服装来说，借鉴的发展模式是随着民族文化的延续而不断发展的。历史上，继承发展曾是东西方各民族、国家服装发展的主要道路。由于古代生产力落后，人类跨越更大的地域范围的能力有限，因此，民族之间、国家之间的服装借鉴，只局限于较邻近的民族和国家之间。继承发展是中国服装发展的主要道路，借鉴发展始终贯穿其中。

清朝是我国服装史上改变最大的一个时代，也是保留民族服装传统最多的一个非汉族王朝，称为突破期。清朝建立后统治者强令汉民剃发易服，强制推行满族服装样式，以代替汉族的传统样式，致使男女服装在最后一个封建朝代发生了重大变化。男子的服装以满族装束为主，几千年来世代相传的传统服装制度由于清兵的入关而遭到破坏，取而代之的是陌生的异族服装。旗人的风俗习惯影响着中国的广大地区。男子穿长袍马褂，女子穿旗袍袄裙。除王室贵族外，民间百姓的服装日趋简洁实用，一改过去服饰的烦琐、服装图案的精致细密。这一时期的服装面料，如锦缎，把缎织物的光洁、平滑、高贵的特性发挥到了极致，中国古代织绣发展到最高水平。

我国服装发展的近现代期的划分思路与历史学的近代史划分稍有区别，历史学的近代是从1840年开始的，而服装发展的近代历史是从清朝结束而开始的，这也反映出服装发展的特殊性。近现代期可分为两个阶段，即1912年的辛亥革命至1949年新中国成立前、新中国成立后至20世纪末。第一阶段是近代服装吸收、借鉴西方服装的时期，如剪去发辫、穿上中山装和西式服装及改良后的旗袍等；第二阶段为新中国成立后，新制度、新思想、新风尚带来了服装的新变化。

第二节　影响中国服装变迁的8个主要因素

一、 地理环境、气候风土因素

地理环境、气候风土是人类存在和文化创造的先决条件。每一个民族的产生和每一个地区的文化特征，无不受到地理环境的影响。史前时期，生产力低下，社会发展受自然地理环境影响较大。古代中国是一个农耕国家，农业在发展进程中的盛衰，直接关系到整个国家经济发展的水平。服装作为民族文化中一个可视的、具有综合表现性的类型，同样也受到自然地理气候、地貌等的影响。自然地理环境资源影响当地人适应环境、改造环境的意识，影响服饰的制作与选择，使之形成独特的服饰文化。例如，传说远在黄帝时期，其妻嫘祖就开始驯养野蚕为家蚕，取蚕丝织成做衣服的锦帛。在古老的耕织图上，人们详尽地记录了古代蚕农育蚕、养蚕、缫丝、织绸的整个过程。又如，我国北方民族喜欢在嫁妆的鞋垫或肚兜上刺鸳鸯戏水、喜鹊登梅、凤穿牡丹、连理枝、蝶恋花等民俗图案，以隐喻的形式将相亲相爱、永结同心、白头偕老的纯真爱情注入形象化的视觉语言中，来反映朴素、纯洁的民俗婚姻观。

二、文化传播因素

文化传播是指思想观念、经验技艺和其他文化特质从一个社会传到另一个社会、从一地传到另一地的过程，又称文化扩散，是基本的文化形成过程之一。考古资料证明，一种文化的传播范围大小，与本群族实力大小和活动范围有很大的关系。通过入侵或融合，一种文化向邻近的地理单元扩展，从而影响邻近地区的文化。但是，文化传播与交流往往是双向的。例如，魏晋时期妇女服装承袭秦汉的遗俗，并吸收少数民族的服饰特色，在传统基础上有所改进，一般上身穿衫、袄、襦，下身穿裙子，款式多为"上俭下丰"，衣身部分紧身合体，袖口肥大，裙为多褶裥裙，裙长曳地，下摆宽松，从而达到俊俏潇洒的效果。又如，唐朝时少数民族的"胡服"促进了汉民族服饰的进步，"胡床"改变了中国人席地而坐的习俗，"胡乐"丰富了中国人的文化生活。历史证明，每一次外来文化的输入都为民族传统文化带来了新思想、新内涵，为民族服饰文化带来了新内容、新飞跃。

三、宗教因素

宗教是人类社会发展到一定阶段的产物。最初的服饰就与人类最早的宗教仪式有关。服饰作为文化的象征，不仅在宗教仪式上不可或缺，在宗教情感上更有着不可替代的作用。服饰与宗教信仰可以追溯到远古时代的巫师。例如，萨满巫师在神事活动中，为了加强作法时的神秘感和威慑力，通常在身上披挂一些与萨满教观念密切相关的衣裙、饰物等特殊的法衣，并使用法器，按照想象中神的意愿来主持祭祀活动。这是原始信仰的物化标志和感性象征，也最能集中、综合地体现出少数民族拙朴的原始宗教精神和深刻的文化内涵。服装能折射出各民族深层的文化心理结构，同时反映出在这种独特的文化母体中孕育形成的民族审美意识和审美精神。古代西亚等地区的宗教文化对服饰的影响也是显而易见的。这个地区的人们主要从事畜牧业，擅长骑射，崇拜多神。自古这个地区就存在着幽闭女性的宗教风习，女性出门要披面纱，身穿长衣裙，把自己全部遮盖起来，现在的伊斯兰教徒仍然保留这种传统。

四、战争因素

在服装发展历史上，战争对服饰的影响是非常深广的。《战国策·赵策二》有赵武灵王"今吾将胡服骑射，以教百姓"的记载。赵武灵王推行"胡服骑射"之后，在赵国出现了最早的正规军装，后来逐渐演变改进为盔甲装备。"习胡服，求便利"成了服饰变化的总体倾向，奠定了中原华夏民族与北方游牧民族服饰融合的基础。

鸦片战争以后，我国的通商口岸外商云集，西方的服装文化传入了中国。晚清末期，大批有志青年出国留学，受到西方先进的思想文化的影响，他们突破封建思想的束缚，掀起了"剪辫易服"的风潮，纷纷剪去辫发，穿起西服。

第一次世界大战爆发后，由于战争的影响，后方妇女参加生产劳动，为了行动方便，出现了裙裤。裙裤是裙子和裤子的结合体，既保留了裤子的优点，便于行动，又具有裙子的飘逸浪漫和宽松舒适。

五、政治因素

政治法律环境对服饰的流行也是有影响的。在封建社会，政治权力凌驾在财产所有权之上，从消费领域直接干涉各阶层的服饰穿着，权力的分配决定了服饰的分配。统治阶级为了维护自身的尊严，对服装进行严格的限制。如普通百姓不可穿黄色服装，这是因为黄色象征权力，是皇室成员的专利。我国早在西周就已形成了完备的冠服制度，对不同身份等级的服饰规定严格，以后各朝各代都对衣冠服饰的等级差异作了明确规定。17世纪一些欧洲国家以拖裙的长短表示穿着者的等级，如王后的裙裾长15.5米，公主的长9.1米，王妃的长6.4米，公爵夫人的长3.6米等。1911年，辛亥革命后，我国服饰方面也发生了巨大的变化，简洁大方的改良旗袍等服饰在女性群体中迅速流行开来。

无论东方还是西方、古代还是现代，服装的演变直接反映了人类社会的政治变革、经济变化和风尚变迁。

六、经济因素

社会经济盛衰是服饰繁荣与否的物质基础。在人类数千年文明演进的过程中，服饰的发展水平始终受到社会物质财富生产能力的限制。唐、宋时期，无论政治、经济、文化还是意识形态等领域都达到了封建社会的鼎盛阶段。唐朝的城市发展已显雏形，宋代的城市发展则走向成熟。城市是经济发展到一定程度的必然产物，城市的出现对服饰的繁荣与发展起到了举足轻重的作用。隋唐时期，中国统一，经济文化繁荣，服饰的发展无论在衣料还是衣式上都呈现出一派空前灿烂的景象。

七、社会生活方式因素

德国语言学家洪堡曾说过："人从来就是与他附近的一切相联系在一起的。"人们的服饰需要取决于生活方式的不同。北极地区的土著民族——因纽特人的住房是石屋、木屋和雪屋。他们主要从事陆上或海上狩猎，辅以捕鱼和驯鹿，猎物成为主要生活来源，服装主要由毛皮制作而成。"蹀躞带"是中国古代北方草原游牧民族服饰的重要组成部分，伴随少数民族政权的建立，在官服体系中具有强烈的等级象征意味。我国北朝时期草原民族的合裤（即满裆裤）与小袄就是为游牧民族的生活方式而创造的。

八、文化交流因素

服装是社会、文化、政治气候的晴雨表。唐朝是中国封建历史上的黄金时代，建立了统一强盛的国家，对外贸易发达。这一时期，中国人的文化心理是开放的，中西文化交流是频繁的。兄弟民族及外国使者云集长安，带来了大量的外域文化。对外来的衣冠服饰，唐朝采取兼收并蓄的态度。各种外来的服饰被尽情地"拿来、消化、吸收"，使这个时期的服饰大放异彩，并富有时代特色。在中外文化的交流、融合中，本民族的服饰特点也逐步形成。

不同的民族有不同的服装文化，而服装文化的长足发展依赖于民族之间的交流。民族交流促进了自身服装文化的形成、发展和发扬。中国的服装文化是在东西方民族交流中成长和成熟的，西方的服装历史也是在各民族文化交流的过程中完成的。在全球信息共融的今天，民族交流已经涵盖在"时尚流行"的大范围之中，将不同民族的服装文化融合于时尚潮流使得服装交流更具有现实意义，在未来的服装发展中也将呈现永恒的价值。

第三节　中国服装发展的基本特征

不同民族的服饰所反映的文化特征各有差异，服装构成一个民族的外部特征。中国传统服饰文化历经数千年的光辉发展历程，其内涵是极其丰富多彩的。纵观中国服装发展历程，最显著的五大特征如下：

一、丰富多彩、兼收并蓄

中国历代服装以其历史悠久、款式多样、工艺精巧、色彩鲜明、装饰独特而著称于世，世界上很难找出像中国这样在同一个国家、同一时期内，可以出现如此丰富多彩、风格形式不同的民族服饰的国家。

战国时期的赵武灵王胡服骑射、汉代的丝绸之路、魏晋南北朝的民族迁移、隋唐五代的胡服之风、辽元明清各族服饰的鲜明特点，一直到近代的改良旗袍，都体现出中国服装在其发展历程中各民族相互融合的特征。我们曾经有过"汉家威仪""魏晋风骨""大唐风范""隽秀两宋""繁缛大明""变化清朝"的辉煌时代，也有过新中国成立后，改革开放的中国服装工业产业群百舸争流、高速持续发展的30年。

中国是一个多民族的国家，每个民族都有自己独特的服饰习惯和瑰丽多彩的服装样式，它们共同构成了中华民族宝贵的服饰传统。中国服饰发展历程中所体现的古朴之美、华丽之美、清雅之美、凝重之美，反映出中国服装的根本文化属性，也奠定了东方人衣着审美的基础。

中国历代服饰是中国各族人民智慧的结晶，是一种独特的文化语言，也是精神力量的显现。在中国服装上还强烈地表现出吸收中外、积淀古今的特点，作为"礼仪之邦"的中国，为人类服饰文化作出了积极的贡献。

二、和谐统一、衣人相映

和谐统一是中国传统服饰发展的精髓。自中国服饰诞生以来，一直在遵循着实用与审美、标志与象征、个性与共性的统一，最大限度地达到服饰与自然、服饰与社会、服饰与人的和谐。情景交融、意象统一之美是中国传统服饰文化最珍贵的品质。

中国服装单从衣物形态上看，就具有独立的审美价值，将其与人相结合后，则更体现出特有的魅力。中国历代服装发展强调服装与穿着者的身份、环境的和谐与统一。中国人的"天人合一"宇宙观强调整体的和谐。在与环境相统一的服装体系中，更重视与社会环境的统一，注重服装的精神功能，并将其道德化、政治化。在服装的长期演变中，不论朝代制度如何更替、社会风尚如何改变、服装外形如何变异，中国服装所表现出的内在实质却始终没有改变，具有长期的稳定特性。

三、继承发展、包蕴文化

纵观中国古代服装发展的轨迹，可以看到，富有民族特色的服饰内容世代相袭，具有相对独立而缓慢的发展规律。即便是服饰突破期的清朝，服装发展也是如此，如在官服中也采用明代的补子。这与西方服饰的传播发展有很大不同，西方服装发展所表现的变异与创新性远大于继承性，而中国恰恰相反。中国服装的借鉴发展表明，服装是一个民族、一个国家文化的组成部分，对于一个大民族的服装来说，继承的发展是随着民族文化的延续而不断发展的。即使时代不同了，民族文化的基本特征也会一直保持下去。

四、官服民装、并行发展

从中国历代服装发展来看，官服与民服成为服装发展变化的两条主线。古代官服是政治的一部分，官服的功能是达到"使天下治"的目的，因此，官服是一种身份地位的象征、一种符号，代表人的政治地位、社会地位。从商周的官服制度建立起来开始，官服就一直在不断地发展，到清代时发展成为复杂与繁缛的样式。而民服作为最广泛的大众服装，也受封建时期冠服制度的约束，穿衣打扮恪守本分，不得僭越。虽然官服与民服遵守的是"上得以兼下，下不得以僭上"的原则，但不同时代的平民服装也在不断地更替、发展与变化，在不越界的条件下，更多地向实用、多样、美观发展。

五、西服东渐、兼学别样

无论是上古的周汉魏、中古的唐宋明清，还是21世纪的今天，我国服装发展一直是以传承和借鉴其他民族服饰内容为主的模式。特别是冠服制度的消亡，解除了服制上等级森严的桎梏，人们的服饰也随之而发生了根本的变化。由20世纪初期传统旗袍的宽大、平直改良为现代旗袍，并"收腰加省"体现人体美。20世纪中期以后受西方服饰文化的影响逐渐加大。进入21世纪，随着全球一体化的到来，我国服饰在不断地与世界主流服装接轨，时装走向平民化、国际化，着装也由过去的封闭走向自由开放。结合了时尚元素设计的服装自由、洒脱、前卫，使中国服饰元素与现代国际服装流行风格完美地结合在一起。

第二章
服装的起源

第一节　人类服装的起源

在远古蒙昧时代，中国先民们群居野处，茹毛饮血，食草木之实，饮自然之水，赤身裸体。人类早期经过了漫长的裸态阶段，到了旧石器晚期，已学会使用磨制的骨针、钻孔的骨角器缝制兽皮、树皮、树叶等早期的服装雏形，开始用这些物品来遮掩身体。再后来随着生产力的不断提高，到了新石器阶段的母系社会，人类出现了最原始的纺织工艺，有了麻类、葛类的简单纺织服装。人类着装的这一过程按时期划分大约经历了三大阶段。

一、裸态生活阶段

从距今300万年延续到1万多年前的旧石器时代，可分为早期、中期和晚期3个阶段，即直立人阶段、早期智人阶段、晚期智人阶段。人类的裸态时期从距今约300万年前开始，延续到距今1.5万年左右止。

旧石器时代早期（距今约300万年前），地球上经历了三次冰河期，第一次距今约6亿年；第二次是距今约2亿～3亿年；第三次是新生代第四纪大冰川期，距今约200万年。冰川对全球气候和生物发展的影响很大，特别是第四纪冰川，直接作用于人类的生存环境。人类祖先类人猿靠自身的体毛调节体温、抵御寒冷。后来考古学家在距今约180万年前的山西芮城西侯度村旧石器文化遗存中，发现了古人类用火的痕迹，这是目前所知中国最早的人类用火的证据，这一时期广泛使用的石器类型是"砍砸器"。

旧石器时代中期（距今约30万年至5万年前），早期智人的石器制作技术有了进步，发明了利用石砧打制石器的方法，出现了"尖状器"和"刮削器"，骨器的使用还比较少。和旧石器时代早期一样，这个时期人类的生活形态仍为裸态时期。

旧石器时代晚期（距今约5万年至1万年前），晚期智人所制作的石器形状更加精确美观，狭长的石叶工具占了很大的比例。这一时期，研磨石器虽然出现，但流行并不广泛。骨角器大量使用，出现了投矛器等复合武器和复合工具以及树叶、兽皮制成的原始衣物，人类生活开始从裸态时代走向衣着时代。人类在裸态时就已懂得装饰自身，这些装饰形式中的涂色、划痕、疤痕、文身多在人的面部、手臂上，大多成为永久的肉体装饰形式。后来这些涂身、文身装饰成为男子成年的仪式之一。

总之，旧石器时代是人类社会发展的童年时代，人们以采集和渔猎为生，社会形态为原始群居，过着集体生活。在旧石器时代人类已经学会了用火，出现了骨器，出现了制作简单的组合工具。从穴居到茅草房屋，出现了原始的涂身与文身以及原始衣物，人类社会开始向母系氏族迈进。

二、兽皮、树皮等原始衣物阶段

人类裸态生活了近200万年后，在距今5万年前的旧石器时代晚期，即树叶、兽皮时代，出现了原始服装的萌芽。在我国旧石器文化发展到最后一个阶段时，人类开始出现了原始涂身、文身，人们的身体已不再是完全裸露的状态（见图2-1）。

图2-1 早期人类的装扮（示意图）

旧石器晚期，石器的发展促进了原始人渔猎采集的进步，获取食物变得更为容易，人类开始有闲暇时间制造各种装饰品来装扮自己。原始人在身体上使用兽牙等装饰配件或用颜料涂身、文身，首先是为了区分部族、确定归属、标志婚否或是求神护佑这些社会性、功利性意义，而后才考虑到装饰的功用。

在辽宁海城小孤山旧石器遗址中出土了我国迄今发现年代最早的原始缝纫编织工具，即3根骨针和穿孔兽牙等装饰件。骨针用动物肢骨磨制，针眼用对钻方法制作，距今已有4.5万年的历史。在北京郊区房山区周口店龙骨山发现的山顶洞人居住遗址所出土的骨针，针身基本保存完好，仅针孔残缺，刮磨得很光滑。最新研究数据表明，北京山顶洞人生活的年代距今已有3万年的历史。骨针的发明，揭开了我国服装历史上最早的篇章（见图2-2、图2-3）。

旧石器时代晚期，人类第一次将树叶、兽皮、骨头等佩戴在身上是人类史上一次巨大的进步（见图2-4）。

图2-2 辽宁海城小孤山出土的骨针　　图2-3 北京山顶洞出土的骨针　　图2-4 远古兽皮服饰（仿制品）

旧石器晚期，人们普遍使用兽毛皮作为服饰，既能包裹身体御防严寒，又较为舒适、耐用。在洛阳市栾川县西北的龙泉山遗址中发现了使用兽皮御寒、构筑隐蔽所的印痕以及石核、石片和鹿、牛、犀牛等大量动物骨骼化石，其中一些大型动物肢骨化石上还有较为明显的咬痕、切痕，这说明当时的人类已具备了适应

图2-5 原始人狩猎生活（场景还原）

气候和地势的生活能力，能根据动物的生活习性主动捕获猎物，并用兽皮等原始服饰保护自己。他们制造简单的工具，已懂得埋葬死者和放置陪葬品。在树叶、树皮、兽皮时代的人们，所处的自然环境十分恶劣，仅凭个人的力量很难生存，他们过着群居生活，共同劳动，共同享有劳动成果（见图2-5）。

人类在使用纤维服装以前，已经在旧石器时代的中后期使用兽皮、树皮、树叶等服装雏形，这些兽皮、树叶等遮蔽物被称为人类服饰的启蒙，而人类真正有了服装的概念，是在纺织纤维织物的出现之后。

三、纤维织物阶段

距今约1万年前，中国早期人类进入了新石器时代，磨制石器的使用、陶器的发明、原始农业的生产和房屋的营建，说明当时的人们已经开始了氏族公社生活。人们从过去依靠狩猎、采集生活，进入到定居的农耕生活时代。

距今7000年前，人类进入了母系氏族的繁荣时期，开始以磨制的石斧、石锛、石凿和石铲，琢制的磨盘和打制的石锤、石片、石器为主要工具。人类开始从事农业和畜牧，将植物的果实用以播种，并把野生动物驯服以供食用，不再只依赖大自然提供食物，因此其食物来源变得稳定，同时农业与畜牧的经营也使人类由逐水草而居变为定居下来，从而能够节省下更多的时间和精力，开始制作陶器和简单的纤维织物。人们营造房屋，改变了穴居的居住方式，男子外出打猎、打制石器、琢玉，女子采集、制陶、养蚕缫丝、编织麻葛、缝制简单的衣物，改变了人类的裸态生活形式。此后，人们逐渐用植物纤维和蚕丝来纺线和织成较细的布帛，并制作服装。在这样的基础上，人类生活得到了更进一步的改善，逐渐进入穿衣戴冠、佩戴首饰的文明生活。

在中国大地上出现了仰韶、河姆渡、大汶口、红山、新乐、马家窑、彭头山、裴李岗、兴隆洼、磁山、大地湾、赵宝沟、北辛、大溪、马家浜、良渚、屈家岭、龙山、宝墩、石家河、二里头、南庄头、大垄坑、营埔、左镇文化等新石器时代的文明，这些遗址是新石器文化的代表，表现了当时人们过着氏族聚落的生活（见图2-6、图2-7）。

从20世纪50年代到目前为止，经过几次大规模的文物普查，发现的新石器遗址不止3000处，经过正式发掘和试掘的新石器时代遗址也有几百处。从现已发掘的来看，几乎都有原始纺织工具的出土，如纺纱捻线的原始纺轮、纺锤、

图2-6　新石器时代氏族社会生活场景（绘画作品）

图2-7　新石器时代氏族聚落（场景还原）

纺坠。这些纺织工具所用的材料主要有石料、骨料和烧制的陶土材料。河南屈家岭文化彩陶纺轮的发现，把我国纺织历史提前到了8000多年以前的新石器早期。仅在湖北省天门市石家河文化遗址中发现的大量陶纺轮，其形式就有10多种，多数还绘有花纹图案；在河姆渡文化遗址中发现了织布工具的骨梭、木机刀（机具卷布轴）等，这说明了我国在新石器时代早、中期就已经掌握了原始的纺织技术。

纺织服装在其长期演变与发展的过程中，也有着与生物进化相类似的现象。服装的进化由最原始最简陋的织物开始，如早期腰绳上挂一些草叶、树皮等制成腰襄式的围裙以及葛麻织物制作的围腰、襄衣、项链、手镯、脚镯、发带等，逐步扩大至身体其他部位以至全身包裹，形成完整的人体着装。总之，中国纤维织物时代最迟在8000多年前就已经出现。在新石器时代出现的纺织纤维服饰，揭开了人类纤维衣料的历史序幕，开始了真正意义上的服装发展历程。

第二节　早期纺织工具与纤维衣料

一、早期纺织工具

随着新石器时代农业的发展和手工技艺的提高，原始纺织技术得到了发展。经过提取、绩、纺以后，纤维成为织造衣物的主要材料。早期纺织工具主要有纺轮、纺锤和纺坠。

（一）纺轮

纺轮主要是由陶质、石质制成的，呈圆饼状，直径5厘米左右，厚1厘米，也叫"纺专""专盘"，中间有一个孔，可插一根杆。纺纱时，先把要纺的麻或其他纤维捻一段缠在专杆上，然后垂下，一手提杆，一手转动圆盘，向左或向右旋转，并不断添加纤维，就可促使纤维牵伸和加拈。待纺到一定长度，就把已纺的纱缠绕到专杆上，然后重复再纺，一直到纺专上绕满纱为止。利用纺轮的旋转把纤维拧在一起，并用同样的方法把单股的纤维合成多股的更结实的"线"，要纺的纱线原料一端在纺杆上，搓捻纺杆，纱线就源源不断地纺出，并缠于纺杆上。纺轮是我国古代发明的最早的捻线工具，是纺车发明前人类最重要的纺纱工具。从全国出土的大量纺轮来看，新石器时期人们喜欢在纺轮上纹饰图案，主要有同心圆、漩涡、对顶三角、平行直线、短弧线、卵点纹等（见图2-8）。

图2-8 新石器时代的陶纺轮

（二）纺锤

纺轮是纺锤的主要部件。在纺轮中心小孔中插一根两头尖的木制直杆，即是纺锤。纺锤是纺轮与直杆结合后的产物。纺锤也称"专杆"，将野生麻等剥出的一层层纤维连续不断地添续到正在转动的纺锤上，一根根植物纤维纱条便产生了。这种纱条合并捻制成的线可以编织渔网、套索、篮子，也可以系罐、制衣乃至建房。纺锤是纺织手工业发展到一定阶段的产物（见图2-9）。

（三）纺坠

纺坠是纺锤的发展形式。早期的纺锤比较厚重，适合纺粗的纱线，新石器时代晚期纺轮变得轻薄而精细，可以纺更纤细的纱。纺坠的形状也由单一的圆形变为多种形状，如圆形、齿轮形、球形、锥形、台形、蘑菇形和四边形等。纺坠的出现不仅改变了原始社会的纺织生产，对后世纺纱工具的发展也具有十分深远的影响。

图2-9 纺锤的使用

（四）原始腰机

原始腰机是世界上最古老、构造最简单的织机之一，早在新石器中晚期已出现。浙江河姆渡遗址、良渚文化遗址、江西贵溪春秋战国墓群中都出土了一些腰机的零部件，如打纬刀、分经棍、提综杆等。陕西西安半坡遗址出土了许多纺线用的陶纺轮，用陶纺轮纺好一定量的线后即可织布。当时人们织布使用的工具是水平式踞织机，又称"原始腰机"。原始腰机工作时要"席地而坐""挂腰足蹬"，没有机架、卷布轴的一端系于腰间，双足蹬住另一端的经轴并张紧织物，用分经棍将经纱按奇偶数分成两层，用提综杆提起经纱形成梭口，以骨针引纬，用打纬刀打纬。腰机织造最重要的成就是采用了提综杆、分经棍和打纬刀，在云南石寨山遗址出土的汉代铜制贮贝器的盖子上有一组纺织铸像，生动地再现了当时的人们使用腰机织布的场景。腰机的造型及工作原理如图2-10、图2-11所示。

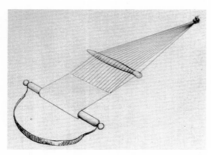

图2-10 原始腰机（示意图）

图2-11 原始腰机织布图

二、早期纤维衣料

新石器时代主要衣料有麻布、葛布、蚕丝及毛织品。纺织品已出现了平纹、斜纹、绞扭、缠绕等技术。在出土的实物中有些带着红色的印痕，可能是当时的人们利用赤铁矿染出来的色彩。

（一）麻布

麻布是我国新石器时代重要的衣料，已发现的有大麻、苘麻和苎麻。浙江余姚河姆渡新石器时代遗址（距今约7000年前）出土了苘麻的双股麻线和三股草绳，在出土的牙雕盅上刻画着4条蚕纹，同时出土了纺车和纺机零件。新石器时代钱山漾类型的良渚文化麻布片，经纺织科学研究所鉴定，为苎麻织物。其密度与经纬捻回方向互不相同，有些为S形，有些为Z形，均为平纹织物，与现代的细麻布相类似。另外，在出土的新石器时期的彩陶中，有部分遗留下来的麻布印痕，如西安半坡遗址出土的陶钵底部就有布纹印痕，应该是制陶时把未干陶坯放在麻布上衬垫所致，布纹纹理粗细不均，反映出当时纺线、织布的水平较为低下。

（二）葛布

葛是一种植物，纤维可以织布。江苏苏州市吴中区草鞋山遗址（距今约6000年前）出土了编织的双股经线的葛布，经线密度为10根/厘米，纬线密度底部为13～14根/厘米，纹部为26～28根/厘米，是迄今发现的最早的葛纤维纺织品。

（三）丝织品

中国是蚕桑丝绸的发源地，除了丝线、绢布等丝织品外，出土的遗迹中还有石蚕、陶蚕蛹、刻有蚕纹的骨器等，更难能可贵的是在山西曾发现一个半切割的蚕茧，距今约有5000多年。石蚕、陶蚕蛹等物是原始社会对蚕产生的巫术崇拜，到了后来历代都有王官祭祀蚕神的风俗。1981年河南郑州青台遗址（距今约5500年）发现了粘附在红陶片上的苎麻和大麻布纹、粘在头盖骨上的丝帛和残片，以及10余枚红陶纺轮，这是迄今发现最早的丝织品实物。2005年第三次发掘浙江湖州钱山漾下层的良渚文化遗址，出土了丝帛残片，距今已有4700多年，属于新石器晚期。丝帛的经纬密度各为48根/厘米，丝带宽5毫米，用16根粗细丝线交编而成；丝绳的投影宽度约为3毫米，用3根丝束合股加捻而成，捻度为35个/10厘米。这表明当时的缫丝、合股、加捻等丝织技术已有一定的水平。

（四）毛织品

新疆哈密五堡遗址出土了精美的毛织品（距今3500年前），组织有平纹和斜纹两种，而且用有色线织成了彩色条纹，说明毛纺织技术在当时已有进一步发展。福建崇安武夷山船棺（距今3200年）内出土了青灰色棉（联核木棉）布，经纬密度各为14根/厘米，经纬纱的捻向均为S形，同时还出土了丝麻织品。

以麻、葛、丝、毛等天然纤维为原料的纺织品实物的大量出土，表明了中国在新石器时代纺织工艺技术已经相当先进。

第三节　人类着装的动因

人类在经过漫长的裸态生活期之后，为什么会在万年前产生服饰呢？不少学者专家对此有过多种解释，但都不外乎两种原因，即生理需求和心理需求。

一、生理需求

（一）适应气候

人类为了抵御寒冷、酷热、干燥而创造了服装。如10万～5万年前欧洲大陆上的原始人为抵御第四冰河期的寒冷，开始制作兽皮衣物；亚、非大陆上的原始人又因高温干燥而制作服装来防晒保湿。服装的穿着动机是为了适应气候、保护身体。《释名·释衣服》载："凡服，上曰衣。衣，依也，人所依以芘寒暑也。下曰裳。裳，障也，所以自障蔽也。"这也说明了服装的作用首先是防寒避暑，适应气候。原始社会人们从原来居住的炎热地带，迁移到四季分明的地带后，就需要有住房和服装来抵御严寒和潮湿，需要有新的劳动领域以及由此而带来的新的活动与作业，因此御寒防暑的功能成为适应气候的首要条件。

（二）保护身体

人类在采集和狩猎过程中，难免受到伤害，如岩石、荆棘、猎物、昆虫等会对人的不同部位或器官造成威胁。人类直立行走，身体器官缺乏保护，于是人类发明了不同的保护性衣物来保护头部、躯干、四肢及性器官等，如用腹布、兜裆布把性器官保护起来，用皮带、尾饰物来驱赶叮人的昆虫，用泥土、油脂或植物汁液涂身来防晒和防蚊虫叮咬等。从人类生理与自然的关系的角度来分析，人类变得越来越聪明，在生存过程中因生理上的保护需要而必然产生服装。

二、心理需求

（一）敬神护符

原始人类相信万物有灵，对给人类带来疾病灾害的凶灵需要躲避，而辟邪求安的形式就是在身体上佩挂饰物，既能保护自己不让恶魔近身，又可取悦凶灵不再加害于身。这就形成了原始的护身符，以后逐渐发展成为服饰。例如原始岩画中人头上的羽毛、犄角以及身后的长尾饰，都是祭祀时沟通神与人的中介物，可敬神、能护体。

（二）象征需求

佩饰在最初是作为某种身份象征来使用的，后来演变成衣物的饰品。原始人类中的首领、富有者、勇士为了突出自己的地位、力量、权威与财富，把一些有象征意义的物件装饰在身上，如猛兽的牙齿、珍禽的羽毛、稀有的贝壳、玉石等。这种象征装饰是原始人的一种炫耀地位和财富、显示尊严和勇敢的心理体现。有的装饰具有识别氏族的作用，后演化为图腾。

（三）装饰需求

美化自身是高等动物包括原始人类在内所共有的本能。在人类裸态时期就曾出现用彩泥涂身、在身上刻痕以及文身、染齿、涂甲等行为。这种原始的审美心理成为服装发生、发展的最初动力。

（四）遮羞需求

遮羞是服装产生的早期动机之一。人类直立行走、劳作等，每时每刻都面对他人的私处，以某种简单的物件遮住身体是人类早期文明的一大发展。穿服装，是人类有了性羞耻感之后，男女为了避免对方看到自身与性有关的部分而用物体掩盖起来，以得到心理上的安全感。如苏门答腊人认为露膝是不正当的行为，所以掩盖双膝。《易纬·乾凿度》曰："古者田渔而食，因衣其皮。先知蔽前，后知蔽后，后王易之以布帛，而犹存其蔽前者，重古道，不忘本也。"有的民族遮住阴部，有的遮住面部或全身。有的论者引用《圣经》中亚当、夏娃吃了禁果后知羞耻、以叶子蔽身的例子，来说明服装起于遮羞。

总之，人类的着装动机，是经过漫长的摸索而来的，从发生学的角度来说，服装的起源绝不是一种原因作用的结果。人们或为了保护身体，或为了遮羞，或为了装饰，或为了某种祈福等因素而生产制作了服装。

第三章
夏、商、周服装

第一节　服装的社会与文化背景

一、时代背景

约从公元前5000年起，我国渐渐进入了父系氏族公社阶段。约在公元前2700年，活动于陕西中部地区的是以黄帝为首领的部落和其南面一个以炎帝为首的姜姓部落，双方经常发生摩擦。后来黄帝打败了炎帝，两个部落结为联盟，并攻占了周边各个部落，形成了后来的华夏族。

公元前21世纪，中原地区的原始氏族公社制时代走到了历史的尽头，阶级社会已经出现在黄河中下游平原的土地上。相继出现了夏（公元前21世纪—公元前16世纪）、商（公元前16世纪—公元前11世纪）、西周（公元前11世纪—公元前771年）几个王朝。以夏王朝的建立为标志，人类社会由氏族社会转变为国家，从蛮荒逐渐走向文明。公元前21世纪，禹的儿子启破坏禅让制，建立了联邦制的夏王朝，定都阳城（在今河南省登封市），这是华夏历史上的第一个国家政权，也是我国第一个奴隶制国家，中心地域在河南西部和山西南部。这一时期有了最早的天文、城郭、军队、刑法，并且出现了专业的史职人员。

商朝是奴隶制社会巩固和发展的阶段。社会和生产力都有了极大的发展。殷商的中心统治区在黄河中下游的中原地区。商汤建国以后，经过长时期对周围各国的频繁战争，其势力范围曾一度北起燕山，南到长江流域，东至大海，西至关中地区，成为当时世界的文明大国。商代的500年间，社会政治、经济和文化获得了空前的发展，国家进入到了繁荣时期，古代青铜文明达到了高峰阶段，服装及衣料快速发展，服装制度趋于完善。

西周时期，社会政治采用分封制、世袭制和等级制，把王国统治和奴隶主贵族政治推进到了一个新阶段。西周时期，王朝的疆域进一步扩展，青铜铸造发展到了鼎盛时期。由于周代已有"爵位等级"制度，故服装等级制度逐渐完善。在祭祖服饰、器物、宫室、车马等使用上，也都按照"爵位等级"有严格的规定，不得逾越。

东周时期是指春秋与战国时代，平王东迁以后，周王室开始衰微，只保有天下共主的名义，而无实际的控制能力。一些被称为蛮夷戎狄的民族在中原文化的影响下或民族融合的基础上迅速发展。中原各国也因社会经济条件的不同，出现了大国间争夺霸主的局面，各国的兼并与争霸促成了各个地区的统一。因此，东周时期的社会大动荡，为全国性的统一准备了条件。服饰上广泛出现了胡服、深衣等，对服饰的第一次争论也出现在这个时期。

二、社会经济对服装的影响

服饰与时代的政治、经济密切相关。夏、商、西周三代是中华文明的开端时期。原始社会后期生产力的发展，引发了政治、经济、文化等领域的一系列变化。夏代是奴隶社会的开端阶段，商代是奴隶社会的发展阶段，西周是奴隶社会的高峰阶段，春秋战国时期是奴隶社会的瓦解阶段。

夏代是一个奴隶制王朝，其政治体制是奴隶制，奴隶主占有全部的土地，并且拥有大量的奴隶。奴隶作为奴隶主的私有财产而存在，是当时经济发展的主要贡献者。由于奴隶的不断耕作，经济得到了很大的发展。"五谷"的种植说明了农业品种的增多。由于农业发展的需要，出现了目前所知最早的历法，即后人整理编著的《夏小正》。

夏、商、西周三代的手工业以青铜铸造为代表，商、西周是青铜制造的繁盛时代，青铜铸造成了当时最主要的手工业部门，因此这三代称为青铜时代。以玉器加工、纺织、陶瓷及漆器制作为主的手工业也得到了快速发展。玉器雕刻精美，数量多，安阳妇好墓出土700多件，造型之华美，令人叹为观止。

纺织业因蚕业的发展而兴起，甲骨文和《诗经》中记载了这一时期蚕丝、酿酒等相关内容。从夏朝起王宫里就设有从事蚕事劳动的女奴。商代王室设有典管蚕事的女官，叫女蚕。到了西周，王宫府里设有负责服装生产与管理的职官，叫"典妇功"，典妇功与王公、士大夫、百工、商旅、农夫合称"国之六职"。西周时期原始纺织品种比较丰富，有了平纹、斜纹的提花织物，出现了绣、绘纹样。手工产业多、分工细、产品精是商周手工业的特点，说明从夏代开始到西周的经济体制已经十分完善了。经济的发展有助于纺织服装手工业进一步向前发展。

三、意识形态对服装的影响

夏商时期，受神权天授思想的影响，鬼神观念十分强烈。夏商时代是个神灵万能的时代，当时社会上文化知识水平较高的人是巫师与史。国家的统治者借用巫和史代表鬼神发言，夏商的鬼神观念是原始图腾观念的转化形式。人们通过频繁的占卜来寻求预知和保佑，各种礼仪名目也随之日渐繁多起来。服装超出实用功能之上的审美追求表现得十分强烈，但缺乏统一的标准，显得没有规律。服装造型和装饰被夸张到了荒诞的程度。夏、商、西周三代的意识形态有两大构成要素：一是神权思想，二是礼制思想。神权思想把权力说成是神所授予，把体现统治者意志的法律说成是神意的体现，如"君受命于天""有夏服天命""有殷受天命""先王有服，恪谨天命""丕显文王，受天有大命"等言论。

神权思想形成于夏商，发展在西周。君权神授的思想也成为秦、汉以后中国古代社会正统意识形态的基础。西周的礼制思想塑造了社会等级秩序，并用"礼"来维系。礼制的意识形态也反映在服饰观念上。例如，服饰穿着要体现"爵位等级"，在服饰、器物、宫室、车马等的使用上，要按照严格的等级制度来进行。西周的礼制思维导致服饰成为区分贵贱尊卑的重要标志。冕服制度逐渐完善与加强，冕服由玄色上衣、朱色下裳（上下绘有章纹）以及蔽膝、佩绶、赤舄等共同组成一套完整的服饰。这种服制始于周代，后历经汉、唐、宋、元诸代，一直延续到清代。

西周后期，哲学思想动摇着"天命"的神学思想，人们逐渐意识到自身的重要性，并形成了一整套严明繁杂的"礼乐制度"。在社会生活中，礼的意识逐渐被强化，并把服饰列入"礼"的内容，出现了所谓的冠服制度。服装的生产、管理、分配、使用都受到重视。东周时期，周王室衰微，诸侯争霸。学者们周游列国，为诸侯出谋划策，各自著书立说，欲以改制救世。学者不止一人，流派不止一家，因而被称为"诸子百家"，形成了"百家争鸣"的新局面。诸子百家以儒、墨、道、法、阴阳、名家等六家为代表，对人们的服装审美观念起到了引领的作用。

四、百家争鸣对服装的影响

春秋战国时期，诸子百家的讨论中虽然没有一部专门论述服装的书籍，但是不少论著中有大量篇幅涉及服装美学思想，这些思想对当时以及后世的衣着有着深远的影响。

（一）儒家思想对服装的影响

以孔子、孟子为代表的儒家思想提出了"博学于文，约制于礼""宪章文武""文质彬彬"的理论，推崇人的文饰，认为"文采"是修身的首要。荀子提倡"冠弁衣裳，黼黻文章，雕琢刻镂皆有等差"，把服装看成是"礼"的重要内容。

（二）墨家思想对服装的影响

以墨翟为代表的墨家思想提倡"节用""尚用""非礼"等思想，认为服饰不应过分豪华。"食必常饱，然后求美；衣必常暖，然后求丽"这一思想否定了服饰的审美功能，"以裘褐为衣，以跂蹻（草鞋）为服，日夜不休，以自苦为极"强调了不怕清苦、追求艰苦朴素的生活作风。墨子还将生活用品分成两类：一类是生存所必需的，一类是奢侈的。他只要必需，反对奢侈，认为在衣、食、住、行方面的消费都要以满足基本的生理需要为标准。《墨子·节用上》记载"冬以圉寒，夏以圉暑。凡为衣裳之道，冬加温、夏加清""适身体和肌肤而足矣，非荣耳目而观愚民也"，指出衣服冬天用以增加温暖，夏天用以增加凉爽，只要适合身体、肌肤舒服就够了，而不是用来向他人炫耀的。

（三）道家思想对服装的影响

以老子、庄子为主要代表的道家思想提倡穿衣戴物要崇尚自然，并主张"清静无为""趋向自然，无为而治""被（披）褐怀玉"的境界。这种思想对后世的魏晋南北朝影响较大。从《道德经》中可以看出道家思想的服饰消费观是"朝甚除，田甚芜，仓甚虚；服文采，带利剑，厌饮食，财货有余。是为盗夸，非道哉"。这是指当朝政腐败、农田荒芜、粮仓空虚时，人君仍穿着锦绣衣服就是无道，在这里老子将奢侈的服饰消费等同于无道。

（四）法家思想对服装的影响

法家思想以商鞅、管子、韩非子为主要代表，在服装观念方面与儒家、道家、墨家颇有类似的地方。韩非子提倡"崇尚自然，反对修饰"，支持墨家观点。又如《管子》中说"四维不张，国乃灭亡"，其中"四维"是指礼、义、廉、耻。简单来说，"礼"指文明礼貌，"义"指正义行为，"廉"指廉洁奉公精神，"耻"是指要有羞耻感。另外，法家还推崇"废私立公"的思想，这与我们现在所说的"大公无私"的公私观是一致的，它曾把我们民族的"利他"精神推到了最高位置，对当代及后世都有着十分积极的意义。

（五）阴阳家思想对服装的影响

以邹衍为代表的阴阳家思想提出了"阴阳五行说"。其中，对服装影响最大的是与之对应的五行之色，即金白、木青、水黑、火赤、土黄。将五色与中国传统文化的认知方式相结合，与五行相对应，构成了所谓"五方正色"的图示，将之与生命道德联系在一起，如商以金德王、尚白色，周以火德王、尚红色，秦以水德王、尚黑色等。服装色彩也被作为政治理论的外在形态而被直接提出，用服装色彩来"别上下、明贵贱"，色彩成为阶级差别的标志象征，其中黄色成为皇帝的专用色和王权的象征。

第二节　夏、商、西周服装

商周时期的服饰，主要是束发为髻、头戴冠冕或头巾，上衣下裳、腰间束带，这奠定了华夏民族服饰的基本形制。

夏商周的服装发展已经上升到治国的高度，尤以周代为最。周代服装制度对后世具有示范性作用。夏商周时期，帝王举行祭礼时都穿冕服。这种象征统治者权力秩序的冕服制度，是维护统治的手段之一，使社会有了稳定的秩序，达到"垂衣裳而治天下"、天下太平的目的。周代的冕服制度渐趋完善成熟，并把冕服制度纳入了"礼治"范围。

周代服装的生产与管理也做到了定编制、定职责、定款式、定标准。从《诗经》《论语》等古籍可知，周朝专门设有"司服"一职，即掌管服装制度的实施及安排帝王贵族的穿着。据《周礼》记载，西周初期，统治者设置专门机构和官吏对纺织手工业者进行管理。在天官下设有典妇功、缝人、典丝、染人等职，在地官下设有掌葛、掌染草等职。

春秋战国时期是我国历史上从奴隶社会向封建社会转变的时期，社会经济形态发生了巨大的变化，社会生产力得到了大发展，纺织生产也有极大的进步，发展服装纺织业成了春秋战国时期各国富国强民、发展经济的重要国策。《墨子·公孟》中有记载："昔者齐桓公高冠博带，金剑木盾，以治其国，其国治。昔者晋文公大布之衣，牂羊之裘，韦以带剑，以治其国，其国治。昔者楚庄王鲜冠组缨，绛衣博袍，以治其国，其国治。昔者越王勾践剪发文身，以治其国，其国治。"虽然指的是春秋战国时期诸国各不相同的服饰形制，但将服饰与治国相关联，诸国对服饰的重视程度可见一斑。

一、冕服与冕服制度

（一）冕服

冕服也称冠服或章服，是古代的一种礼服，主要由冕冠、上衣、下裳、舄（鞋）及蔽膝、绶、佩等其他配件构成。冕服在冕服制度中属于最高等级，先秦时期冕服是天子、诸侯、大夫上朝或参加重大活动时穿的礼服，从首服到衣裳佩饰，都根据活动内容和官职的不同而作出相应的规定，不得僭越（见图3-1）。

（二）冕服制度

冕服制度是指进入阶级社会后，用衣冠服饰区别人们贵贱等级身份的服装制度。通过对历史文献记载及出土文物的分析可得出结论：中国的冕服制度初步建立于夏代，后经过商代，到了西周时期已经发展成熟。《论语·泰伯篇第八》中孔子曰：

图3-1 周朝帝王的冕服

"禹，吾无间然矣。菲饮食而致孝乎鬼神，恶衣服而致美乎黻冕。"这是说夏禹平时生活节俭，但在祭祀时则穿华美的礼服，以表示对神的崇敬，由此可见，在夏商时期冕服就已经存在了。孔子曾说："夏礼……殷礼……文献不足故也。"这说明夏商两代的礼制文献并没有保存下来，只有周代冕服制度被完整地保留下来并传给后世。关于周代的冠服制度、服装礼仪在《仪礼》、《周礼》和《礼记》"三礼"书中都有明确的记载。冕服制度是封建社会权力等级的象征，具有较强的保守性和封闭性。

（三）冕服的基本形制

冕服的基本形制包括冕冠、上衣、下裳、十二章纹、蔽膝、舄（鞋）和其他佩饰。

1. 冕冠

冕冠在秦朝以前是指帝王及地位在大夫以上的官职所戴的礼帽，秦朝后专指帝王的皇冠。《礼记·玉藻》中记载："天子玉藻十有二旒，前后邃延，龙卷以祭。"这说明帝王的冕冠有玉藻十二旒，悬于延板前后。其基本形式，是在一个圆筒式的帽卷上面，覆盖一块冕板，叫"延"，宽8寸，长1尺6寸，冕冠呈向前倾斜之势，象征帝王尊崇"先王之礼"的含意。冕板以木为体，上涂玄色象征天，下涂缥色象征地。冕板前圆后方，也是天地的象征。前后各垂12旒，每串旒有12块五彩玉，每块玉相间距离各1寸，每旒长12寸。用五彩丝绳为藻，以藻穿玉，以玉饰藻，故称"玉藻"。后来玉藻也有用白珠来做成的。帽卷以木、竹丝做胎架，外裱黑纱，里衬红绢，左右两侧各开一个孔纽，用来穿插玉笄，使冕冠能与发髻相插结。从玉笄两端各垂一珠于两耳旁边，叫"黈纩"，也称为"充耳"，表示帝王勿要轻信谗言。冕冠的形制世代相传承，到清朝时冕冠才结束使用（见图3-2）。

2. 冕服

冕服的主体是玄衣、缥裳，玄即黑，缥即浅红色或浅黄色，上衣黑色、下裳黄红色，象征天地的颜色，用玄色以喻天，黄色以喻地。天玄地黄，取天地之色服之。上衣下裳要绘绣章纹图案。衣裳之下衬以白纱中单，即白色的衬衣，下裙腰间有束带，带下垂以蔽膝，天子的蔽膝为朱色，诸侯为黄朱色（见图3-3）。

图3-2 冠、舃（示意图）

图3-3 冕服及冕服的图案

3.　蔽膝

蔽膝是佩挂在下裳腹前的一块长条布，早期用皮草制成。上窄下宽，有图案。原为遮挡腹部与生殖器部位，后逐渐成为礼服的组成部分，再以后则成为贵族地位身份的象征。蔽膝用在冕服中称为芾，用在祭祀服中称韠、黻，用在其他服装上叫作袆、韠或韨。《说文》："袆，蔽膝也。"《释名》："韠，蔽也，所以蔽膝前也……"蔽膝为俗称。蔽膝、芾、袆、韠、韨是同物而异名，用在不同场合叫法各异。蔽膝在先秦时是区别尊卑等级的标志，到秦代时废除，代以佩绶制度。

4.　舄

舄是一种木与皮的夹层双底鞋，面为兽皮。鞋底较厚，在隆重典礼时穿赤色舄，与下裳同色。舄成为古代冕服的重要组成部分。

5.　十二章纹

十二章纹是绘、绣在冕服上的图案纹样，是夏、商、周及以后封建社会时期服饰等级的标志。根据服装用途，章纹图案依次递减。十二章纹分别是日、月、星辰、山、龙、华虫、宗彝、藻、火、粉米、黼、黻，各有其象征意义。日、月、星辰代表三光照耀，象征着皇恩浩荡，普照四方；山代表稳重性格，象征帝王能治理四方水土；龙是一种神兽，变化多端，象征帝王们善于审时度势处理国家大事和教诲人民；华虫，通常为一只雉鸡，象征君王者要"文采昭著"，取其有文彩之意；宗彝，是古代祭祀的一种器物，通常是绣、绘虎纹和蜼纹，象征帝王忠孝的美德；藻，象征皇帝的品行冰清玉洁；火，象征帝王处理政务光明磊落，火焰向上，有率土群黎向归上命之意；粉米，就是白米，象征着皇帝给养人民、安邦治国、重视农桑；黼，为斧头形状，象征皇帝做事干练果敢；黻，绣青与黑两弓相背之形，代表着帝王能明辨是非、见恶改善的美德。由此可见，十二章纹的使用，不仅是帝王贵族操行的象征，更是统治阶级权威的标志。

按照《周礼·春官·司服》的解释，日月星辰，"取其明也"；山，"取其人所仰"；龙，"取其能变化"；华虫，"取其文理"；宗彝，取其忠孝，部分绘成虎与猿形，虎，"取其严猛"，猿，"取其有智"；藻，取其洁净；火，取其光明；粉米，取其"养人"（滋养）；黼，取其"断割"（做事果断之意）；黻，取其"背恶向善"。

十二章纹制度在周代已经完备。《周礼·春官·司服》中记载，周代君王用于祭祀的礼服，开始采用"玄衣纁裳"，并绘绣有十二章纹，而公爵用九章，侯、伯用七章、五章，以示等级（见图3-4）。

（四）冕服种类

根据《周礼·春官》所记，周代天子冕服有6种：大裘冕、衮冕、鷩冕、毳冕、希冕、玄冕。其中，大裘冕是周王祭天所用，十二旒冕冠，玄衣纁裳。上衣绘绣日、月、星辰、山、龙、华虫六章纹，下裳绣藻、火、粉米、宗彝、黼、黻六章纹，因此又称十二章服。衮

图3-4 冕服的十二章纹

冕为周王吉礼所用，配九旒冕冠，玄衣纁裳，衣绘龙、山、华虫、火、宗彝五章纹，裳绣藻、粉米、黼、黻四章纹，共九章纹样。鷩冕为周王祭先公、飨射所用，配七旒冕冠、玄衣纁裳，衣绘华虫、火、宗彝三章纹，裳绣藻、粉米、黼、黻四章纹，共七章纹样。毳冕为王祀四望、山川所用，配五旒冕冠、玄衣纁裳，衣绘宗彝、藻、粉米三章纹，裳绣黼、黻二章纹。希冕为周王祭社稷、祭先王所用，配四旒冕冠、玄衣纁裳，衣绣粉米一章纹，裳绣黼、黻二章纹，共三章纹样。玄冕为王祭林泽百物、天子朝日时所用，配三旒冕冠、玄衣纁裳，衣无章纹，裳绣黻一章纹。

（五）冕服沿革

冕服的形制与制度对我国古代服装的发展有着深远的影响。冕服制度是建立在奴隶主利益基础上的，是夏商周奴隶主贵族身份的象征。冕服的等级制度森严，在不同的礼仪场合有不同的穿戴内容，冕服上的图案纹样内容的政治意义大于审美意义。冕服制度自西周以来已经完善，被历代封建帝王所传承，在以后不同朝代都曾用冕服制度作为治理国家的重要手段，其内容虽然有增有减，但总体变化不大。另外，历史上除中国外，冕服还在日本、朝鲜、越南等国出现，作为国君、储君等人的最高等级礼服。冕服形式在清朝建立后因服饰政策变更而随之终结，但冕服制度的基本特征并没有改变，反而有所加强，冕服上特有的显示阶级的章纹图案，通过变换形式而仍然被帝王、王后、高官的礼服与吉服所用。1914年北洋政府制定的"祭祀冠服"也将"章纹"施于服装

中，作为区分等级的标志。直到新中国成立后，冕服制度才彻底消亡。

二、弁服

弁服是仅次于冕服的一种礼服，穿用场合较多。"冕服最尊贵，弁服仅次之。"弁服也是上下分离式套装，不同之处是冠下无垂珠（无旒），服装上没有章纹图案。

周代弁服有4种：爵弁服、皮弁服、韦弁服、冠弁服。爵弁服是戴爵弁，穿玄衣纁裳，用于君祭、迎亲等；皮弁服是戴皮弁，穿白衣素裳，用于一般在朝场合；韦弁服是戴韦弁，穿赤衣赤裳，多为兵士所穿的服装；冠弁服（见图3-5）是戴冠弁，穿黑衣素裳，多为田猎时的服装。周代弁服制度被后代沿用，但有所不同。

三、玄端

玄端是先秦帝王的日常服，为闲居时所穿的服饰，也可成为诸侯、士大夫穿着的通用礼服。冕服和弁服是在隆重的特定场合下穿用的礼服，而玄端服则是日常用的礼服，用途广泛。古书记载：周代男子朝穿玄端，夕穿深衣。因为早上的礼仪更郑重，叩见父母时也穿这种衣服。玄端也是上衣下裳，色彩以黑色为主，因无图案纹饰而被称为"玄端"。

玄端与弁服款式大体相同，只是收袖口式不同，衣袖（袂）收口1尺2寸。收袂的风气一直保留到汉代，魏晋以后才以广袖为风尚。玄端的穿法是：上穿玄色（黑色）衣服，下穿黄色裳，腰间束大带和革带、配蔽膝，裙内着白色中单，露出裙外（见图3-6）。

图3-5 冠弁服（示意图）

图3-6 玄端（示意图）

四、袍服

袍服是上衣与下裳连成一体的服装，秋冬季的袍服有夹层，夹层里装有御寒的丝絮。在西周时代，袍服仅作为一种生活便装，而不作为正式礼服。军队战士也穿袍，《诗·秦风·无衣》中有："岂曰无衣，与子同袍。"这是描写军队士兵在困难的冬天合披袍服克服寒冷的诗篇。商周时期袍服有直裾和斜裾两种，直裾袍可分为交领直裾袍和圆领直裾袍。斜裾袍后来演化成深衣。西周的百姓以斜裾交领袍服为常用礼服，奴隶则不穿袍服，而穿简单的遮身衣物，通常是圆领短衣。

五、裘衣

裘皮服装在我国历史悠久，早在公元前16世纪的殷商甲骨文中就有"裘"字。在历代诗书中关于裘皮的记载也很多，如《诗经·小雅·大东》中有"舟人之子，熊罴是裘"的记载；《论语·乡党》有"缁衣羔裘"之说；成语"集腋成裘"意思是狐狸腋下的皮虽很小，但聚集起来就能制一件皮袍，比喻稀少且珍贵并有积少成多之意。商周时期的裘衣，除羊皮、牛皮、貂皮、熊皮等兽皮外，还包括鸟类羽毛织成的衣服，如鹤裘、孔雀裘等，这类裘衣金翠辉煌，是极名贵的珍稀之物。古人穿裘之初是为生活需要，后期裘衣渐渐成为上层人物的专用衣着，象征身份、地位与荣耀。

第三节　春秋战国时期的服装

历史上通常将周平王东迁洛阳，公元前770年至公元前476年之间的时期称为"春秋"时代，将公元前475年各诸侯国连年发生战争至公元前221年秦始皇统一中国之间的时期称为"战国"时代。

春秋战国时期发生了我国服装变革的第一个浪潮。东周时期，由于铁工具的普遍使用，原本依靠周王朝封地维持经济状况的小国，纷纷开荒拓地，发展粮食和桑、麻生产，国力骤然强盛，逐渐摆脱了对周王朝的依赖。随着周王朝的衰微，以周天子为中心的"礼治"制度渐渐走向崩溃。奴隶社会政治体制随之解体，社会传统观念也随之改变，这些都在服装上有所反映，主要表现在深衣、胡服的流行，服装色彩观念改变，以稳重华贵的紫色象征权贵和富贵，取代先前的朱色为正色的传统。另外，随着服装工艺技术的长足进步，服装纺织原料、染料和纺织品的流通领域不断扩大，人们普遍采用丝织品代替从前的麻布服装。

一、深衣

深衣也称绕襟袍，是上衣和下裳相连的曲裾袍服。所谓曲裾是左衣襟加长，向右掩，绕一圈后用腰带系扎。由于着衣者从上往下看衣身较长，故叫深衣。深衣的前门襟的外边沿形成折线状，止口处用彩色的布料制成边缘，收袖口、交叉领、衣长垂及踝部，其特点是使身体深藏不露，显得雍容典雅。

深衣早在西周时期就已出现，流行在春秋战国时期。《礼记正义》中对深衣有此描述："深衣，衣裳相连，被体深邃。"深衣形制的每一部分都有极深的含意，而"深意"的谐音即"深衣"。上衣下裳合并成为整体的长衣，以示尊祖承古。早期深衣是将上衣下裳分开，然后在腰部缝合成为一体，下裳以十二幅裁片缝合，以应一年中的十二个月，这是敬天意识的反映。同时采用圆袖方领以示规矩，意为行事要合乎准则（见图3-7）。

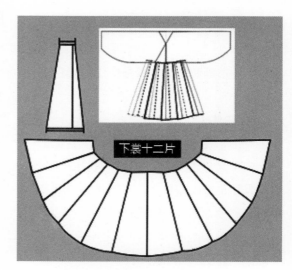

图3-7　早期深衣的示意图

曲裾深衣的出现与东周时期汉族人没有发明合裆裤有关，曲裾下摆有了这样几重保护就显得非常安全。曲裾深衣在先秦时期至秦汉时代非常流行。开始时男女均穿，后来男子穿曲裾深衣减少，渐渐发展成女子的特定衣装（见图3-8、图3-9）。

深衣是春秋战国时期最有代表性的服饰。早期深衣，右衽（衣襟右掩）、交领，上衣下裙，不分等级，男女、文武、贵贱皆可穿用。深衣多以白色麻布

图3-8　曲裾深衣　　　　　　　　　图3-9　窄袖曲裾深衣

制作，斋祭时用黑色，也有用暗花面料制成的，边缘通常镶以彩帛。深衣腰束丝带是受游牧民族的影响，后来用革带配带钩。深衣用途极广，是朝祭之外的官吏吉服，也是庶人唯一的吉服。深衣对后代的服饰产生了很大影响，今天的连衣裙就是古代深衣制的发展形式。古书说深衣是"续衽钩边"，其中"衽"就是衣襟，"续衽"是指将衣襟接长，"钩边"是形容衣襟的样式。在长沙楚墓出土的帛画和湖北云梦县出土的彩色男女木俑服饰上可以看到深衣服制。

二、中单

中单又称"中衣"，古注"襌衣"，是衬于冕服等礼服内的单衣，也叫中间层服装，多由麻、素纱制成。《隋书·礼仪志》曰："卿以下祭服，里有中衣，即今之中单也。"汉代刘熙《释名·释衣服》曰："中衣，言在小衣之外，大衣之中也。"中单，其腰无缝，上下通裁，其形如深衣（见图3-10）。

图3-10　中单款式图

三、襦、裙、袴

襦是短衣、短袄的总称，一般长不过膝，"袍式之短者为襦"。襦可分为单襦和复襦，单襦类似衫，复襦则近似袄，区别在于是否夹里，内填丝絮等物质。如果襦的用料很粗糙，则称为"褐衣"。褐衣多指劳动者的服装。

《诗经·国风·豳风》里记载："七月流火，九月授衣……无衣无褐，何以卒岁？"苏辙《蚕麦》诗曰："不忧无饼饵，已幸有襦裙。"襦裙由短衣、长裙组成，襦的早期为大襟交领（见图3-11）。

图3-11　早期襦裙款式图

裙是最古老的服装之一。人类祖先用兽皮、树皮、树叶制成最早的裙子雏形。刘熙《释名·释衣服》上说"裙，群也"，裙是古人把许多小片树叶和兽皮连接起来形成的服装。据史料载，早在商代男性就开始穿裙子，而女性直到汉朝以后才形成穿裙子的习惯（见图3-12）。

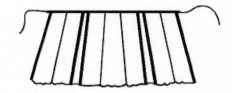

图3-12　裙款式图

袴是古代对裤子的称谓。袴的发音和含义与"绔""裤"相同。袴在商周时期出现，属于汉服系统的传统服饰之一。袴与今天的裤子稍有不同，就是裆部不缝合，属于套裤。《说文解字》解释为："绔，胫衣也。"《小尔雅·广服》说："袴，谓之裳。"《释名·释衣服》说："袴，跨也，两股各跨别也。"这说明古代的裤子没有裆，只有两个裤筒，套在腿上，上端有绳带以系在腰间。周武王以布为之，名曰"褶"。敬王以缯为之，名曰"袴"，袴裆不缝合，庶人衣服也。褶袴后来成为专门的骑兵服和武士服。

四、胡服

胡服是古代汉人对西域和北方各族所穿的服装的总称，后泛指汉服以外的外族服装。胡服与当时中原地区宽衣博带式的汉族服装有较大差异，胡服特点是短衣、长裤、革靴或裹腿，衣身紧窄，活动便利。战国时期的赵武灵王是中国服饰史上最早一位改革者，提倡把胡服用于军装，后来胡服传入汉族民间成为一种普遍的装束。

赵武灵王是一位军事家，又是一位社会改革家。他看到赵国军队的武器虽然比胡人优良，但大多数是步兵与兵车混合编制的队伍，官兵身穿长袍，甲装笨重，结扎烦琐，而胡人的着装与骑兵却很简捷、干练，于是想学穿胡服，练学骑射。《史记·赵世家》记载，赵武灵王与臣商议："今吾将胡服骑射以教百姓，而世必议寡人，奈何？"肥义曰："……王既定负遗俗之虑，殆无顾天下之议矣。"于是下令："世有顺我者，胡服之功未可知也，虽驱世以笑我，胡地中山吾必有之。"后仍有反对者，王斥之："先王不同俗，何古之法？帝王不相袭，何礼之循？"于是坚持"法度制令各顺其宜，衣服器械各便其用"。果然，汉军队穿用胡服、练习骑射不久，就使赵国强大了起来。

在成都出土的"采桑渔猎宴乐水陆攻战纹壶"上，可以看到以简约笔法勾画出的中原武士短衣紧裤、披挂利落的具体形象。这是赵武灵王推行"胡服骑射"之后中国军队中最早的正规军装（见图3-13）。

图3-13　战国胡服骑射（示意图）

五、舄、屦

商周时期，男女穿的鞋子样式相同，从色彩分有赤舄、白舄、黑舄等多种。君王的舄可分三等，赤舄为上，黑舄次之，白舄再次。王后的舄以玄舄为上，青舄、赤舄次之。屦是单层底的鞋，用麻、葛制成，夏季使用。周朝，舄贵而屦贱。周朝政府设"屦人"一职，专门管理君王和王后的鞋子。

六、服装饰品

首饰和佩饰是服装中最具光彩的组成部分，从服装发展历史看，人类使用首饰和佩饰比服装渊源更早，人类裸态时代就已经懂得文身、画身、佩戴原始的项链等。周朝继承了夏、商朝的传统，服装配饰的加工技巧也发展到了更加精美的程度。特别是春秋战国时代，各种与服装配套的饰品非常讲究，有材质高贵、形式华美的首饰和金玉件等佩饰。这些饰品除实用美化的目的外，都已渗透着特定的精神内涵，带有更多的礼教表征和社会等级的内容。

在商周服装饰品中，以玉制品最为突出。不仅君王本人常常一身华服而佩玉，而且臣、卿也是足穿珠履，腰佩金玉。周代贵族以玉衡量人的品德，所谓"君子比德于玉"，玉就成为奴隶主贵族道德人格的象征。儒家说玉有7种品德，都是不可缺少的，于是有"君子无故玉不去"的说法。因此影响到社会各层面，贵族不论男女服装上都佩戴几件美丽雕玉。《礼记·玉藻》曰："古之君子必佩玉……凡带，必有佩玉，唯丧否。"人问子贡，人们为何重玉而轻石，是否玉少而石多？子贡去问孔子，孔子答道，玉之美，有如君子之德，"温润而泽，仁也"。服装玉佩包括人纹佩、龙纹佩、鸟纹佩、兽纹佩等，战国时期的玉佩比商周时期细腻精美，逐渐演变为佩璜和系璧。夏商周时期的服装饰品主要有佩玉、佩璜、腰饰带钩、耳饰、颈饰、臂饰、指环等，其中周朝的腰饰带钩较有特色。

带钩是古代贵族和文人武士所系腰带的挂钩，古又称"犀比"。多用青铜铸造，也有用黄金、白银、铁、玉等制成的。带钩起源于西周，战国至秦汉广为流行。带钩是身份的象征，带钩所用的材质、制作的精细程度、造型纹饰以及大小都是判断带钩价值的标准。周朝的带钩造型有多种，例如：有体像螳螂之腹、钩短、做龙首或鸟首形者，有体作圆形、细长颈、短钩、下有圆柱者，还有琵琶形者等。商朝妇女头上有发簪，同时期佩饰玉大量出现，表现出独特的衣饰体系。西周晚期至战国是玉器发展史中的繁荣时期，玉佩品种繁多，除单件的佩饰以外，还盛行多块玉联成的佩饰，俗称"组玉佩"。夏商周时期，佩玉的意义与作用不仅仅是佩戴美观，而且将玉赋予君子的象征，使之崇高化、人格化、道德化（见图3-14）。

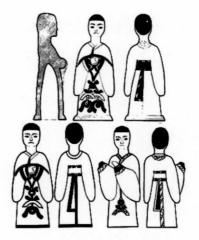

图3-14 彩绘俑服饰与饰品（周朝）

七、军戎服装

商周时期的军队已用铜盔和革甲等作为防身的装备来武装指挥官和执行攻坚战术的部队。目前考古发现的有商代铜盔，周代青铜盔和青铜胸甲。在周代已经有"司甲"的官员，掌管甲衣的生产与调配，由"函人"来监管制造。甲衣分为犀甲、兕甲、合甲3种，犀甲用犀革制造，将犀革分割成长方块横排，以带绦串接成与胸、背、肩部宽度相适应的甲片单元，每一单元称为"一属"。然后将甲片单元一属接一属地排叠，以带绦串连成甲衣。兕（野牛）甲比犀甲坚固，切块比犀甲大。合甲是连皮带肉的厚革，特别坚固，割切更困难，故切块又比兕甲更大。《考工记》中说"犀甲寿百年，兕甲寿二百年，合甲寿三百年"。盔帽最先以皮革缝制。青铜冶炼技术兴起以后，出现了铜盔和由铜片串接或铜环扣接的铜铠甲。用铜片串接的叫片甲，用铜环扣锁的叫锁甲。甲衣也可加漆，用黑漆或红漆以及其他颜色。在甲里再垫一层丝绵的称为练甲，穿甲的战士称甲士。甲衣外面还可再披裹各种颜色的外衣，称为衷甲。由各种颜色鲜明的衣甲和旗帜，组成威严的军阵。色彩不但可以助振军威，激励斗志，而且也便于识别兵种及官兵的身份，有利于军事指挥。此外，商周时期的铜盔顶端往往留有插羽毛的孔管，因鹖鸟凶猛好斗、至死不怯，所以要插戴鹖鸟的羽毛来象征勇猛（见图3-15）。

图3-15 戴盔帽、穿戎服的武士

八、服装材料及纹样

我国是世界上最早种桑养蚕的国家。传说黄帝时代，就已发明了养蚕、缫丝、织帛的技术。商、周时期是中国染织工艺取得大发展的时期，出现于新石器晚期的麻、葛、丝、毛等各种原料的纺织技术都已经达到了很高水平，特别是丝绸织造技术处于古代世界的领先地位，奠定了中国的"丝国地位"，对古代世界的人类文明产生了深刻的影响。

在距今约5500年的河南郑州青台遗址中，考古人员发现了最早的丝帛遗物。从距今5000年左右的吴兴钱山漾良渚文化遗址所出土的丝织品残片中，可以看出当时的缫丝、合股、加捻等丝织技术已具有相当水平。

　　在山西夏县西阴村新石器晚期遗址中曾发现过一个被人工半切割过的蚕茧，之后又在另一新石器遗址发现一块染成朱红色的麻布，从中可知夏代就已开始用丝绸做衣料了。商代已发现有回纹绮、雷纹绮花纹的纺织品，是现存世界上最古老的织花丝绸文物标本。到了西周时期已用织锦和刺绣等比较高级的服装材料了。从出土的织锦残片看，经线、纬线都已相当细密，并由多种色彩显现花纹。沈从文在《古代人的穿衣打扮》一文中说："由商到西周、春秋、战国……商代人衣服材料主要是皮革、丝、麻。由于纺织术的进展，丝、麻已占特别重要地位，奴隶主和贵族平时常穿彩色丝绸衣服，还加上种种织绣花纹，用个宽宽的花带子束腰。奴隶和平民则穿本色布衣或粗毛布衣。贵族男子头上已常戴帽子，是平顶筒子式，用丝绸做成，直流行到春秋战国而不废。"总之，商周时期高级的服装用料，如丝帛、绢、缣、绮、锦、绣和精细的麻织物等大多由奴隶主、贵族所专用。春秋时代各诸侯间有相互馈赠丝织品的习俗。当时最多不过十几匹，但是到了战国时代，各诸侯国用做礼品的丝织物有时竟达"锦绣千纯"（《战国策》），即5000匹之多。丝织品产量的激增，与桑蚕生产规模的空前扩大以及种桑、育蚕、缫丝、织造技术的革新有关。

　　商、周时期我国染织工艺的艺术成就突出表现在丝绸的织、绣花纹样方面。但服装面料图案因受施纹工艺的限制，大多呈现几何形状。在各种几何形纹饰中，菱形纹占主导地位。这些菱形纹变化多端，或曲折，或相套，或交错，或呈环形，或与三角形纹、六角形纹、S形纹、Z形纹、十字形纹、工字形、八字形纹、圆圈形纹、弓形纹等几种纹样交错相配，形成诡如迷宫、精妙绝伦的艺术效果。图案题材有动物纹、人物纹、花卉纹样等，图案色彩有红棕色、黄色、绿色、土黄色、黑色、灰色等，既艳丽缤纷又和谐统一，显示出制作者们很高的色彩修养。

　　现存的世界上最古老的织花丝绸文物标本是附在商代青铜钺上的回纹绮残痕和青玉戈上的雷纹残痕。有"丝绸宝库"之称的湖北江陵马山1号墓共出土了几乎包括前秦时期全部丝织品种的30多件实物标本。这批丝绸制品遗物，保存得非常完整，精美绝伦的制作工艺和灿烂缤纷的文采，充分展现了中国丝绸织绣工艺在先秦时期所达到的高超水平（见图3-16至图3-20）。

图3-16 有丝织品残片的青铜/中国历史博物馆藏（商朝）

图3-17 绣罗单衣上的龙凤纹/湖北出土（战国）

图3-18 龙凤绣衾花纹（复原图）/湖北出土（战国）

图3-19 绢地刺绣花卉/湖北出土（东周）

图3-20 二方连续图案/湖北曾侯乙墓出土（战国）

第四节　小　结

夏、商、周是我国服装纺织生产起步和发展的重要时期，特别是周代建立起完整的服饰礼制对后世产生了深远的影响。中国的冕服制度在夏、商时期初见端倪，到了周代已经完善，并被纳入"礼治"的范围。服饰文化作为社会的物质和精神文化，是"礼"的重要内容，这就赋予了服饰强烈的阶级内容。服装制度作为一种礼制的体现贯穿于整个中国古代服装历史之中，服饰成为礼制的寄托物。服饰不仅是区分等级的工具，也是社会经济的重要支柱。服饰以"礼"的形式固定下来，借以稳定内部秩序，维护奴隶制度的统治。从此，人们的衣着服饰要依据穿者的身份、地位而各有分别。天子后妃、公卿百官的衣冠服制等级制度日益严格，直到封建社会结束。

商周时期服装色彩多使用"五方正色"，即青、红、皂、白、黄5种。鞋履主要有履、舄、靴等形制。诸履之中，以舄为贵。周代君王之舄有白、黑、赤3种颜色，分别在不同场合穿着。靴来自西域，为胡人骑马射箭时穿着，后来汉族人也逐渐接纳。

春秋时期百家争鸣，诸子各持己见，讲究"尚礼""尚俭""节用""自然"等。儒教的服饰观对中国古代服饰形式产生了深远的影响，儒家的创始人孔子说"修身齐家治国平天下"，成为文人士大夫的行为准则。而"修身"的内涵之一就是人的外在装饰行为。它要求士人儒生从内心素养到外在形象都要合乎礼仪的规范，塑造出具有一定儒家风范的服饰形象。由此可见，在中国传统文化中，服饰的意义已经上升为一种社会意识形态，成为人们道德行为规范的重要组成部分。除儒家外，道家、墨家的服饰观也对中国传统服装形式的形成及发展有一定的影响。

夏商周时期，服饰生产管理体系比较成熟，并且成为国家赋税的主要来源之一，家庭手工业纺织生产在社会经济中占有比较重要的地位。

从出土甲骨文的文字上可以推敲出商代的服饰材料已有相当程度的发展，蚕桑生产和丝织手工业受到统治者的重视。至商末时，服饰无论在品种还是在质量、产量上都有很大的提高。周代由于服装成为区分身份等级的标志而受到统治阶级的极度重视，西周时期服饰纺织品的品种、产量及质量都快速提升。

　　春秋战国时期是我国历史上从奴隶社会向封建社会转变的时期，社会经济形态发生了巨大的变化，社会生产力得到了大发展，纺织生产也有极大的进步。这一时期，以齐鲁地区的丝绸、吴越地区的细密麻布最为著名。两地成为当时的纺织生产中心，生产了许多优质的纺织原料和服饰面料。纺织原料的丰富、生产中心的形成和纺织手工业的兴旺反映了春秋战国时期社会经济的迅猛发展和服饰文化的繁荣景象。

第四章
秦、汉服装

第一节　服装的社会与文化背景

一、时代背景

秦朝（公元前221年—公元前206年），是中国历史上第一个多民族统一的中央集权制封建帝国。秦王嬴政自称始皇帝，中国从此进入了长达2000多年的封建社会。

汉朝（公元前206年—220年）是秦朝之后出现的朝代，分为西汉、东汉两个历史时期，合称两汉。西汉为汉高祖刘邦所建立，建都长安；东汉为汉光武帝刘秀所建立，建都洛阳，其间曾有王莽短暂自立的"新"朝15年。汉朝是一个强大的帝国，创造了辉煌的文明，与唐朝合称为"汉唐盛世"，是中国帝制时代最强盛的时期之一。汉帝国和同时期的罗马帝国、印度的孔雀王朝一样，是当时世界上最先进的文明。秦汉时期所确立的封建社会政治制度，一直延续到20世纪初期。

从秦代开始，创帝制、筑长城，统一文字和货币，开疆拓土，为了巩固统一，相继建立了包括衣冠服制在内的各项新制度。秦始皇废周代六冕服装制度，采用通天冠作为常服，百官戴高山冠、梁冠、法冠和武冠等，穿袍服，身佩绶。汉代对秦朝的各项制度多有承袭。汉代初年，由于连年战争，经济遭受破坏，民众生活极苦，汉皇帝为了缓和阶级矛盾，废除了一些苛政，经济得到了一定的恢复，农业进一步发展，手工业生产技术相应提高。其中染织工艺、刺绣工艺和金属工艺的发展，推动了服装的变化。汉武帝时，开辟了沟通中原与中亚、西亚文化、经济的"丝绸之路"，与邻国在经济上和文化上交流得到增强，汉代的服饰变得丰富多彩起来。到了东汉明帝永平二年（59年），结合秦制与夏商周代古制，重新制定了祭祀服制与朝服制度。冕冠、衣裳、鞋履、佩绶等各有严格的等级差别，从此汉代的服装制度得到了确立。

东至朝鲜和日本，西至波斯湾和欧洲，南至东南亚和南亚次大陆，秦汉帝国与这些国家和地区均有联系与往来，以汉族为主体的中华民族共同体逐渐形成。秦汉时期，古罗马帝国与中国的经济文化均有来往。西汉时期开辟的"丝绸之路"贯穿其间，促进了沿途各国政治、经济、文化的交往和东西方社会的发展与进步。

二、社会经济对服饰的影响

秦、汉是中国封建经济政治文化制度的奠基时期，这一时期的经济、文化在继承前代的基础上有了更大的发展，服装形制与服饰文化迎来了第二个发展期，服装与佩饰更加丰富多彩。

秦始皇统一中国后，建立了第一个封建制政权，汉代经文景之治和汉武帝的励精图治，达到了封建王朝的第一个鼎盛阶段。秦汉时期的服装文化在传承商、周服制的基础上，吸收了春秋战国时期各诸侯国服饰之所长，进一步规定了适应封建社会文化的服装制度。从此，以皇权地位为中心的儒家服饰思想和封建服制被法定化。

中国丝绸自秦汉时期开始远销四方。这一时期的衣料比春秋战国时期丰富，张骞奉命两次出使西域，开辟了中国与西方各国的陆路通道，成千上万匹丝绸被源源不断地外运。于是，中华服饰文化开始走向世界。

秦汉时代，随着舆服制度的建立，按名位而分的礼仪等级制度更加严格。深衣也得到了新的变化，出现了汉代袍服等新的服装款式。这一时期的服装面料有了较大的发展，绣纹多有山云鸟兽或藤蔓植物花样，织锦有各种复杂的几何菱纹以及织有文字的通幅花纹和高鼻卷发的人物形象。

另外，秦汉时期不同的经济条件对服装的制约也是明显的。上层社会与下层社会经济条件的差异，使得上层社会在尽享宽衣博袖的华服美饰的同时，更多的普通百姓只能穿着紧衣窄袖的土布陋衣。在少数人剥削大多数人的社会里，上层社会的达官贵人将当时服装的所有成果，以极尽夸张奢靡的方式现于一身，他们可以不顾劳动者的温饱，只求满足个人无尽的私欲。而由于经济条件、政治地位等因素的制约，这种情况在下层社会是不可能出现的。

秦汉时期的服饰特点，不仅体现在服装材质和织造工艺上，也体现在服装面料的印染技术上。汉代印染技术已十分发达，马王堆1号汉墓出土的染色织物颜色已达20多种，充分反映了当时印染技术水平所达到的高度。根据对这些染料的化学分析，可知当时的植物性染料有茜草、栀子和靛蓝（这些植物可染出红、黄、蓝三色），矿物染料有朱砂和绢云母。秦汉时期，大麻种植广泛，遍及黄河流域，因麻布的纺织工艺简单，成为当时普通百姓服装的基本材料。"布衣"一词即由此而来，"古者，庶人耆老而后衣丝，其余则麻枲而已，故命曰'布衣'"。汉代开始把"棉"用作服装材料，其中"白叠"就是我们常见的棉花纺织成的布；而"桐华布"，后世文献称之为"古贝"，则指用木棉纤纺加工而成的面料。不过此时棉刚刚从印度传入，并未普及，丝帛和麻布是当时不同社会阶层的主要服装材料。

三、意识形态对服饰的影响

（一）秦汉时期人们的着装意识

秦汉时期不论服装形制还是服装色彩都深受阴阳五行学说的影响。以服色为例，《史记·历书》记载："王者易姓受命，必慎始初，改正朔，易服色。"认为秦灭六国，是获水德，而五行学说认为，水克火。周朝是"火气胜金，色尚赤"，秦灭周，是水德胜。水在季节上属冬，颜色是黑色，因而秦代服色尚黑，就连旌旗的颜色也大面积采用黑色。

汉朝时，统治者认为汉承秦后，当为土德。五行学说认为土胜水，土是黄色，于是服色尚黄。方术家又把五行学说与占星术的五方观念相结合，认为土是黄色象征中央，木是青色象征东方，火是红色象征南方，金是白色象征西方，水是黑色象征北方。青、红、黑、白、黄这5种颜色被视为服装正色，以黄为贵，并定为天子朝服的色彩。后来又认为天子是统一的象征，代表了天下各方的颜色，因而要求天子服装颜色须按季节不同而变换，即孟春穿青色、孟夏穿赤色、季夏穿黄色、孟秋穿白色、孟冬穿黑色，形成汉代服饰色彩礼俗。而介于五色之间的间色、杂色则多为平民服饰所采用。秦汉时期服装色彩的五方正色信仰，构成了传统服装的基色而代代传承。

汉代思想家董仲舒主张"罢黜百家，独尊儒术"，从西汉开始儒家思想得到发扬光大，儒家学说对后代产生了重要的影响。有关"天道"的观念成熟在先秦，而定型在汉代。来源于庄子的"天人合一"思想被董仲舒发展为"天人合一"的哲学体系，并由此构建了中华传统文化的主体。"天人合一"既是对中国远古自然崇拜的继承与提高，同时又对中国人融于自然的服饰观起到了理论上的指导作用。

"天人合一"的哲学思想与汉代服饰有着密切的关系，汉代的"天人一也"和"天人感应"思想对服饰的影响表现在当时的"四时服"与"五时衣"形制。《渊鉴类函》引《礼记·月令》："春，天子衣青衣，夏衣朱衣，秋衣白衣，冬衣玄衣。"《太平御览》引马融《遗令》："穿中除五时衣，但得施绛绢单衣。"对照"五时衣"所选择的5种颜色来看，中国古人并未考虑到四季的温差，而是努力寻求与大自然精神的统一。

（二）佛教的传入与道教的兴起对着装的影响

在中国影响最大、最广泛的外来宗教是佛教。佛教起源于古印度，西汉时由西域传入我国内地。东汉明帝时，在都城洛阳建造了中国第一座佛教寺院——白马寺。宗教是一种社会意识形态，是对人们现实生活的虚幻反映。佛教的传入得到了汉代统治者的扶持和提倡，于是成了众多平民百姓与达官贵人的信仰。佛教的传播对社会生活有着广泛和深远的影响。在艺术方面，随着佛教的传入，带有佛教艺术特色的塔、像、寺建筑兴起，石窟艺术、雕刻艺术、绘画艺术、音乐和舞蹈艺术都受到不同程度的影响，保存至今的不少塔寺建筑，如闻名世界的敦煌、云冈、龙门石窟等成为我国雕刻艺术的瑰宝。

佛教的服装文化同佛教的教义一样，传入中国之后就与中国的传统文化、民间文化及风情民俗结下了不解之缘。并且由于流传的时间久远、地域广阔、民族众多以及风俗民情和地理气候的差异，使得佛教服装在各个地区、民族形成了各自不同的服装文化。印度地处热带，僧人一般赤脚，不穿鞋袜。佛教传入中国之后，由于气候比印度寒冷，风俗习惯也大有不同，出家人都穿鞋袜。同时，佛教僧侣的服装也有很大的改变。最初汉朝的僧人是依师出家，用所依师之姓，但仍然穿俗家的服装，并不是穿印度僧人的袈裟，后来渐有变化。汉朝流行的普通人所穿的内衣、内袍，就是僧人平常穿的大褂。汉朝流行的缁衣也曾是借用僧尼的服装色彩元素。出家僧人平常穿用的僧袍的某些形式被借鉴到俗人的袍服上，后来出现的"衲衣""水田衣"就是受此影响。

道教是我国土生土长的宗教，东汉时期在民间兴起，尊奉老子为教主，称"太上老君"。道教对汉代服装的影响随处可见，道巾、道袍、道用草鞋、棕扇等对其服饰用品的影响最大，道教的阴阳色彩体系对民族服饰文化也产生了巨大影响。作为一种历史宗教文化现象，有必要对其中广博深厚的内涵予以探求。

四、服装习俗与风尚

（一）冬至习俗

冬至节源于汉代，盛于唐宋，相沿至今。从汉代以来，这一天都要举行庆贺仪式，君不听政。民间歇市3天，穿新衣、吃新饭，欢度节日，其热闹程度不亚于过年。

（二）成人礼

今天的成人礼，是少男少女年龄满18岁时举行的迈向成人阶段的仪式。我国的成人礼在周代已经产生，《礼记》曰："夫礼，始于冠"；"男子二十，冠而字"。又曰："凡人之所以为人者，礼义也。礼义之始，在于正容体、齐颜色、顺辞令……故冠而后服备，服备而后容体正、颜色齐、辞令顺……已冠而字之，成人之道也。"也就是说，不行冠礼，则一生难以"成人"。《释名》曰："巾，谨也。二十成人，士冠，庶人巾。"这说明当时成人礼是士以上身份的贵族须束发加冠，士以下的庶人则束发覆巾。

在汉代，冠礼是被人们十分看重的礼，是一个人成年的标志。具体的仪式是受礼者在宗庙中将头发盘起来，戴上礼帽或头巾。由于要穿戴的服饰很多，包括冠、巾、衣衫、革带、鞋靴等，于是分3道重要程序才能把帽子戴在头上，被称为"三加"；三加之后，还要由父亲或其他长辈、宾客在本名之外另起一个"字"，只有"冠而字"的男子，才具备日后择偶成婚的资格。与男子的冠礼相对，女子的成年礼叫笄礼，也叫加笄，在15岁时举行，就是由女孩的家长替她把头发盘结起来，加上一根簪子。改变发式表示从此结束少女时代，可以嫁人了。冠礼一直延续至明代。

第二节　男子服装

一、君臣官服

（一）皇帝冕服

秦汉时期皇帝仍遵循先秦天子在参加重大祭祀典礼时戴冕冠穿冕服的习俗。冕冠十二旒仍是皇帝的特权，冕冠只能是皇帝一人所戴用，废除了周朝时高官皆可戴用的制度。冕服已成为帝王的专有服装。汉代规定，皇帝冕冠为十二旒，为玉制。冕冠的颜色，以黑为主。冕冠两侧，各有一孔，用以穿插玉笄，以与发髻拴结，并在笄的两侧系上丝带，在颔下系结。在丝带上的两耳处，还各垂一颗珠玉，名叫"充耳"。不塞入耳内，只是系挂在耳旁，以提醒戴冠者切忌听信谗言。后世的"充耳不闻"一语，即由此而来。冕服以黑色上衣、朱色下裳为标准，衣裳绘有章纹，并配以蔽膝、佩绶、赤舄。冕服内有中单素纱，外有革带、大带。大带加于革带之上，用素（白色生绢）或练（白绢）制成。大带素表朱里，两边围绿，上朱锦，下绿锦。大绶有黄、白、赤、玄、缥、绿六彩，小绶有白、玄、绿三色。三玉环、黑组绶、白玉双玉佩、佩剑、朱袜、赤舄，组成一套完整的服饰。从此"肩挑日月，背负星辰"成为后世历代帝王冕服的基本形式（见图4-1）。

（二）皇帝常服

秦汉时期，帝王的常服多为上戴通天冠，身穿深衣形制袍服。汉代建立了舆服制度，在商周时期冕服制度基础上更加完善，是冕服制度的延续与发展。按汉代舆服制度规定，仅皇帝与群臣的礼服、朝服、常服等就有20余种。服饰上的等级差别十分明显，主要表现为：一是冕服在因袭旧制的基础上，发展成为区分等级的新标志；二是佩绶制度的确立成为区分官阶的又一标志。

图4-1　汉武帝冕服

帝王常服中有一种通天冠，也称高山冠，是天子戴的一种远游冠，高9寸，以铁为梁，乘车戴用。《后汉书·舆服志下》记载："通天冠，高九寸，正竖，顶少邪（斜）却，乃直下为铁卷梁，前有山，展筒为述，乘舆所常服。"通天冠自秦至明，历代皆用，也叫"卷云冠"（见图4-2）。中国服装历史中的冠与帽子区别是：冠是身份地位的象征，而帽子是实用的服饰品。

图4-2　通天冠

（三）官吏袍服

秦汉时期男子以袍服为贵，这是一种源于先秦深衣的服装，原仅作为士大夫所着礼服的内衬或家居之服。到了秦汉时期，袍服开始作为官员朝会和礼见时穿着的礼服。秦朝规定官至三品以上者，穿绿袍、着深衣。平民穿白袍，多用麻或绢制。秦汉400多年来，一直以袍作为礼服。西汉时期的服装形式多样，单袍、绵袍有长有短，衣襟有直有曲。汉代的袍的样式以大袖为多，袖口部分收缩，称为"祛"，全袖称为"袂"。袍的领口、袖口处绣方格等纹样，大襟斜领，袍服下摆有花饰边缘，或打一排密裥，或剪成月牙弯曲之状，并根据下摆形状分成曲裾袍与直裾袍。

1. 曲裾袍

曲裾袍类似于战国时期的深衣，款式为三角形前襟和喇叭形下摆的长衣。通身紧窄，下长曳地，下摆呈喇叭状，行时不露足。裙裾从领至腋下向后旋绕而成。袖有宽有窄，袖口多加镶边。交领，领口较低，以便露出里衣，有时露出的衣领多达三重以上，故又称"三重衣"。曲裾袍在西汉多见，东汉时期渐少。曲裾袍在西汉时作为礼服而受到当时臣民的喜爱。这种样式不仅男子可穿，也是女装中最常见的式样（见图4-3、图4-4）。

图4-3　曲裾袍/长沙马王堆汉墓出土

2. 直裾袍

直裾袍又称"襜褕"，是禅衣的变化款式，西汉时出现，东汉时盛行。在西汉时不能作为正式礼服，只适用于其他场合，在东汉时可作为礼服。《史记·魏其武安侯列传》有"衣襜褕入宫不敬"之语，

图4-4　穿曲裾袍的男子/乐山市柿子湾1号崖墓石刻

这与西汉时内穿裤子无裆、直襟衣遮蔽不严有关。西汉时的裤子仅有两只裤管套在膝部，用带系于腰间。后因内衣改进，绕膝的曲裾深衣已显多余。东汉，直裾袍逐渐普及，因直裾袍比曲裾袍更简便，所以深受官吏的喜爱，普通男子也服此衣（见图4-5至图4-7）。

图4-5 穿襜褕的男子

图4-6 直裾袍款式图

图4-7 直裾袍/长沙汉墓出土

3. 菱纹袍

菱纹袍多为东汉官吏袍服，袖口有明显的收敛，领、袖都饰有花边，鸡心式祖领，穿时露出内衣。属于直裾式样，下摆处常打一排密裥，有的还裁制成月牙弯曲状，袍服腰部另外加围裳（见图4-8）。这种袍服是东汉时期官吏的普通装束，文武职别都可穿着，因菱形似双耳，被称为长命纹，取"长寿吉利"的含义。从出土的壁画、陶俑、石刻来看，凡穿菱纹袍者，里面一般还衬有白色的内衣。文吏穿着这种服装，头上必须裹以巾帻，并在帻上加戴进贤冠。

4. 绵袍服

绵袍服是汉朝官吏冬季穿用的絮丝绵的袍服（见图4-9）。丝绵袍面料为印花敷彩纱，里、袖、领、缘为绢，内絮丝绵，缝制形式与其他丝绵袍相同。

图4-8 汉朝菱纹袍

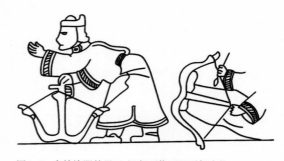

图4-9 穿绵袍服的男子/汉朝画像石腰引弩人物

（四）禪衣

禪衣为仕宦平日燕居之服。禪袢衣为上下连属式，款式与袍相同，只是无衬里。寒冷的冬季穿在袍服里面，当衬衣使用。夏日官宦等人可在居家休闲时单独穿用。有的禪衣可以罩在袄服外面使用。"禪"在这里是单层衣服之意。

（五）裤

裤分袴、裈、犊鼻裤3种。袴是秦汉时期官员的主要内装。袴为袍服之内下身所服，早期无合裆，类似套裤，仅能掩住腿部，所以也叫"胫衣"（见图4-10）。官宦男子外穿袍服，内穿袴，既能遮蔽下体又可以保暖。合裆的裈（见图4-11）和犊鼻裤是休闲时或百姓夏季可在外单穿的服饰。犊鼻裤是一种合裆的短裤，从汉代开始流行。

图4-10 袴（裆部不缝合）

（六）官吏首服

秦、汉时期特别是在汉代，用冠帽巾帻作为区分等级的主要标志。冠是贵族普遍佩戴的首服，是区别于平民的标志。冠主要有冕冠、长冠、进贤冠、委貌冠、武冠、法冠和头上的巾与帻。当时有4种人不能戴冠，即儿童、罪犯、异族人和平民百姓，但允许戴头巾帻。

图4-11 裈（合裆裤）

1. 长冠

长冠原是一种用竹皮制作的礼冠，后用黑色丝织物缝制，其形制来自楚国民间。汉代官宦斋祭时用此冠，因此又称斋冠。因汉高祖刘邦所戴，也叫刘氏冠，形制如一长板竖立头上，高7寸、宽3寸，以竹为里，外裹帛。刘邦为天子后对戴此冠加以限制，只限于贵族和贵族的侍者戴用。长沙马王堆1号汉墓出土的木俑多戴此冠（见图4-12）。

2. 进贤冠

进贤冠为汉代文官所戴，冠上有梁，又称梁冠。冠上用铁、木做梁。西汉伊始，以冠上梁的多少来分等级，冠下衬巾帻。如无巾帻与梁，则为儒者戴用，称"儒冠"。进贤冠为黑色，前高

图4-12 长冠（着衣木俑）/长沙马王堆汉墓出土

7寸，后高3寸，顶部长8寸。公侯为3梁，博士为2梁，博士以下至小史私学弟子为1梁。以后发展为：一品7梁，二品6梁，三品5梁，四品4梁，五品3梁，六品和七品都是2梁，八品和九品1梁。进贤冠已成为历代在朝的文官用冠，到元朝以后才废除（见图4-13、图4-14）。

3. 委貌冠

委貌冠，又称玄冠，与古皮弁制同，长七寸，高四寸，上小下大形如覆杯，用黑色缯绢为之，戴此冠时则服玄端素裳。委，即安定；貌，即正容；委貌即礼仪之道。作为贵族的礼冠，委貌冠为诸侯朝服之冠，公卿诸侯、大夫行礼者服之。《仪礼·士冠礼》的解释为：此冠夏称"毋追"，殷称"章甫"，周称"委貌"。根据《庶物异名疏》记载：委貌冠"前高广，后卑锐，无笄有缨"（见图4-15）。

图4-13 戴进贤冠的文吏/山东沂　　图4-14 进贤冠　　　　　图4-15 委貌冠
南汉墓出石刻

4. 武冠

武冠为武士与武将所戴的冠。秦汉时代武冠主要有两种：一种是"鹖冠"，多为武士所戴；一种是"武弁大冠"，多为武官所戴。鹖冠用鹖的尾羽装饰在冠顶，鹖是一种类似雉鸡的鸟，好斗，争斗时必致死乃止，其羽毛华丽，用鹖的羽毛装饰，象征武士勇猛作战，因此也称"勇士冠"。武官作战时也戴这种冠。汉代砖刻出土了不少冠上插双鹖尾的骑射人物形象。《后汉书·舆服志下》："武冠，俗谓之大冠，环缨无蕤，以青系为绲，加双鹖尾，竖左右，为鹖冠云。五官、左右虎贲、羽林、五中郎将、羽林左右监皆冠鹖冠，纱縠单衣。"

武弁大冠，也叫赵惠文王冠，源于战国赵惠文王所戴之冠的样式。秦灭赵国后，以这种冠赏赐近臣，到汉代时沿用，成为各级武官在朝会、列席等场合所戴的礼冠。冠以纱制成，上涂黑漆，有双搭耳，耳下有带系于颌下，戴时衬着赤帻（见图4-16、图4-17）。《后汉书·舆服志下》："武冠，一曰武弁大冠，诸武官冠之。"戴武冠时，头发梳成比较复杂的头髻（见图4-18）。

5. 法冠

法冠，又称"獬豸冠"（见图4-19）。獬豸（见图4-20）是古代传说中的异兽，体形大者如牛，小者如羊，类似麒麟，全身长着浓密黝黑的毛，双目明亮有神，额上通常长一角，俗称独角兽。它拥有很高的智慧，懂人言、知人性。它怒目圆睁，能辨是非曲直，能识善恶忠奸。当人们发生冲突或纠纷的时候，独角兽能用角指向无理的一方，甚至会将罪该万死的人用角抵死，令犯法者不寒而栗。传说帝舜的刑官皋陶曾饲有獬豸，凡遇疑难不决之事，悉着獬豸裁决，均准确无误。所以在古代，獬豸就成了公正执法的化身。后为执法者所戴，以象征执法公正。《后汉书》注引《异物志》："东北荒中有兽，名獬

图4-16　武弁大冠

图4-17　武冠

图4-18　秦朝武士发式/陕西秦兵马俑馆

图4-19　獬豸冠

图4-20　獬豸雕塑

豸，一角，性忠。见人斗则触不直者，闻人论则咋不正者。"《淮南子》记载："楚文王好服獬冠，楚国效之。"

6. 头巾

头巾是指男子戴的头巾，古代女子头巾叫"帼"，多用缣帛布制成。巾起源于商周，是庶民用来约发的工具。巾的大小、形状各有不同。如果是用整幅布帛制成就叫"幅巾"，幅巾也是庶民百姓常用的首服。头戴巾冠是男子成年的标志。

7. 头帻

帻是巾的一种，常衬在冠下，单用时同巾的作用相同。汉代身份低微的人不能戴冠，只能戴巾、帻。帻后来演变成帽状。秦、汉时期，帻有多种样式，如介帻、平巾帻、空心帻等。汉代官员戴冠必衬帻，根据品级或职务不同有所区别。东汉画像石上屡见此类戴帻方式，可见帻盛行于汉代，东汉男子戴帻似乎与王莽头秃、喜在冠下衬帻的传说有关。戴冠衬帻时冠与帻不能随便配合，文官的进贤冠要配介帻，而武官戴的武弁大冠则要佩平巾帻，未成年儿童戴空心帻。"卑贱执事"们只能戴帻而不能戴冠。介帻，为顶端隆起，形状像尖角屋顶。平巾帻是因为顶端平坦而得名。达官贵人家居时，脱掉冠帽，头戴巾帻。空心帻是在头部围成一圈，头顶露出头发，犹如今日的日本男子在祭祀时头顶所戴的包头白布，汉朝时多为小儿及少年所戴用（见图4-21、图4-22）。

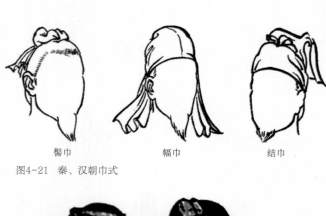

髻巾　　　　　幅巾　　　　　结巾

图4-21　秦、汉朝巾式

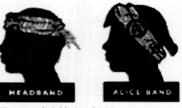

图4-22　空心帻（示意图）

（七）鞋、履

秦、汉时期鞋靴制作工艺比前代有了很大的进步，特别是汉朝。1980年新疆考古工作者在楼兰孤台墓葬中发现的一只汉代革靴，形制为半腰形，内衬毛毡，用麻线缝制，整体上看十分牢固，也比较规整，皮质精良，从中看出随着汉代畜牧业的发展，当时西域皮革的鞣制技术和制靴工艺有了较大的提高。两汉时期，鞋履的式样已非常丰富，有皮靴、皮履、麻鞋、丝履、锦履、布履、木屐、草履等多种。北方少数民族穿高勒皮靴，叫"络鞮"，汉人士兵也穿用络鞮。从鞋的材料上分，皮革制成的叫鞜、丝帛制成的叫锦履（主要为高头或歧头丝履）、布帛制成的叫帛屦，也有麻、毡制成的鞋。汉代木屐很流行，形状与今天的木屐相类似。汉代布帛鞋的鞋头多呈分叉状，帛鞋底用麻线编织而成。

秦、汉时期的足服种类主要有舄、屦、履、屐、屣、靴等。

舄 复底鞋，为官员祭祀时穿用。《古今注》中有："舄，以木置履下，干腊不畏泥湿也。"

屦 用麻葛制成的一种单底鞋，为官员居家时穿用。《说文》段注："今时所谓履者，自汉以前皆名屦。"屦比舄轻便，多用于走长路时穿。

履 为官员上朝时穿用，是锦帛制成的单底鞋（见图4-23）。

屐 木底鞋，底部有连齿，是出门、旅游用的鞋，在宋代以后成为专门的雨鞋了。

屣 指拖鞋、便鞋。居家穿用，后来与履通用，泛指鞋。屣作为动词，是指穿着拖鞋走的样子，《后汉书·崔骃传》中有："衣不及带，屣履出迎。"

靴 主要有毡靴、锦靴和皮靴。汉代靴为高筒式，原为北方少数民族所穿，随胡服传入中原。早期多为军中骑马兵士和猎人所用。

在新疆洛浦县山普拉汉墓出土的皮鞋，多是用鞣制较好的熟皮缝制，这里出土的一双儿童皮鞋（见图4-24），除鞋底已失以外，其他部分保存得较完

图4-23 汉朝翘头履（仿制品）

图4-24 汉朝儿童皮鞋/洛浦县普拉汉墓出土

整，皮面毡里，勒高8厘米，底长17.5厘米，用熟皮和植物的筋做线缝制，外形非常规整。

在湖北省江陵县凤凰山168号西汉墓中出土了西汉麻草鞋（见图4-25），编制工艺精良，样式颇为简陋。

（八）官吏的佩绶制度

先秦时期的男子所用的腰带，以皮革为主。到了汉代，职官品级，除了在冠巾、服装及腰带上显示之外，在佩饰上也有表现。佩绶制度就是其中之一。组、绶都是用丝带编成的饰物，组多用来系腰，实际上是一条较狭窄的丝绦；绶是一条较宽并织有丙丁纹的丝绦。绶带和官印一样，都由朝廷统一发放，因为是系在官印的纽上面，所以也称"印绶"或"玺绶"。《史记·范雎蔡泽列传》："怀黄金之印，结紫绶于要（腰）。"《史记·项羽本纪》中有"项梁持守头，佩其印绶"的记载，说明包括了印、绶两种饰物。依身份高低，印的质料有玉、金、银、铜等，绶的长短、颜色和织法也有明显的不同，不同官位的"绶"有明显区别，使人一望便知佩绶人的身份。汉代一官必有一印，一印则随一绶。佩绶成为汉代区分官阶的重要标志。春秋战国时期，因战争关系，贵族配饰一般是兵器刀剑。汉朝以后，除佩挂刀剑之外，还有佩绶制度，佩绶的方法：一为垂，其方法是系于腰间，或正或侧；二为盛，官印用鞶囊盛之，并用金属材料制成的带钩挂于腰带旁，故鞶囊又称旁囊。武将的囊上绣有虎头纹样，所以又叫作"虎头鞶囊"。山东沂南汉墓出土有西汉戴漆纱冠，着大袖衣、大口袴，佩虎头鞶囊，系绶，佩剑武士石刻画像。绶的佩挂方法，通常是将它打成回环，使其自然下垂（见图4-26）。

据文献记载：汉朝皇帝佩黄赤绶，长为两丈九尺九寸；诸侯、王佩赤绶，长二丈一尺；公、侯、将军佩紫绶，长一丈七尺。官职越小，绶的尺寸越短，颜色也各不相同。后来，佩绶演变成悬挂在身后的矩形织物，这种外形

图4-25　西汉麻草鞋/湖北省江陵凤凰山168号西汉墓出土

图4-26　佩绶的男子/汉朝画像石

佩带方式直至明朝都无重大变化。

印绶是汉朝官员权力的象征。不仅汉族官员具有，就连附属于汉朝的少数民族官员也具有，并由朝廷统一发放。西汉末年王莽篡政，曾派专使前往边疆收回汉朝的印绶，以致激起了各族的反抗。汉朝规定，官员平时在外，必须将官印装在腰间的鞶囊里，并将绶带垂在外边。佩绶官吏形象经常出现在汉墓出土的画像石拓片上（见图4-27、图4-28）。

在东汉孝明皇帝时期，还订立有大绶制度。所谓大绶，是用各种玉制佩件穿连而成的饰物，如用白玉双玉佩，色彩有黄、白、赤、玄、缥、绿六彩。这些玉饰在各地都屡有出土，它们的组合方法略有不同，一般上部为弯形的曲璜，以联系小璧，中有上刻齿道的方形琚瑀，旁有龙形冲牙，各玉佩之间间以璜珠，用丝绳串连。这种大佩多在祭祀、朝会等重要场合使用，日常家居不能使用。

图4-27 佩虎头绶的武士/
山东沂南汉墓出土

图4-28 带鞶囊的官吏/
山东沂南汉墓出土

二、百姓民服

从出土陶俑和历史文献看，汉代规定了百姓一律不得穿有彩之衣，只能穿本色麻布，对商人的禁令更是严格。直到西汉末年，才允许百姓服青绿服装。在服装的样式上则没有过多的严格规定。从汉代陶俑及画像砖石来看，劳动者或束发髻，或戴小帽、巾子，或戴斗笠，几乎全是交领服装，下长至膝，衣袖窄小，腰间系巾带，脚穿鞋靴。还有不少赤足者，下装裤角卷起或扎裹腿，以便劳作，夏天赤裸上身，下身穿犊鼻裤短裤。也有外罩短袍者，多为体力劳动者或乐舞百戏之人。总体看百姓服装较宽松。这些画像石的出土反映了这个时期劳动人民的生活状况。

（一）布衣

布衣是指平民百姓的最普通的廉价衣服。"布衣蔬食"常形容生活俭朴，"布衣百姓"泛指平民。秦汉时期的"布"指麻葛之类的织物，与"帛"相对应；帛指丝织品，为富贵人家所用的绫罗绸缎、丝锦织物。平民多穿麻、葛织物。

（二）襦

襦是一种有衬里的短上衣，比袍短，一般长度过腰到膝盖上。秦汉时期百姓男子常服多为襦、裈衣、合裆裤，也有穿襦裙者，在劳动时将裙撩起来塞在腰间便于劳动。《三国志·魏志·管宁传》："（管）宁常著皂帽、布襦裤、布裙。"到东汉后期，民间开始流行穿长襦，以老年人穿长襦者多。秦汉时服色官服以青、紫为贵，而平民布衣只能穿白色或单色衣服。普通男子常服为上穿襦，下穿裤或犊鼻裤，在腰间系有围罩布裙，这种装束不分工奴、农奴、商贾、士人，几乎都一样。汉代百姓多穿分叉、双尖翘头方履，夏季多穿蒲草履。除皮履外，百姓足穿屦、布帛履或赤脚。屦，系草鞋。《说文》："屦，草履也。"

（三）犊鼻裤

犊鼻裤是一种较短的合裆裤，因其形似牛犊的鼻孔而得名，是底层劳动者喜穿的服制之一。户外街头卖艺、杂耍等人穿此服，也是普通男子的内裤，尤受南方水田劳作的农民喜爱。因夏季炎热，一般民众赤裸上身，下穿短裤，从汉代画像石中可以看到穿着犊鼻裤的人物形象（见图4-29至图4-31）。《史记·司马相如列传》："乃令（卓）文君当垆，相如自着犊鼻裤，涤器于市中。"集解引韦昭注云："今三尺布作形如犊鼻矣。"《汉书·司马相如传》刘奉世注则曰："犊鼻穴在膝下，为裤才令至膝，故习俗因以为名，非谓其形似也。"传说司马相如带卓文君回到成都，就穿着犊鼻裤，以羞辱卓王孙。

图4-29　犊鼻裤/东汉画像砖

图4-30　汉朝劳动者袍服/南阳画像砖

图4-31　汉朝劳动者服饰/汉代画像砖

（四）头巾

平民用白色、黑色或青色头巾，因此称平民为黔（黑色）首，称仆隶为苍（青色）头。白头巾也是免职官员或平民的标志，官府中的小吏和仆役们也戴白头巾。东汉末年百姓流行戴黄色巾。黄巾起义就是由头戴黄巾的农民发动的中国历史上规模最大的一次宗教形式组织的暴动。它开始于184年，由张角等人领导，对东汉王朝的统治产生了巨大的冲击，逐步导致了汉朝的灭亡。

三、武士军服

秦、汉时代的军装以铠甲为主。秦始皇陵兵马俑坑的发掘，为研究秦代武士服饰提供了具体的形象资料。出土的兵俑包括将军俑、军吏俑、骑士俑、射手俑、步兵俑、驭手俑等，这些铠甲服饰表现出了森严的等级制度。

（一）秦朝将官军服

铠甲胸前后背由皮革制成，外罩针织外衫，为临阵指挥的将官所穿。也有用皮革制成后用金、银、铜等作为饰片装饰的。铠甲的前胸下摆呈尖角形，后背下摆呈平直形。胸部以下到背部后腰等处，都缀有小型甲片。从出土的武官俑看，铠甲共有甲片160片，甲片形状为四方形，甲片用皮条或麻绳穿组固定，胸背及肩部等处还露出彩带结头，另在两肩装有皮革、金属制作的披膊（见图4-32）。

图4-32　铠甲甲片的排列

（二）秦朝士兵军服

秦朝军服是依兵种作战特点而配备的，并用冠饰形式和甲衣色彩区分官兵地位。从结构上看，甲衣胸部的甲片都是上片压下片，腹部的甲片都是下片压上片，这样的结构安排有利于活动。铠甲装的肩部、腹部和颈下周围的甲片都用连甲带连接，甲片上都有甲钉，其数或二，或三，或四不等，最多者不超过6枚。甲衣的长度，前后相等。秦兵俑中最为常见的甲衣样式，当为普通战士的装束（见图4-33、图4-34）。

图4-33　秦朝士兵铠甲装　　　　图4-34　秦朝士兵服

轻步兵俑身穿长襦，腰束革带，下着短裤，裹腿，足登浅履，头顶右侧绾圆形发髻，手持弓弩、戈、矛等兵器。重装步兵俑身穿长襦，外披铠甲，下穿裤，腿扎紧外有缚护腿，足穿靴。战车上兵士服装与重装步兵俑相类似。骑兵战士身穿胡服，外披齐腰短甲，下着围裳长裤，足穿高口平头履，头戴弁（圆形小帽），一手提弓弩，一手牵拉马缰。

（三）汉朝军服

汉朝时期汉军的主要敌人是匈奴。为了适应战场的需要，汉军习骑射，改革装甲。西汉以后，军队主流装备是铁甲，而不是皮革铠。将领的铠甲精工打磨，诸葛亮《作刚铠教》中有"敕作部皆作五折刚铠"之说，可见当时一副铠甲至少需要迭锻5次才算完工。从最新出土的汉墓实物来看，西汉时期已经出现了铁制铠甲装。铠甲装主要包括兜鍪、金属护胸、护臂甲等。护甲也分两种类型：一种是整个护甲由革皮制成，上嵌金属片，四周留阔边，这类军服主要是指挥作战的武将穿着；另一种是整个护甲由铁甲片编缀而成，主要为低级将领和普通士兵所穿，穿用时从上套下，罩在战袍服的外面，用带钩扣住。

1979年，山东淄博临淄大武村西汉齐王墓第五号随葬坑出土了两件铁铠甲、一顶铁胄。铁甲为鱼鳞甲片构成，甲片与甲片之间用麻绳组编成形，肩甲为方形甲片。其中在编缀时，用彩带将金银甲片编集成数个极富装饰性的几何菱形。从该墓出土的甲胄复原品中可以看出，全甲整体异常华丽，堪称汉朝铠甲中的极品。

（四）铁胄

胄又称兜鍪、头盔等，是汉朝将士防护头部的装备。由于它常与护体的铠甲配套使用，因而"胄甲"一词已成为中国古代防护装具的统称。西汉的铁胄由六层鱼鳞甲片组成（见图4-35、图4-36）。

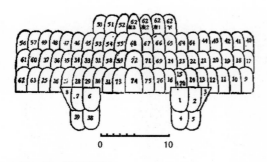

图4-35　铁胄展开图

图4-36　铁胄复原结构示意图

第三节　女子服装

秦汉时期的女装是中国女性古典衣着的代表，汉代女装与唐代女装一起被后世称为"汉服唐装"。秦汉女装与先秦时期比较，呈现出许多变化，深衣绕襟层数的增加、新颖的襦裙装的流行、头饰的多样性和鞋履的发展等共同构成了秦汉服饰的辉煌。汉朝的女装，主要有襦（短衣）、裙、袍、襜褕（直裾禅衣）和袿衣。汉代因为织绣业很发达，所以有钱人就可以穿绫罗绸缎等漂亮的衣服，普通人穿的是短衣长裤，而穷人穿的是短褐即粗布做的短衣。

一、深衣

深衣是秦汉时期女服中最为常见的一种服式，是女子的礼服，而汉代的男子穿深衣者少。女子深衣在继承先秦的基础上已经有了不少变化，最显著的是绕襟层数增加，左衣襟几经转折绕至臀部，然后用绸带系束。从湖南长沙马王堆1号汉墓出土的实物形象资料看，这种服装通身紧窄，长可曳地，下摆一般呈喇叭状，行不露足。衣袖有宽窄两式，袖口大多镶边。衣领通常用交领，领口很低，以便露出里衣，深衣上还绘有精美华丽的纹样（见图4-37、图4-38）。《后汉书》记载，贵妇入庙助蚕之服"皆深衣制"。

河北满城1号汉墓出土了鎏金长信宫灯铜人，持灯宫女就身穿深衣，头发中分，垂脑后作髻，发尖垂梢，如图4-39所示。

图4-37　汉朝深衣款式图

图4-38　深衣复原图

图4-39　鎏金长信宫灯深衣铜人（汉朝）

二、襦、裙

襦是一种短衣，襦裙是上衣下裙的套装形式。襦与裙相搭配的穿法早在战国以前就已出现，属于古老的衣着形式。古代时妇女穿襦必穿裙。秦汉时期女子襦、裙又有了一些新变化，襦渐渐窄短，袖子仍宽大，裙长曳地。汉朝时尤其是贵族女子的裙更长，走路时甚至要用两婢提携。汉朝襦裙的特点是：窄袖、右衽、交领，下裙以素绢四幅连接合并，上窄下宽，腰间施褶裥，裙腰系绢带，裙式较长（见图4-40、图4-41）。从汉朝出土的舞伎女俑的着装上可以看出这种服装特点。贵妇穿襦裙、着高头丝履，丝履绣花。庶民女子衣袖窄小，裙子至足踝以上。为了劳动方便，裙外还要有一条围裙。在长沙马王堆汉

图4-40 襦裙实物绘图

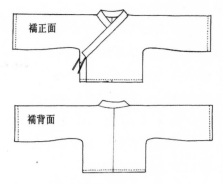

图4-41 襦的正面与背面

墓中，发现了完整的裙子实物，用四幅素绢拼制而成，上窄下宽呈梯形，裙腰用素绢制成，裙腰的两端分别延长一尺左右，以便系结。整条裙子不用任何纹饰，称"无缘裙"。

汉朝最有名的是"留仙裙"，传说由皇后赵飞燕所创制。相传赵飞燕在汉宫太液池（皇家池苑）中表演歌舞，由乐官冯无方吹笙伴奏。正当歌舞酣畅时，大风骤起，赵飞燕凭借风势扬袖举袂尽情欢舞，汉成帝恐其被风吹走，急命冯无方拉住。冯氏于情急之下，一把拉住赵飞燕的裙角，只听得"吱啦"一声，薄如蝉翼的裙幅已被扯下一片。赵飞燕趁势对汉成帝娇嗔道："要不是你命人拉住我，我岂不成仙女了！"自此以后，宫中佳丽都将裙后留一缺口以为时髦，名为"留仙裙"。除了上述这种说法外，《赵飞燕外传》还有另外一种说法，即冯无方赶紧丢了手中的芦笙，急步上前用手死死抓住飞燕的裙子。一会儿，风停了，赵飞燕的裙子也被抓皱了。从此，宫中就流行一种折叠有皱的裙子，叫留仙裙。可见留仙裙是一种后面带开缝或有皱褶的裙，类似今之百褶裙。不管是哪一种，赵飞燕的"留仙裙"确实引领了汉代女装的潮流。

三、襌衣

襌衣是华夏服装体系衣制的一种，即无衬里的单层衣服。秦汉时期襌衣一般是夏衣，质料为布帛或为薄丝绸。襌衣也有曲裾、直裾之别。以著名的长沙出土西汉时期马王堆"素纱襌衣"为例，交领右衽，直裾式，中等宽度袖。衣长160厘米，通袖长195厘米，袖口宽27厘米，腰宽48厘米，衣重仅48克，薄如蝉翼，丝光华美，反映了当时高超的织造工艺技术（见图4-42）。关于禅衣，古文献中有很多记载，如：《说文》中"禅，衣不重"，《释名·释衣服》中"禅衣，言无里也"，《急就篇》中"禅衣，似深衣而褒大，亦以其无里，故呼为禅衣"。

图4-42 西汉时期马王堆"素纱禅衣"

四、袿衣

袿衣是东汉末期出现的一种贵族妇女使用的礼服，由深衣变化而来。其最大特点是用彩色织物做成几条上宽下窄的尖角形饰片，垂挂在腰部周围。这种装饰片叫作"袿角"，来源于"圭"。"圭"是古代帝王诸侯举行礼仪时所用的三角形玉制礼器。因"袿角"上广下狭，如同"圭"形。也因其像燕尾，所以也叫"燕尾"。袿衣下摆肥大而裾拖地，摆叠如云，有富贵气派。袿衣正面还需系有一片近似围裙的"蔽膝"，下端呈现椭圆形，上有彩绣纹饰，蔽膝两侧则露出条条袿角。刘熙《释名》曰："妇人上服曰袿，其下垂者，上广下狭，如刀圭也。"《汉书》卷五七《司马相如传》颜师古注："襳，袿衣之长带也；髾，谓燕尾之属，皆衣上假饰。"袿衣虽然于东汉出现，但在魏晋南北朝时期的贵族女子中最为流行。

五、直裾袍

袍服的大襟为直线状者称为直裾袍，区别于曲裾深衣，衣摆不再裁剪成三角状，而改为平直状，东汉以后男女流行穿着（见图4-43至图4-45）。直裾袍是次于曲裾袍服的款式，西汉时期不作为礼服使用。

六、女裤

汉朝以前女子袍服内只穿开裆的套裤。西汉早期

图4-43 穿直裾袍的女子（汉朝加彩陶俑）

图4-44　穿直裾袍女子的服装还原平面图

图4-45　直裾袍/马王堆1号汉墓出土（汉朝）

士儒妇女仍穿无裆的袴，到西汉中晚期才有合裆裤子，叫穷裤。早期的穷裤来源于宫廷妇女穿着，裤裆极浅，没有裤腰，裤管很肥大。东汉儒学者服虔说："穷绔有前后当（裆），不得交通也。"穷裤也称"绲裆裤"，是一种前后有裆的缚带裤。

七、木屐与履

秦、汉时代女鞋是很讲究的。汉朝女子出嫁，要穿绘有彩画、系有五彩丝带的木屐。汉朝的画像石、画像砖及绘画中体现出的女鞋特征是鞋底较厚、鞋头翘起而分叉。翘起鞋头行走方便，也是为了避免人踩到衣服上而跌倒。鞋头上翘继承了先秦时期鞋的样式，也体现了中国古代鞋子的典型特征。两汉时期女鞋多用丝、锦、帛、皮革等材料制成，丝履等鞋面要绣花，鞋头造型为歧头形，称为歧头履。鞋履以原料质地而取名，有皮履、丝履、麻履、草履等，造型有平头、歧头、圆头。湖南马王堆2号墓和湖北江陵凤凰山168号墓均出土过双尖翘头的歧头鞋。女履形体宽大，质地粗糙且硬挺，为了方便行走，在穿履时必须系带。为了防止磨损肌肤，特制了较厚实的布帛或长袜（见图4-46、图4-47）。

1995年新疆民丰县尼雅1号墓地3号墓出土的一双红地晕绸缂花靴的样式十分独特。此靴长29厘米，高16.5厘米，形制为短勒，整个靴子用皮、毛褐、绢、毡等多种材料缝制，特别是靴面中央在白地上织有并蒂花卉图案，造型精

图4-46 素绢夹袜（汉朝）

图4-47 袜子/湖南长沙马王堆1号墓出土
（汉朝）

美，形制新颖独特（见图4-48）。西汉马王堆辛追夫人所着之履为歧头丝履，长26厘米（见图4-49）。

图4-48 红地晕绸缛花靴/尼雅遗址出土
（汉晋）

图4-49 丝履/长沙马王堆1号墓出土（汉朝）

第四节　女子发式与佩饰

一、女子发式

迄今为止的文物史料表明，秦汉时期大多流行平髻，百姓女子日常生活中，髻上不梳裹加饰，以顶发向左右平分式较为普遍。高髻只是见诸少数贵族女子的一种发式。秦朝有望仙九鬟髻、凌云髻、垂云髻等。汉代以后，妇女的发型获得了发展。其一是官服制方面，汉朝依据周礼制定了发型与发饰，汉皇太后仍以假髻来承载多种沉重而复杂的头饰，后来演变成沉重的凤冠。其二是富贵人家妇女的发髻形式逐渐由后倾向上推移成为高髻，并搭配上奢华的装饰品。如东汉明帝马皇后头发长而秀美，梳上4个大髻之后尚有余发，还可以绕髻三匝，成为一种新的高髻。又如外戚梁冀的妻子创制了偏在一边的垂髻叫堕马髻，成为当时的新时尚。而普通人家的妇女仍然喜欢朴素的裸髻。汉朝妇女发髻的式样丰富多彩，有推至顶端的，有分至两边的，亦有垂至脑后的。汉代的发髻通常是从头顶正中分头路，然后将两股头发编成一束，由下朝上反搭，挽成各种式样。女子把头发绾成发髻盘在头上，以笄固定，并在发髻上佩带珠花或步摇等饰物。发髻大体上分为两种类型：一种是梳在颅后的低矮垂髻，也叫椎髻；另一种是盘于头顶的高髻。

（一）椎髻

椎髻又称椎结、垂髻。其形是先将头发挆在脑后，再在其末端绾成一把，结成一个小团（髻），将髻垂到后背部，这成为当时妇女的主流发式。这种发型也是我国最古老的发式之一，因样式与木制椎子十分相似，故名之。《后汉书·梁鸿传》有这样的故事：东汉诗人梁鸿，为人高节，娶同县女孟光为妻。在出嫁那天，新娘孟光穿着豪华服装，打扮讲究，高发饰髻。不料过门之后，梁鸿七日不理睬妻子。孟光知悟，"乃更为椎髻，着布衣，操作而前"，梁鸿见之大喜，不禁赞曰："此真梁鸿妻也！"可见当时该种发髻是贤淑与勤劳的象征。椎髻简洁易梳，深受广大女性喜爱（见图4-50、图4-51）。

图4-50　垂髻（彩绘木俑）/湖北江陵出土

（二）堕马髻

堕马髻是偏垂在一边的发髻，亦名"倭堕髻"。出现在汉代，传说是东汉外戚梁冀的妻子孙寿发明的，故又称"梁家髻"。在梳挽堕马髻时由正中开缝，分发双股，至颈后集为一股，挽髻之后垂至背部，因酷似人从马上跌落时发髻松散下垂之态而得名。髻中分出一缕头发，朝一侧垂下，给人以松散飘逸之感，这种发型在东汉年轻妇女间特别流行。"头上倭堕髻，耳中明月珠"是古人对美丽女子的形容。堕马髻在汉代的诸多文物资料中均可见到。《后汉书·梁冀传》："（孙寿）色美而善为妖态，作愁眉、啼妆、堕马髻、折腰步、龋齿笑。"李贤注引《风俗通》曰："堕马髻者，侧在一边。"《后汉书·五行志》中载："桓帝元嘉中，京都妇女作愁眉、啼妆、堕马髻、折腰步、龋齿笑……始自大将军梁冀家所为，京都歙然，

图4-51　垂髻陶俑/西安任家坡西汉墓出土

诸夏皆仿效。"可见这种发式在当时是一种非常妖媚的发式。在湖南长沙、陕西西安、山东菏泽等地出土的泥、陶、木俑中，就常见堕马髻。虽然堕马髻风行一时，但在汉朝流行时间并不很长，至魏晋时已完全绝迹。唐代虽又重新流行，但样式却与汉朝名同而实异（见图4-52）。

（三）高髻

汉朝童谣中有"城中好高髻，四方高一尺"的说法。高髻多为宫廷嫔妃、命妇、官宦之家小姐所梳用，梳高髻也要有簪花等装饰。另外，高髻也是祭祀等正规场合的发式。而普通妇女发式为中间开缝的低平式。贵妇高髻中有增添一些假发的，使用帼进行包饰。帼是一种头巾、头饰物，多以丝帛、鬃毛等制成。内衬金属框架，用时只要套在头上，再以发簪固定即可，犹如一顶帽子。广州市郊东汉墓出土的一件舞俑，头上戴有一个特大的"发髻"，发上插发簪数枝，在发髻底部近额头处，有一道明显的圆箍，当是汉朝帼的形象。宫廷中流行的高髻有多种，如反绾髻、惊鹄髻、花钗大髻、三环髻、四起大髻、欣愁髻、飞仙髻、九环髻、迎春髻、垂云髻等，美不胜收（见图4-53）。

图4-52 仿汉朝堕马髻造型

图4-53 高髻发式

（四）分髾髻

分髾髻是从髻中留一小绺头发，下垂于颅后，名为"垂髾"，也称"分髾"（见图4-54、图4-55）。史上有"汉明帝令宫人梳百合分髾髻"，与堕马髻相似。汉武帝的上元夫人还喜爱一种名为"三角髻"的发式，即"头作三角髻，余发散垂至腰"，这种发式显得飘逸、洒脱、随意而不拘束。

图4-54 分髾髻

图4-55 分髾髻/河北满城
出土

二、步摇

步摇是汉朝出现的一种头戴首饰，即插在头上的头簪，以金、银、玉石等材质制成，以龙、凤、蝴蝶、鸟兽花枝等形象为造型，悬以金片或珠玉等坠子，走路时摇摆而动。步摇可插戴在发前，也可放在后髻上（见图4-56、图4-57）。步摇在汉代属于礼制首饰，其形制与质地都是等级与身份的象征。汉代以后逐渐流行于民间，成为女子妆奁中的贵重首饰。在长沙马王堆1号汉墓出土的帛画中有所反映。画中一名老年贵妇身穿深衣，头插树枝状饰物，这是最早的步摇形象。

图4-56 金步摇/前插式

图4-57 银步摇/后插式

有关步摇的历史记载很多，如《释名·释首饰》："步摇，上有垂珠，步则动摇也"；《后汉书·舆服志》："步摇以黄金为山题，贯白珠为桂枝相缪，一爵（雀）九华（花）"；王先谦集解引陈祥道曰："汉之步摇，以金为凤，下有邸，前有笄，缀五采玉以垂下，行则动摇"；唐·白居易《长恨歌》："云鬓花颜金步摇"；宋·谢逸《蝶恋花》："拢鬓步摇青玉碾，缺样花枝，叶叶蜂儿颤"等。

三、其他首饰与佩饰

汉代妇女喜爱耳饰。耳饰又分为耳钉、耳珰、耳环、耳坠等。汉代耳饰形制沿袭前代，在耳饰的制作上尤显华美。其中有耳珰作腰鼓形，一端较粗，常凸起呈半球状，戴时以细端塞入耳垂的穿孔中，粗端留在耳垂前部。

汉朝女子的颈饰主要有串珠、项链，多用金、银、玉、玛瑙、水晶、珍珠、琉璃等材料制成。手饰多戴戒指、手镯、玉瑗、缠臂金等。玉瑗是我国从新石器时代流传下来的一种臂饰，扁圆而有大孔。瑗同援义，其孔大，便于两人抓握相援。汉朝玉瑗形状继承战国玉瑗纹饰，多为云雷纹。腰饰有带钩和佩玉等，女子装饰品中以玉品装饰最为突出，其形制也各有不同。

第五节　服装面料、纹样与色彩

秦汉时期，特别是汉朝，丝麻纤维的纺织、织造和印染工艺技术已十分发达。长沙马王堆汉墓发掘出的服装实物资料非常丰富，尤其是服装纺织品的出土，虽然经历2000多年，但是质地仍然坚固，色泽依然鲜艳，反映出汉代劳动人民的精湛技术和高超水平。目前来看，西汉纺织品的出土主要在湖南长沙马王堆汉墓和湖北江陵凤凰山168号汉墓中，东汉的纺织品出土主要在"丝绸之路"上，如甘肃居延遗址，新疆的罗布淖尔、古楼兰和民丰遗址中。出土的丝织品数量多、品种齐、色谱全、技艺精，是考古发掘中的稀世珍品。

一、服装材料

汉朝继承了先秦的纺织技术，服装面料的印染技术和纺织技术也不断提高，由于纺织机的出现，民间纺织手工业得到普及，使丝绸产品出现了空前丰富的局面。官办织布厂的加入，大大推动了丝绸纺织技术的发展。最典型的是长沙马王堆汉墓出土的素纱襌衣。

汉朝的服装原料主要有丝帛、麻布、葛布和各类动物皮毛，此时，棉布也逐渐开始进入人们的生活领域。我国棉花的出现晚于丝织物，种植棉花技术大约在汉代从印度引进，最早试行种植是在西北地区。棉分"白叠"和"桐华布"，其中"白叠"就是我们常见的棉花纺织成的布，而"桐华布"，后世文献称之为"古贝"，则指的是用木棉纤纤纺加工而成的面料。西汉时期棉花并未普及，因此，丝帛和麻布是西汉时期主要的服装材料，其中，丝帛因物料稀有、价值高贵而成为秦、西汉时期上层社会的主要服饰材料。

从马王堆1号墓出土实物看，除了素纱禪衣外还有：素绢丝绵袍、朱罗纱绵袍、绣花丝绵袍、黄地素缘绣花袍、绛绢裙、素绢裙、素绢袜、丝履、丝巾、绢手套等几十种，染织品有纱、绡、绢等，颜色有茶色、绛红、灰、朱、黄棕、棕、浅黄、青、绿、白色。

东汉开始大量生产棉花。棉布开始用作服装材料。《华阳国志·南中志》曰："梧桐木其花柔如丝，民绩以为布，幅广五尺以还，洁白不受污，俗名曰'桐华布'。"书中说的"梧桐木"是当地的土语，不是指现在的梧桐树，而是木棉树。这种"桐华布"是用木棉花的纤维织成的。由于木棉纤维短，纺织比较困难，而后被棉花所代替。

汉朝的丝织技术已达到相当高的水平，丝织物种类繁多，工艺精湛。素是一种洁白的绢，是当时最为常见的一种丝织物。纱是另一种平纹丝织物，经纬稀疏。"纱，纺丝而织之，轻者为纱，皱者为縠。"锦是用经纱起花的平纹重轻织物，由染成各种颜色的丝线织成，色彩绚丽，代表秦汉时期丝织工艺的最高水平。《释名·释彩帛》有"锦，金也，作之用功重，其价如金"之说。绣，即刺绣，汉代刺绣的针法包括开口锁绣、闭口锁绣、直针平绣、十字绣等。《新书·匈奴》上说"匈奴之来者，家长已上固必衣绣"。由于要耗费大量的人力、财力，绣在人们心目中的地位甚至高于锦。下层社会的普通百姓的衣料主要为麻布，主要由大麻和苎麻纤维纺织而成。

汉朝时刺绣用绢和罗作绣料，采用平针、锁绣、钉线绣等多种针法，针脚整洁，用简练的线表现各种形象，花纹瑰丽秀美。汉代刺绣纹样的主题与丝织品、漆器图案相近，大体分为云气纹、动物纹、几何纹、文字图案等几类。湖南长沙马王堆1号汉墓出土了用锁绣法绣成的信期绣、长寿绣、乘云绣等多种精美的绣品，其针法细致流畅，工艺水平和艺术价值都超过了锦（见图4-58至图4-62）。

图4-58　深黄色飞云双禽纹织锦刺绣云纹残片（东汉）

图4-59　绢地长寿绣/长沙马王堆1号汉墓出土（西汉）

图4-60　深黄绢刺绣花卉纹残件（东汉）

图4-61　绛色绢地信期绣手套局部（西汉）

图4-62　铺绒绣/长沙马王堆1号汉墓出土（西汉）

二、服装纹样

汉代服装面料上的纹样非常丰富多彩，有动物纹、云纹、卷草纹、几何纹及吉祥汉字纹样等。从长沙、山东、河北等地出土汉墓服装实物看，汉代延续了战国时期的纹样风格，大气、明快、简练、多变。图案的装饰构图改变了商、周朝的中心对称、反复连续图案的组织形式，采用重叠缠绕、上下穿插、四面延展的形式，并以幻想和浪漫主义手法不拘一格地进行变形，形成了活泼的云纹、鸟纹和龙纹等图案。其特色是用流动的弧线上下左右任意延伸，转折处线条加粗或加小块面，强调了动态线，丰富了画面。这类自由式的云纹图案所表现的独特之处在于和动物形象巧妙的结合。长沙马王堆出土的帛画中所绘的人物形象，图案为S形云纹。这种S形云纹具有左右上下互相呼应、粗细搭配、大小穿插、回旋生动等特点。

汉代是我国染织史上第一个兴盛期，织物品种与纹样布局都达到了很高的水平。服装图案花纹工艺主要有织、绣、绘。服饰图案除了十二章纹样的继续延用外，还突出了龙和凤的寓意。

三、服装色彩

服装色彩按照中华五色之分，有5个正色，即青、赤、黄、白、黑；5个间色，即绿、橙、流黄（褐黄色）、缥（淡青色）、紫。秦汉时期的帝王高官的礼服色彩为"玄衣纁裳"。帝王臣僚的大绶色彩有黄、白、赤、玄、缥、绿六彩，小佩有白、玄、绿三色；三玉环、黑组绶、白玉双佩、佩剑、朱袜、赤舄，组成一套完整的服饰。秦朝尚黑，西汉尚黄，东汉尚赤也尚黄。秦的服饰标准色是黑色。除冕礼服使用五正色外，秦汉时期的服装色彩主要以对比色为主，强调明快、醒目与艳丽，在质朴中见华美。马王堆1号汉墓出土的染色织物颜色多达20种，充分反映了当时印染技术水平所达到的高度。通过对这些染料的化学分析得知：有植物性染料，如茜草、栀子和靛蓝等；有矿物染料，如朱砂和绢云母等，这些染料可以组合成丰富的服装色彩。

与上层社会贵族的多彩服饰相比，百姓的服装色彩普遍单一，主要以麻纤维的本白色和黑色为主，其次是青、绿色。一方面是这些色彩原料易得、着色工艺简单，甚至不用着色工艺，直接用纤维的本色；另一方面，体现了社会制度与服饰制度对人们服装色彩的约束。不同阶层、不同场合，其服饰色彩应符合伦理纲常，不得乱用。汉代文献中有"白衣"称谓，白衣多指普通民众常见的服色。史书记载，汉成帝在一次微服私行中，为了不引起人们注意，穿着百姓的"白衣"进行私访。洛阳出土的西汉彩绘陶奁上的青年男女皆穿白衣，老年男女穿黑衣，这也应是当时下层社会日常衣着的写照。

第六节　小　结

一切的社会习俗都有政治的烙印，秦汉时期的服装也是这样。早在商鞅变法的时候就有这种主张："明尊卑爵秩等级，各以差次名田宅，臣妾衣服以家次。"秦始皇建国后，为巩固统一，相继建立了各项制度，包括了衣冠服制。秦始皇常服通天冠，废周代六冕之制，只着"玄衣纁裳"，百官戴高山冠、法冠和武冠，穿袍服，佩绶。

汉取代秦朝之后，对秦朝的各项制度多所承袭。随着社会经济的发展和文化的进步，汉初出现了繁荣昌盛的局面。地主阶级的统治地位业已巩固，追求奢靡生活的欲望日益强烈，国内各民族间的来往增多，汉代的服饰也更为丰富多彩起来。到了东汉明帝永平二年（59年），糅合秦制与夏、商、周三代古制，重新制定了祭祀服制与朝服制度，冕冠、衣裳、鞋履、佩绶等各有严格的等级差别，从此汉代服制得到了确立。

秦汉时代，是中国服色发展的一个重要阶段，阴阳五行思想渗入了服色思想中。男子服装方面，秦始皇规定大礼服是上衣下裳同为黑色祭服，衣色以黑为最上，又规定，三品以上的官员着绿袍，一般庶人着白袍。女子服装方面，秦始皇喜欢宫中的嫔妃穿着漂亮的华丽服装。由于他减去礼学，嫔妃的服色以迎合其个人喜好为主，不过基本上仍受五行思想支配。

秦尚黑，所以秦的服饰标准色都是黑色，但式样依然是大襟右衽交领袍。秦汉时期上层社会的服装款式，以宽衣博袖为美。无论是当时最具代表性的"深衣"，还是作为朝服的"禅衣"，以及当时知识阶层普遍穿着的"襦服"，无不体现了这一审美特征。如果用宽衣博袖来形容秦汉上层社会的服饰特点，那么短衣窄袖则是下层百姓服装的典型特征。当时下层社会普通百姓穿着的均为"褐"衣，褐是原料粗劣的织物服装。相对于秦汉上层社会而言，材料粗劣、工艺简单、用料俭省是当时下层社会服饰的总体特征。

第五章
魏晋南北朝服装

第一节　服饰的社会与文化背景

一、时代背景

魏晋南北朝，也称"三国、两晋、南北朝"。这一时期是我国历史上政权更迭频繁、封建割据加剧、战争连绵不断的时期。这一时期的政治和经济动荡十分激烈，使得包括衣冠服饰在内的社会生活各个方面受到了前所未有的冲击。受此影响，玄学兴起、佛教传入、道教勃兴。从魏至隋的360余年间，有30余个大小王朝交替兴灭。可以说这一时期是古代中国的封建国家大分裂、民族大融合时期。

（一）社会经济影响

秦汉以来北方经济强于南方。这一时期大规模的战乱多发生在北方并且时间持续较长，使得北方经济遭到严重破坏。而南方则相对稳定而得到开发，这样南北经济开始趋于平衡，以北方黄河流域为中心的经济格局开始改变。总体看，魏晋时期的商品经济水平较低。由于战乱不少，城市遭到严重破坏，商品经济发展缓慢，早期的服装多为汉代遗俗。南北朝以来受战争因素影响，服饰变化加快，各民族经济交流得到了加强，各族之间相互学习，取长补短，在一定程度上促进了经济的恢复与发展。葛洪在《抱朴子·讥惑》中说："丧乱以来，事物屡变，冠履衣服，袖袂裁制，日月改易，无复一定，乍长乍短，一广一狭，忽高忽卑，或粗或细，所饰无常，以同为快，其好事者，朝夕仿效，所谓'京华贵大眉，远方皆半额'也。"这生动地反映了这个时期衣冠服饰经历的极大变化。

（二）文化影响

魏晋南北朝时期，长期的封建割据和连绵不断的战争，使这一时期中国文化的发展受到特别的影响，其突出表现是玄学的兴起、佛教的发展、道教的勃兴以及来自萨珊波斯文化的影响。从魏至隋的大小王朝交替兴灭的过程中，诸多新的文化互相产生影响。道法的结合逐渐趋于破裂，以道家思想为骨架的玄学思潮开始兴起与发展。东晋时期，佛教的流行在很大程度上是借助于道家、玄学的思想，故出现玄佛合流的趋向。南北朝时期，在思想文化领域出现了不同于两晋时期的新形势，玄学思潮归于沉寂，佛道两教继续发展。佛教大量译经广泛流行，渗透到政治、经济、社会、文化的各个层面。由于佛教的急剧膨胀，儒学面临严峻挑战。原来儒、玄、佛、道的相互关系及其历史格局发生了新的变化。尽管这一时期文化的发展趋于复杂化，但儒学始终没有彻底沉寂和中断。尽管出现了佛、儒、道三教合流的迹象，但是孔子的地位及其学说经过玄、佛、道的猛烈冲击后，开始表现出更加旺盛的生命力。当时社会虽然倡导玄学，实际上却在玄谈中不断渗透着儒家精神。

（三）孝文改制与服装变革

魏晋初期的法定服饰仍用秦汉旧制，经过北魏孝文帝所进行的一系列改革，包括服饰在内的文化得到了极大的发展。北魏孝文帝拓跋宏是一位卓越的少数民族政治家、军事家和改革家，他所实行的改制包括实行汉制、移风易俗、学习汉族典章制度、尊儒崇经、兴办学校、恢复汉族礼乐制度、采纳汉族封建统治制度等。特别是迁都洛阳以后，北魏孝文帝仿照汉族的典章制度和生活方式进行改革。这种汉化政策的改革，对当时服装的发展起到了积极作用，改变了鲜卑人的衣着状态和风俗习惯，主要表现在禁止鲜卑族男子穿夹领小袖的胡服，一律改穿汉装；官吏服饰要仿效汉族制定；要求鲜卑人学说汉话、改汉姓，如"拓跋氏"改为汉姓的"元"姓；提倡与汉族通婚等。这些改革内容，提高了鲜卑人的文化水准，加强了各民族之间的交流。在民族融合中，汉族因人口众多，社会制度先进，经济文化发达，出现了"汉化"现象。这种汉化变革包括了少数民族的经济生活、社会制度、服饰、语言、风俗习惯和民族心理等方面。汉族同时也吸收了胡服、胡食、胡乐、胡舞等少数民族文化的优秀成分，汉、胡服饰文化相互交流。

胡服的实用功能比汉族宽松肥大的服装优越。魏孝文帝曾命令全国人民都穿汉服，但鲜卑族的劳动百姓不习惯于汉族的衣着，有许多人都不遵诏令，依旧穿着他们的传统民族服装。官员们喜欢"帽上着笼冠，袴上着朱衣"。胡服样式比汉族服装紧身短小，且下身穿连裆裤，便于劳动，这种服装是鲜卑族人民在长期劳动中形成的。魏孝文帝在推行汉化中未能在鲜卑人中断其流行，反而在汉族劳动人民中间得到推广，最后连汉族上层人士也穿起了鲜卑装。同一时期，西域各国商民来到中国经商，在中国归附定居的也不少。北魏杨衒之在《洛阳伽蓝记》中曾谈到当时"自葱岭（帕米尔高原）以西，至于大秦（罗马），百国千城，莫不欢附。商胡贩客，日奔塞下，所谓尽天地之区已。乐中国土风，因而宅者，不可胜数。是以附化之民，万有余家"。南北朝时期这种胡汉杂居、来自北方游牧民族和西域的异质服饰文化与汉族传统服饰文化并存和互相影响的情形，构成了中国南北朝时期服饰文化的新篇章。

二、意识形态对服装的影响

魏晋时期是富有个性审美意识的时代，玄学是该时期主要的哲学思想，反映了当时文人士大夫新的人生追求、生活习尚和价值观念。在魏晋时期许多玄学人士都擅长、崇尚谈辩，"清谈"成为这一时期流行的风尚。表现在着装上是袒胸露臂、披发跣足，以示不拘礼法。《晋纪》载："谢鲲与王澄之徒慕竹林诸人，散首披发，裸袒箕踞，谓之八达。"《世说新语》有"裴令公有俊容仪，脱冠冕，粗服乱头皆好"的记载。这种人格上的自然主义和个性主义一定程度上摆脱了以往儒教的礼法束缚，欣赏人格美，尊重个人价值，生动地反映了当时的审美意识。文人们厌华服而重自然，是内在精神的释放。然而，在服饰上却出现了两大极端现象：一是极尽奢华，以世家大族为代表；一是极端怪诞，飘逸，以"竹林七贤"为代表。嵇康、阮籍、山涛、阮咸、王戎、向秀、刘伶七人"常集于竹林之下，肆意酣畅"，他们的共同点是不拘礼法。《晋书·儒林传》中："指礼法为流俗，目纵诞以清高"就是始于"竹林七贤"。

从南京出土的"竹林七贤"画像砖上，可以清晰地看到，图中几个人都近于袒胸，七人皆赤足，有散发、梳角髻的，也有穿无袖端、敞口衫的，头上的裹巾及生活方式也都体现了"相与为散发裸身之饮"及"肆意酣畅"的不为世俗礼节所拘之情形。"清谈"风气的流行，使玄学的理论得以普及和大众化，对于后世封建社会文人志士的思想、文学、艺术也都产生了较大的影响。

三、服装风尚

魏晋南北朝时期，受地域环境、社会条件、经济水平的影响，南方与北方形成了各自不同的风俗习惯，在服饰、饮食、居住方面具有明显的差异。

北魏以后中原与西域诸国的关系重新沟通与建立，彼此交往十分明显，在宫廷与民间所使用的乐器和歌舞中表现比较突出。西域乐器，如筝、卧/竖箜篌、琵琶、五弦、笙、箫、横笛、腰鼓、齐鼓、担鼓、铜钹等十几种传入内地，西域乐曲不仅用于朝廷的盛典，也用于人们的娱乐与欣赏。西域舞蹈的传入，导致胡舞和专门的舞蹈服装广为流行。

第二节　男子服装

一、男子首服

魏晋时期，帝王百官除了重大仪式需要戴冕冠外，首服主要是漆纱笼冠、小冠、帽和巾。一般来说，冠是尊贵者所戴，是身份地位的象征。帽子是实用性的，为平时所戴，巾是起到压发、包头的作用，兼有装饰功能。魏晋南北朝时期的冠、帽、巾很有特色。《竹林七贤图》《北齐校书图》《高逸图》等传世绘画作品中有比较细致的描绘。

（一）漆纱笼冠

漆纱笼冠，也叫笼冠，是魏晋南北朝最流行的冠。冠顶平，冠体较高，造型类似圆高桶，戴时不至于压扁头上的发髻。冠体以黑漆细纱制成，两侧有护耳垂下，结带系于颔下。男女文官通用（见图5-1、图5-2）。东晋画家顾恺之《洛神赋图》中描绘了多个戴此冠的人物形象。《隋书·礼仪志六》："武冠，一名武弁，一名大冠，一名繁冠，一名建冠，今人名曰笼冠，即古惠文冠也。"可见该冠来源于战国时赵惠文王所戴之冠，并由汉朝的武冠发展而来。

（二）小冠

小冠，也称束髻冠，多为皮制，正束在头顶发髻上，用簪贯

图5-1　漆纱笼冠/据魏晋绘画、雕塑作品复原绘制

图5-2　漆纱笼冠/复原冠型

在髻上，用缕结在颏下。缕是古时帽带打结后下垂的部分。初为官宦平时燕居时戴用，后来通用于朝礼宾客，再后来不分贵贱等级，男子皆可戴用，最受文人雅士喜爱（见图5-3、图5-4）。

（三）白高帽

白高帽，也叫白纱高顶帽、白帽、白冠等，是南朝以后帝王们喜欢戴的礼帽，多为参加私宴等场合时戴用。《画史》："收范琼画梁武帝写志公图一幅，武帝白冠。"南齐沈攸之云："我被太后令，建义下都，大事若克，白纱帽共着耳。"梁天监八年乘舆宴会改服白纱帽，正是以其贵白纱帽之故。唐代画家阎立本所绘的《陈文帝图》中，描绘了头戴白高帽的形象，其形状犹如菱角形，以后又出现了菱角头巾（见图5-5）。

（四）帢

帢是魏晋以来士人所戴的流行便帽。合手形状，用缣帛缝制，分单、夹两种，是明清时期"瓜皮帽"的前身（见图5-6）。传说由曹操创制，这是因为他不满当时人们普遍戴幅巾的现象，认为不庄重，故力图恢复古皮弁制度。但因战争资财匮乏，改为以布帛仿制皮弁，用颜色区别贵贱等级。《太平御览》卷六八八引《傅子》："汉末魏太祖以天下凶荒，资财乏匮，拟古皮弁，裁缣帛以为帢，合乎简易随时之义，以色别其贵贱。"

图5-3　戴小冠的男侍俑/南京博物馆（东晋）

图5-4　小冠的一种/束髻冠

图5-5　戴白高帽的男子/阎立本《历代帝王图》

图5-6　穿大袖衫戴帢帽的男子/阎立本《历代帝王图》

（五）突骑帽

突骑帽是南北朝时期官吏流行戴的便帽（见图5-7）。帽裙较长，类似风帽。戴时多用布条系扎顶部发髻，故史书称"索发之遗像"。本属西域民族所服，胡人军帽。《隋书·礼仪志》记载："后周之时，咸著突骑帽，如今胡帽，垂裙覆带。"《后汉书》李贤注："突骑，言能冲突军阵。"据记载，魏文帝脖子上有瘤疾，为不让人见，常戴此帽以为遮蔽。在北齐库狄回洛墓出土的陶俑中，可以看到这种帽的样式。

图5-7　戴突骑帽、穿便服的北朝官吏（陶俑）

（六）幅巾

魏晋南北朝时男子普遍戴的一种头巾，因用整幅布料裹头，故称幅巾。本来这种头包巾来自民间百姓，到了魏晋时期王公将帅士人多喜戴，如袁绍、崔均等人皆戴幅巾。但唐代以后又主要是民间百姓戴用了。

（七）羽扇纶巾

纶巾，历史上有两种说法：一是冠名，指用青色丝带做的巾冠；另一说是指配有青色丝带的头巾。相传三国蜀诸葛亮在军中服用，故又称诸葛巾（见图5-8、图5-9）。纶巾是三国时期流行于儒生的首服。戴青丝带头巾常常被形容为仪态娴雅。《晋书·谢万传》："万著白纶巾，鹤氅裘，履版而前。既见，与帝共谈移日。"宋·苏轼《念奴娇·赤壁怀古》词："羽扇纶巾，谈笑间，樯橹灰飞烟灭。"元·萨都剌《题高秋泉诗卷》诗："纶巾北窗下，倦可

图5-8　纶巾冠/根据史料绘制　　　图5-9　青色丝带的纶巾/故宫
南薰殿旧藏

枕书眠。"明·王圻《三才图会·衣服·诸葛巾》："诸葛巾，一名纶巾，诸葛
武侯尝服纶巾，执羽扇，指挥军事，正此巾也。因其人而名之。"清·孙枝蔚
《次韵答邓孝威》之七："非关苦忆旧乡邻，曾被纶巾笑幅巾。"

二、君臣官服

魏晋南北朝时期，上至皇帝、下至王公贵族皆喜好穿宽肥、大袖之衫，并
成为这一时期的衣着风尚。

（一）礼服与朝服

魏晋初期帝王百官的礼服沿袭汉朝的式样，到魏文帝曹丕时，制定了"以
紫、绯、绿三色为九品之别"的官位制度后，帝王百官服装等级有所变革。

礼服　君臣最大的礼服是祭服，形制与汉朝基本相同，唯衣裳主色稍有差异。
各级臣僚官服按品级着装。帝王用十二章纹，三公诸侯用山龙等九章，九卿以下
用华虫等七章，帝王用刺绣花纹，公卿用织成花纹。侍卫等官穿"锦绮缋绣"品
色衣，此为礼服。又因北周武帝推行汉化政策，吸收儒家文化，大力推行周礼之
制，使北周礼服制度多根据周礼而定。

朝服　天子与百官的朝服以戴冠来区别。帝王的朝服以传统的冕服为主，大
礼戴冕冠，着朱衣、绛纱袍、皂缘白纱中衣、白色曲领衫等。百官朝服以绛纱为
主，官位高者以朱衣为朝服，位卑者则以皂衣为朝服（见图5-10、图5-11）。

（二）大袖衫

大袖衫是魏晋南北朝时期最有代表性的服装之一，上至皇帝、下至百官士

图5-10　帝王冕服/阎立本《历代帝王图》　　　图5-11　漆纱笼冠、大袖衫/顾恺之《洛神赋图》

者都爱穿，从唐代画家阎立本所绘的《历代帝王图》中可见端倪。大袖宽衫的特点是交领直襟，衣长而袖体肥大，袖口不收缩而宽敞，有单、夹两种样式。另有对襟式，可开怀不系衣带。大袖衫因穿着方便，又能体现人的洒脱和娴雅之风，所以也深受文人雅士的喜爱（见图5-12）。大袖宽衫是汉袍的一种发展，是今天称为"汉服"的典型样式。大袖衫将袍服的礼服性消减，更趋向简易与实用。唐朝画家孙位的《高逸图》就直接描绘了身穿大袖宽衫的魏晋士大夫的精神气质和风韵姿态（见图5-13）。

图5-12　大袖宽衫

图5-13　穿宽衫的男子/《高逸图》局部

（三）半袖衫

南北朝时期盛行一种短袖衣衫，也称小衫。《晋书·五行志》记载，魏明帝戴绣帽、穿青白色的半袖衫与臣属相见。当时官宦男子也盛行裹巾、穿半袖衫。半袖衫多用缥色（浅青白色）。这种衫与汉族传统袍服制度相违，曾被斥之为"服妖"。半袖衫到隋朝时，已经成为内官普遍穿的"半臂"服装了（见图5-14）。

图5-14　男子半袖衫

（四）合裆裤

合裆裤是相对于开裆裤而言的。在东汉时合裆裤多为贫贱劳作者所穿，到了魏晋以后很多官员也穿用，逐渐流行。合裆长裤的变化最明显的是合裆、裤口平直而不收紧裤口，是胡服的改良型。东汉以前裤子只有两个裤管，在膝盖或脚踝处收紧，裤子裆部不缝合，所以只能穿在深衣里面。随着汉族与少数民族的交流增多，也因受士大夫流行穿宽松衣服的影响，男子开始流行穿裤口宽松的合裆裤在外面活动了。《搜神记》中记载："太兴中……为裤者，直幅，无口，无杀。"说明在东晋太兴时期，流行直幅不收紧的裤子，穿在外面（见图5-15、图5-16）。

图5-15　北魏彩绘陶俑/加拿大多伦多皇家博物馆藏

图5-16　合裆直口裤

三、玄学士族服装

魏晋南北朝时期，由于国家分裂、社会动乱、战争不断，豪门世家及士族之间相互争斗，士族阶层滋生出人生无常的观念，过去敬仰、崇拜的东西顿时灰飞烟灭。因而产生了一种及时行乐的人生观，并主导了士人们的思想，他们极力放纵、奢靡享乐、语气豪迈。虽然这时政治经济混乱，但社会思潮却空前的活跃。这是最富个性审美意识的年代，文人雅士纷纷毁弃礼法，行为放旷。玄学在士人之间成为一种时尚，强调返璞归真，一任自然。对人的评价不仅仅限于道德品质，还纷纷转向对人的外貌服饰、精神气质的评价，他们以外在风貌表现出高妙的内在人格，从而达到内外完美的统一，形成了一种独特的风格，即著名的魏晋风度。此时主要以"竹林七贤"为代表，他们主张珍惜生命，欣赏自我，追求一种超然的境界（见图5-17）。

图5-17　玄学士族/《竹林七贤与荣启期》砖画

　　玄学士族服饰特点：以"竹林七贤"为代表的士族阶层以穿大袖宽衫、褒衣博带、袒胸露腹为尚，在服制礼仪上不受古法拘束，甚至出现了男子穿女装的现象。这种服饰境界，表现了士族阶层既开放又孤独、既浪漫又压抑的心理。阮籍以宽袍大袖、旷放任诞、蔑视礼法而著名。嵇康于众目睽睽之下坦然裸身或着宽衣大袖，不修边幅，笃信神仙，研究养生之术。刘伶解衣而饮，以深林为衣裤与客人抗辩。阮仲容见邻院晾晒绫罗绸缎，自己穷无以晾，便以竹竿将大裤头高悬院中以互相映衬。如此等等。这种粗服乱头、不拘礼法的浪漫与超脱，消减了周代以来服饰的威仪与等级，形成了玄学士族服饰的主流（见图5-18）。

图5-18 文人雅士们的着装/《北齐校书图》线描稿

四、民间男子服装

魏晋时期平民男子的服饰比较丰富，从出土的砖石绘画中看，有大量百姓服饰形象，如采桑、屯垦、狩猎、畜牧、宴饮等生活着装情况，还有北方人穿着裲裆、裤褶、猎人的巾帽、牧者的绑腿等。百姓服装以适合劳作的衣裤、衫裙为主，头上梳髻或裹巾。服装用料以自耕自织的麻布、褐布、绢布为主。

（一）裤褶、缚裤

裤褶，也叫袴褶，是北方游牧民族的传统服装。褶是短袍类的上衣，对襟，袖口有宽窄两式。裤为"缚裤"。所谓缚裤，即一种合裆裤，并在裤管膝盖处以缎带系扎，下面形成喇叭状。穿裤褶装时，腰间束革带，方便利落。早期为军服，后演变为百姓的一种常服，甚至成为官员的朝服。《三国志·吴·吕范传》裴松之注："范出，便释褠，著袴褶，执鞭，诣阁下启事，自称领都督。"制作裤褶所用的材料是布缯绣彩，也有用锦缎织成的，还有用野兽毛皮制作的。裤褶装兴盛于南北朝，成为流行一时的服装，到唐朝渐废（见图5-19至图5-21）。

（二）裲裆

裲裆是一种无袖、无领的上衣，肩部有背带相连，类似长马甲。它来源于武士的胸背衣甲，后来流行至民间，百姓裲裆由布帛所制。《释名·释衣服》曰："裲裆，其一当胸，其一当背也。"《太平广记·钟繇》："棺中一妇人，形体如生。白练衫，丹绣裲裆，伤一髀，以裲裆中绵拭血。自此便绝。"可见当时女子也穿裲裆，并有绣花（见图5-22）。

图5-19 裤褶套装（款式图）

图5-20 百姓穿裤褶装/出土砖画线描

图5-21 缚裤、大袖衣服（北朝陶俑）

图5-22 裲裆、缚裤（示意图）

（三）袍、衫、襦、短裤

随着北方少数民族入住中原，各族百姓服装开始多样化，汉族服饰也吸收了北方民族的服装元素。除了裤褶、裲裆、胡服以外，百姓还穿汉朝末年所保留下来的袍、短上襦、短裤、衫等样式，总体上表现出简捷、实用的特点。图5-23、图5-24是甘肃嘉峪关魏晋墓壁画，表现了人们日常生活的状态。

图5-23 穿袍裤的牵牛男子

图5-24 牧马男子

（四）巾、帽

百姓巾、帽具有特色，巾帻依然流行，但比汉朝加高，有的巾帻逐渐缩小至顶，成为包发髻用的头巾了。百姓戴用巾或帻已经形成了风气（见图5-25）。

五、武士军服

魏晋北朝时期的铠甲主要有筒袖铠、裲裆铠和明光铠。筒袖铠是在东汉铠甲基础上发展的，特点是以小块鱼鳞甲片或龟背纹甲片穿缀成圆筒状的甲身，前后相属，并在肩部装有护肩的筒袖，成为西晋时军队的主要装备。裲裆铠只在胸、背处装有片甲。明光铠在胸、背部有椭圆形的金属护片，如同镜子一样，在阳光下闪烁反光，故称"明光铠"。军服材料大多采用坚硬的金属和皮革。在铠甲内，要衬一件厚实的用布帛制作的无袖裲裆衫，以防止被坚硬的甲片擦伤肌肤（见图5-26至图5-28）。

图5-25　戴毡帽、穿袍服的猎人

图5-26　戴兜鍪、穿裲裆铠的武士

图5-27　甘肃敦煌莫高窟285窟壁画

图5-28　穿裲裆铠的武士（北魏加彩陶俑）

第三节　女子发式、首饰

一、发式

魏晋南北朝期间，女子发式非常丰富，蝉鬓、灵蛇髻、飞天髻、盘桓髻、十字髻流行在贵妇、侍女中间，追求危、斜、偏、侧等造型，以体现妩媚的风姿。发髻上再饰以步摇簪、花钿、钗或插以鲜花，少女则梳双髻或以发覆额，还流行戴巾子。晋·陆翙在《邺中记》中记载：后赵皇帝石季龙常以女骑千人为卤簿，皆著紫纶巾，熟锦袴，金银镂带，五纹织成靴。劳动妇女一般将头发挽成高髻或歪在一侧，髻式较松散，也有戴假髻的，不过这种假髻比较随便，髻上的装饰也不复杂，时称"缓鬓倾髻"。不少妇女模仿西域少数民族习俗，将发髻挽成单环或双环髻式，高耸发顶，还有梳丫髻或螺髻者。在南朝时由于受佛教的影响，妇女多在发顶正中分成髻鬟，"谓盘鬟如环"，做成上竖的环式，称之"飞天髻"，先在宫中流行，而后在民间流行一时。"蔽髻"是魏晋时期的一种假发，髻上镶有金饰，有严格的制度，非命妇不得使用。晋成公绥《蔽髻铭》中曾作过专门叙述。另一方面，受长年战争影响，出现了大量的随军慰劳将士的"营妓"，对仪容、化妆、服饰等方面进行修饰的专业人员也随之而出现，其首饰、妆饰极尽奢华，此风逐步流向民间（见图5-29、图5-30）。

图5-29　妇女发式与首饰（复原图）

图5-30　簪花的北朝妇女/山西大同北魏司马金龙墓木板漆绘

最早发明蝉鬓的是魏文帝曹丕的宠妃莫琼树。晋·崔豹《古今注》："魏文帝宫人绝所爱者，有莫琼树、薛夜来、田尚衣、段巧笑四人，旦夕在侧。琼树乃制蝉鬓，缥缈如蝉，故曰蝉鬓。"这种蝉鬓的式样，在传世古绘画中可找到它的痕迹。如晋代顾恺之所绘的《列女图》中就有不少梳蝉鬓的贵族妇女。蝉鬓大多梳成狭窄的薄片，有轻薄、透明、动荡、飘曳之感。到了南北朝时期蝉鬓略起变化，妇女在梳妆时特将鬓发朝两边展开，形如蒲扇。南京城郊六朝墓出土的陶俑中就有梳这种发式的妇女形象。

魏晋时期女子最有代表性的发型是：头梳高发髻，上插步摇首饰，髻后留出一绺头发，与服装飘带相呼应，达到统一的和谐美（见图5-31、图5-32）。

二、头饰与首饰

魏晋南北朝时，贵妇、侍女崇尚高大华丽的发式，并使用假发增加其高度（见图5-33）。流行一种专供支撑假发的钗子，既能承载假发的重量，又赋予其装饰意义。如贵州平坝南朝墓、江西抚州晋墓、湖南资兴南朝墓都出土了锥形的顶端分叉式银簪钗、金双股发钗、铜双股发钗。

（一）头饰

步摇到了魏晋南北朝时期已经是妇女的重要首饰，以金银丝编为花枝，上缀珠宝花饰，并有五彩珠玉垂下，下垂的珠玉行走时不停地摇曳，谓之"金

图5-31　梳发的女子/顾恺之《女史箴图》

图5-32　妇女的假发"蔽髻"/南京幕府山出土

图5-33　高发髻的女俑/南京西善桥出土（东晋）

步摇"。内蒙古西河子北朝墓中发现的鹿形金步摇，其佩戴方式与顾恺之《女史箴图》中所绘的形象相同（见图5-34）。南朝女诗人沈满愿的一首诗《咏步摇花》："珠华萦翡翠，宝叶间金琼。剪荷不似制，为花如自生。低枝拂绣领，微步动瑶瑛。但令云髻插，蛾眉本易成。"大意是说，步摇上缀以美丽的珍珠、翡翠，饰以用薄金片和玛瑙精制的荷花，花叶相间，栩栩如生。把它插在云髻前的两额间，枝弯珠垂，轻拂绣领，稍一挪动步子就珠玉摇动。该诗把步摇的形制以及走路时的风姿描绘得淋漓尽致。可见，当时的金步摇工艺之精湛、用料之考究，远胜前朝。此时的步摇并非贵族妇女之专利，民间女子也多使用。除了步摇，女子头上还戴簪、钗、花钿等。

（二）指环

指环，今称戒指，以金属或宝石制成的小环，约于指上，作为饰物或信物。魏晋南北朝时期，女子戴指环已较普遍。戴指环还兼有缝补衣服时当顶针之用。这样的指环一头狭一头宽，在环面上凿出点纹，既实用又具有装饰性。在江苏宜兴晋墓、广州西郊墓、贵州平坝马场南朝墓和辽宁北票晋墓都有这样的指环出土（见图5-35）。材料有金、银和其他金属，有的外廓作刻齿状装饰。贵族的指环一般都精美华贵，辽宁北票晋墓出土了一件金指环，镶嵌着3颗宝石；南京象山东晋早期豪族墓出土了一只金刚石戒指，金刚石直径超过一毫米，嵌在指环方形戒面上。据《宋书·夷蛮传》记载，元嘉五年（428年）和元嘉七年（430年），天竺迦毗黎国和呵罗单国治阇婆州都曾派使者进献金刚指环等礼品。在内蒙古凉城县小坝子滩发现了一只戒面雕成兽头形的嵌宝石戒指；呼和浩特美岱村出土一件北魏时戒面铸立狮的戒指，周身用细小的金珠粒镶出花纹，并嵌有绿松石。

图5-34　金步摇/内蒙古西河子北朝墓出土

图5-35　金镶宝石指环/辽宁北票晋墓出土

（三）耳坠

耳坠是这一时期女子首饰的重要配件，形式多样，材质丰富，除金、银、铜外，还有用琉璃等材料制成的。在四川、重庆六朝墓出土了蓝色琉璃耳珰。在河北定县华塔废址北魏石函中发现了一对超过9厘米长的金耳坠，上挂着5个细金丝编成的圆柱，柱上挂着5个小金球及5个贴石的圆金片，下部为6根链索，垂有6个尖锤体，造型繁复、工艺精美。

（四）项饰

受西域与时风的影响，女子普遍佩戴项饰。南京市郭家山东晋早期墓出土的"玉双螭鸡心佩"，设计新巧、玲珑剔透。

第四节　女子服装

魏晋初期，女装继承汉朝遗俗，汉族贵族妇女服饰崇尚褒衣博带，宽袖翩翩，其华丽之状堪称空前。普通女子上身穿偏瘦的衫、襦，下身穿宽大的裙装，表现出了"上俭下丰"的着装风格。这一时期，不同民族服饰互相影响而发展，南北朝后期，波斯图案花纹等通过丝绸之路传入中国，对当时的纺织、服装以及其他装饰物都产生了不小的影响。

一、皇后贵妃服装

（一）礼服

魏晋时期，皇后服装有冕服、袆衣等服装。晋元康六年（296年），改皇后蚕服为纯青，以为永制。三夫人、九嫔助蚕，服纯缥（青白色），皆深衣制。皇后命妇，皆以蚕衣为朝服。

南朝服制规定：皇后谒庙，服袿衣，谓之袆衣，其余服饰仍旧。北齐服制规定：皇后助祭朝会以袆衣，祠郊禖以褕翟，小宴以阙翟，亲蚕以鞠衣，礼见皇帝以展衣，燕居以褖衣。首饰假髻、步摇、十二钿，八雀九华。内外命妇从五品以上蔽髻，唯以钿数花钗多少为品秩。二品以上金玉饰，三品以下金饰。内命妇、左右昭仪、三夫人视一品，假髻、九钿，服褕翟。

北周服制规定：皇后之服有十二，如翟衣、苍衣、青衣、朱衣、黄衣、素衣、玄衣等；诸公夫人九服，无翟衣、苍衣及青衣。从上述可见，皇后贵妃的服装款式与名称基本来源于西周。按当时服装制度规定，其他宫中朝服用红色，常服用紫色。白色为平民百姓服色。皇后、贵妃服饰考究，配有金环指、银环指和绕腕跳脱等。

（二）杂裾垂髾服

杂裾垂髾服是深衣的变化款式，来源于汉朝的袿衣。变化在衣服下摆正面，裁成几个三角形，或者另外用丝绸织物制成的几个三角形固定在前腰部，如同燕尾，下垂至足踝处。衣服外面的腰部要加围裳，类似于今天的围裙。从围裳中伸出两条或多条飘带，走起路来，随风飘舞。顾恺之的《列女图》《洛神赋图》都描绘有穿着杂裾垂髾服的妇女形象。杂裾垂髾服，多为皇后、贵妃、命妇所穿用（见图5-36、图5-37）。

图5-36 杂裾垂髾服式样图

图5-37 穿杂裾垂髾服的妇女/
《洛神赋图》局部

（三）舞蹈服装

魏晋南北朝是舞蹈的大发展时期。虽然战争不断，但在战争间歇期，宫廷内外已经形成尚舞之风。南朝梁的乐官中仍设协律都尉、总章校尉监、乐正等职位，以掌乐事。南朝陈名将章昭达出征途中，"每饮会，必盛设女伎杂乐，备羌胡之声，音律姿容，并一时之妙，虽临敌弗之废也"。各族乐舞在纷呈交流中得到发展。胡舞奔放、大胆，汉族舞蹈内敛。文化融合在这个时期得到了推进。此时，舞蹈服装大多富于抒情性，轻柔曼妙，碧轻纱衣，具有舞衣大袖、金铜杂花等特点（见图5-38、图5-39）。

（四）服装佩饰

1. 帷帽

帷帽为晋代所创，原属胡装，宽檐，檐下制有下垂的丝网或薄绢，其长到颈部，以作掩面，普遍采用皂纱制成，至南北朝末期已经把垂网改短。

图5-38　穿对襟衫、长裙的女子　图5-39　宽袖对襟衫/根据陶俑复原　图5-40　蹀躞腰带/根据北
（北魏陶俑）　　　　　　　　绘制　　　　　　　　　　　　　　朝壁画复原绘制

2. 帔子

帔子始于晋代，是女子披在肩上的长方形彩巾。秦、汉时期采用缣、罗单色制成，到晋朝时出现了彩色的锦罗帔子。《事林广记·服饰类》："晋永嘉中，制绛晕帔子。"此后，妇女们在娱乐、社交或出行等场合都喜欢用帔子作为装饰。帔子也具有防寒和装饰的双重功能。

3. 腰带

南北朝时期，女子时兴束腰带，用革或锦制成。腰带上面有銙，銙是佩挂实用小器具的环和带钩，銙环上再挂几根附有小带钩的小带子，头端装有金属带扣，这样的腰带称为"蹀躞带"，其样式造型受西北少数民族服装佩饰的影响（见图5-40）。腰带自南北朝流行以来，对女装发展起到了很大影响。从此贵族女装上经常要缀以明珠、绶环、珊瑚等各种装饰。

3. 鞋、履

魏晋南北朝时期，男女鞋的样式差别不大，只在鞋头造型和装饰上略有变化。鞋的种类有履、靴、屐、靴等。鞋的材料有皮、丝、麻、锦、木等。鞋头造型有凤头、立凤、五色云霞、聚云、五朵、鸠头、玉华飞头、重台履等，根据造型特征或色彩而定鞋的名称。重台履是厚底鞋，男女都有，履头高耸，顶端为花朵形，还饰以织文，使之增加了几分色彩，履底较厚，使人体显得修长。魏晋时期，女鞋要加以绣花纹，凡娶妇之家，先下丝鞋为礼。如陆机《织女赋》有"足蹑刺绣之履"，梁时沈约诗有"锦履并花纹"等，都是对鞋上绣纹的描绘。

二、民间女子服装

从山西、甘肃嘉峪关等地出土的砖画等资料看，普通劳动妇女上身多穿衫、袄、襦，下身穿裙子，上衣紧身合体，裙子肥大而下摆宽松，服装外轮廓呈A形。服饰方面受胡服影响较大，衣服越来越短。庶民女子或奴婢上穿开领大袖衫，衣长仅覆腰，下着裙装。而民间女子的襦、衫、裙、裘等服饰为非正式服装。

（一）衫、襦

衫、襦是指短衫、短袄，衣长在膝盖以上。分大襟交领和对襟圆领两大类型，是普遍百姓妇女的常服，多以布为之，少用帛。

（二）裙、裤

劳动妇女的裙子宽大，便于劳作，宫廷或侍女裙多为彩色的"间色裙"，由不同色彩的条状织物缝合而成（见图5-41、图5-42）。裤子中有一种是带条纹的小口裤，较窄瘦，是西北少数民族服装式样，曾一度流行于士庶女子或婢仆之中。另一种是比较宽阔的大口裤，北方妇女穿此裤时把裤腿上提于膝下，用丝带系缚，这种方式大多为劳动妇女或婢仆等所喜用。

（三）披风

披风，也称"套衣"。式样为对襟、无袖，穿时多披在身上，颈前打结系缚，冬季穿着以御寒（见图5-43）。

（四）鞋

从史料上看，魏晋南北朝时期妇女的鞋有多种，较著名的有在锦缎鞋面上织、绣花纹的"花纹履"，将履头制成五瓣花的"织纹锦履"（见图5-44），

图5-41 穿间色裙的妇女/根据敦煌壁画复原绘制

图5-42 间色裙、大袖衫/根据敦煌壁画绘制

图5-43 戴风帽、穿披风的女子（复原绘制图）

鞋头高翘翻卷形似朵云的"五朵履"，将鞋上缀以五彩云霞的"五彩履"等。另外有一种"尘香履"为妇女睡觉时穿的鞋，也称睡鞋。由南朝妇女发明的在鞋内放香料屑而得名，多是宫中妇女所穿。《烟花记》记载："陈宫人卧履，皆以薄玉花为饰，内散以龙脑诸香屑，谓之尘香。"南

朝的社会风气往往是"尚方今造一物，小民明已瞒眩；宫中朝制一衣，庶家晚已裁学"。有些服饰虽出自宫中，但很快就传到民间。

　　靴是北方人经常穿的鞋，以皮为面料，不是正式礼仪时穿用的鞋。靴有高靿和低靿两种。《北齐校书图》中多数人穿的是高筒靴。《南史·陈暄传》有"袍拂踝，靴至膝"的记载，说明高筒靴的高度在膝部。

　　木屐，夏天使用，用带系缚在脚上。有的屐下有齿，前后各一，有的木屐用整块木头砍削而成，屐齿和屐身为一整体。还有一种活动的屐齿，适于走山路，上山去其前齿，下山去其后齿，据说为南朝谢灵运所创，俗称"谢公屐"，或称"登山屐"，男女均可穿着。女屐为圆头，男屐为方头。东晋干宝《搜神记》卷七中记载："初作屐者，妇人圆头，男子方头，盖作意欲别男女也。至太康中，妇人皆方头屐，与男无异。"

第五节　服装面料、纹样与色彩

　　魏晋南北朝时期随着汉服、胡服的交融，服装材料、纹样从内容到形式都发生了很大的变化。除了丝织品以外，还多了棉纤维、棉麻混纺纤维等新材料。文献记载的服饰纹样有山云动物纹、茱萸纹、交龙纹、蒲桃纹、斑纹、凤凰朱雀纹、韬纹、桃核纹、如意虎头连璧纹、绛地交龙纹、绀地勾纹、连珠孔雀纹、几何纹等。从这些纹样名称中可知一部分纹样是继承了东汉的，一部分纹样是吸收了外来的。例如山云动物纹样，紧凑流动的变体山脉与云气间有分散写实的动物，并嵌饰吉祥文字（见图5-45）。1995年在新疆民丰尼雅遗址8号墓出土的一批东汉至魏晋时期的衣物中，有一件"五星出东方利中国"铭文的山云动物纹织锦护膊，保持了汉式典型的构图形式，十分珍贵（见图5-46）。面料色彩方面，汉锦多采用的青、赤、黄、白、绿五色分别与"五星"的岁星、荧惑星、镇星、太白星和辰星相对应。古人能在一块方寸不大的织锦上

图5-45 山云动物纹织物/吐鲁番阿斯塔那墓出土（北朝）

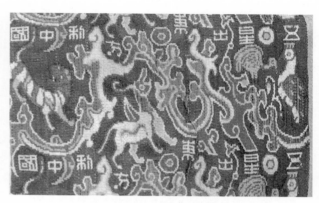

图5-46 文字山云动物纹织锦护膊图案/新疆民丰尼雅遗址8号墓出土

图5-47 印花毛织物/于阗古城遗址出土（北朝）

把阴阳五行学说表现得如此淋漓酣畅，实属罕见。该锦的织造工艺非常复杂，为汉式织锦最高技术的代表。还有一件裤面锦织有汉文"讨南羌"字样，饰有变形云纹、星纹等纹样，色彩艳丽流畅，说明服装面料图案都是保持了汉朝传统风格，在几何纹中利用圆形、方格、菱形线组成几何骨骼，内部填充动物纹或花叶纹。此类纹样在汉朝虽已有之，但未成为最主要的装饰形式，其纹多作对称排列，装饰性较强。

魏晋南北朝时期，还经常出现古代阿拉伯国家装饰纹样，如圣树纹样，具有很强的西方民族的特征。由莲花、佛像及"天王"字样组成的佛教纹样也经常出现，如忍冬纹和小朵花纹等（见图5-47）。忍冬为一种蔓生植物，俗称"金银花""金银藤"，通称卷草，又称卷草纹，图案形式程式化。这些服饰面料及图案对后世服装影响很大。从构图形式上看也是秦汉时期所未见过的，它的流行应当和西域胡服的影响有关。

魏晋南北朝时期的服装面料与色彩图案受南北方民族融合的影响，男女服装色彩逐渐丰富。妇女们为了美化自己，使用各色衣料，以致朝廷出面干涉才有所收敛。南朝时周朗曾上书宋孝武帝，建议禁止民间服饰用"锦绣縠罗，奇色异章"。贫苦劳动妇女只能穿褐蓝等色的粗布衣裳，即所谓的"荆钗布裙"。

第六节　小　结

魏晋南北朝时期我国服装发生了很大变化。社会上长期动乱、民族间战乱频繁。各民族在服饰上互相影响、互相融合。这一时期，秦汉以来的文化被粉碎，儒学产生裂变而趋向衰微，人们的信仰出现了危机，于是新的思潮产生了，源于老庄的玄学思想流行起来，崇尚思辨、注重审美、向往自然、追求超逸的人生价值观影响着这个时代的文化艺术。儒学的衰微使人们的自我意识开始觉醒，文人们的那种清淡无为、放荡不羁、超然物外、玄虚恬静的魏晋风度就是一种追求自由自在、不受传统束缚的意识体现，对服装的时尚起到了导向作用，使汉民族的思想文化出现了多元激荡的态势。北方胡文化进入中原后被吸收而汉化。服装的融合是这一时期服装发展的突出表现，并为隋唐的服装鼎盛奠定了思想基础和人文艺术基础。这一时期老庄、佛道思想成为时尚，当时的服饰文化尽显"魏晋风度"。宽衣博带成为上至王公贵族、下至平民百姓流行的服饰。男子穿衣袒胸露臂，力求轻松、自然、随意；女子服饰则长裙曳地，大袖翩翩，饰带层层叠叠，表现出优雅和飘逸的风格。

近年在甘肃嘉峪关东北的戈壁滩上，发现一处魏晋时期的墓群，其中有6座墓室的墓砖上绘有彩画，共有600余幅。砖画的内容几乎都是现实生活的各种场景，包括采桑、耕田、狩猎、畜牧、屯垦、庖厨、宴饮等，其中描绘劳动者形象的就有200多幅，如农民的袍服、猎户的毡帽、信使的巾帻、牧民的绑腿、妇女的围裳等都被刻画得惟妙惟肖。

服装日趋宽博，成为风俗，并一直影响到南北朝服饰，上至王公名士，下及黎庶百姓，都以宽衫大袖、褒衣博带为尚。除衫子以外，男子服装还有袍襦，下裳多穿裤和裙。魏晋南北朝时期的服饰大体分为两种形式：一种为汉族服式，承袭秦汉遗制；另一种为北方民族服饰，承袭北方习俗。

魏晋服饰虽然保留了汉代的基本形式，但在风格特征上，却有独到突出的地方，这与当时的艺术品和工艺品的创作思路有密切关系，其风格的同一性比较明显。晋代干宝所撰的《搜神记》反映了这一时期服饰风俗的巨大变化。书中所记故事多为汉末魏晋时期的民间故事，从侧面反映了当时的社会、风俗状况。如"衣服上俭下丰，着衣者皆厌腰"，说明了当时服装审美的倾向。

总之，魏晋南北朝时期，服饰风格有多元化的倾向。其形成的原因主要在于各民族人民的生产方式、生活习性、地理环境、气候条件、风俗习惯、民族交融、宗教信仰和艺术传统等不同而互有影响。上述因素折射到服饰方面，构成了这一时期绚丽多姿的服饰风格。

第六章
隋唐五代服装

第一节　服装的社会与文化背景

隋唐时代承袭了先前历代的冠服制度，又通过丝绸之路等与异族同胞及异域他国交往日密，博采众族之长，成为服装史上百花争艳的时代，其辉煌的服饰是中国服饰史上的耀眼明珠，在世界服饰史上也有举足轻重的地位。

一、时代背景

隋朝（581—618年）结束了中国自魏晋南北朝以来的长期分裂局面。在经济上实行均田制和租庸调制，以增加政府收入。隋朝还兴修了举世闻名的大运河，巩固了中央对东南地区的统治，加强了南北经济与文化的联系。

唐朝（618—907年）以长安为首都。在其鼎盛时的7世纪，一度建立了南至罗伏州、北括玄阙州、西及安息州、东临哥勿州的辽阔疆域。690年，武则天改国号"唐"为"周"，一度迁都洛阳，史称武周；705年唐中宗李显恢复大唐国号，迁都长安。唐玄宗开元年间国力达到极盛，安史之乱后日渐衰落，至天祐四年（907年）灭亡。唐朝是中国封建社会的鼎盛时期，历经289年，在文化、政治、经济、外交等方面都有辉煌的成就，是当时世界上最强大的国家。

隋唐是中国古代服装发展的全盛时期，政治的稳定、经济的发达、生产和纺织技术的进步、对外交往的频繁等促使服饰空前繁荣。服装款式、色彩、图案、面料等都呈现出前所未有的崭新局面。它并蓄古今、博采中外，创造了繁荣富丽、博大自由的大唐服饰文化。这种灿烂辉煌的文化对后世有着较强的影响力和传承力。女装是唐代最为精彩的篇章，其冠服之丰美华丽、妆饰之奇异纷繁都令人向往。在服装制度上，周、汉、魏时期未能完备的到了唐代都得以完备，又将服装样式传于宋、明时代。唐朝的服装形制也影响到了日本、朝鲜及东南亚诸国，有些服装式样保留至今。这一时期，不仅服装奇异繁荣，舞蹈、绘画、诗词等也达到了封建社会时期的最高峰。

唐代繁荣的"贞观之治"和"开元盛世"所奠定的经济背景和物质基础，体现在对少数民族的宽容和对外经济文化的频繁交流上，更大程度表现在社会思想意识方面的自由和解放。在这个基础上，各民族人民共同创造了辉煌灿烂的服装文化。

隋唐五代是中国传统服饰习俗急剧变革和丰富发展的时代，呈现出绚丽多彩的面貌，衣冠服饰承上启下、丰富多彩。从历代服饰的发展演变来分析，殷商时期可作为飞跃的起点，赵武灵王军服改革是第一次服装制度改革，唐代的服装革新成为第二次服装飞跃。

二、意识形态对服饰的影响

隋唐时期，大力尊崇儒学，也提倡道教、佛教。儒、道、佛教思想成为这一时期的核心思想。作为封建社会统治阶级精神支柱的儒学，则把恪守祖先成法作为忠孝之本，强调衣冠制度必须遵循古法，特别是作为大礼服的祭服和朝服，不能背弃先王遗制，所以叫法服，具有很大的保守性和封闭性。隋炀帝荒淫无度，在民间大选宫女。千百名宫女争奇斗艳，上有彩珠映鬓、下有锦缎裹身，以求得宠，形成服饰艳丽之风，并蔓延到民间，有些妇女纷纷效仿。这种风气一直延续到唐代。

唐高祖李渊于武德七年（624年）颁布新制度，即著名的《武德令》，其中包括服装的新法令，规定皇帝服装有14类、皇后有3类、皇太子有6类、太子妃有3类、群臣服装有22类、命妇有6类，各类服装的配套方式和穿用对象及穿用场合，都有详细说明，形式上比隋朝更富丽华美。在《武德令》推行之后，唐太宗李世民在贞观四年（630年）下诏颁布服色及佩饰的规定，以后又有多个唐朝皇帝颁布相关服饰规定，其中对官服作了具体规定。这些不断修改完善的服装制度，上承周、汉、魏传统，在服装配套、服装质料、纹饰色彩等方面形成了完整的系列，对后世冠服产生了深远的影响。

在唐朝以前，黄色上下可以通服，如隋朝士卒服黄。到了唐朝，出现赤黄似日之色、日是帝王尊位的象征的说法，所以规定，除帝王外，臣民不得僭用黄色。于是，从唐朝开始黄色成为皇帝常服专用的色彩，也成为帝王的象征。

三、服饰习俗与风尚

隋唐五代时期，生活习俗异彩纷呈，反映了社会与民族的多样性和封建盛世的繁荣。

（1）奇"妆"异服。唐朝女子喜好奇妆，面部化妆多姿异彩。在长安地区妇女间曾流行的"泪妆""啼妆"，因其"状似悲啼者"而得名。这两种妆面由西北少数民族传来，即两腮不施红粉，只以黑色的膏涂在唇上，两眉画"八字形"，头梳圆环椎髻，有悲啼之状。这种妆到宋朝时已少见。《开元天宝遗事》云："宫中嫔妃辈，施素粉于两颊，相号为泪妆。"玄宗的江妃有诗云："桂叶双眉久不描，残妆和泪污红绡。"除了面部"浓妆艳抹"外，女子盛行穿胡服、戴胡帽、穿男装。由于社会开放，妇女参加社会活动较多，穿男装较为方便。唐朝女性在服装穿着上的夸张、华丽以及匠心独运，都体现出唐朝妇女意识上的开放性。

（2）骑马盛行。唐朝人，除办理大事需要乘车外，一般均骑单马。女子也非常喜欢骑马外出郊游。从《虢国夫人游春图》和大量唐代骑马陶俑看，女子骑马时头戴帷帽等佩饰。

四、影响隋唐五代服装发展的主要因素

（一）开放的社会风尚

由于国家稳定、经济繁荣、对外交通畅达、南北中外交往频繁，当时的文化艺术得到了全面的发展，封建文化达到鼎盛时期，形成了开放的社会风尚。

（二）强化的官吏服装制度

唐朝是中国政治经济高度发展、文化艺术繁荣昌盛的时代。唐结束了魏晋南北朝和隋的混乱分裂状态，建立了统一强盛的国家，对外贸易发达，生产力极大发展，形成了较长时间的国泰民安的局面。在服装制度中最明显的特点是双轨制，在大的祭祀等正规场合，强调穿汉族人的传统衣冠。对色彩款式要求严格，并制定了服饰与色彩制度。在平时，官员常服借鉴胡服形制，即鲜卑族的衣装系统。服装制度的强化与具体规定，直接影响着官服的发展。为适应官僚机构的发展，唐朝建立了比之前历朝更完备、更系统的官服制度。

（三）织造业的发展

隋唐时代纺织品的生产分工明确，官府专门设立织染署，管理纺织印染作坊。纺织与服装材料的织造由封建中央设置的织染署管理，染、织分工明确。唐朝服装面料品种丰富、染织技术精湛、刺绣工艺精巧、服装图案题材广泛，服饰艺术表现手法多样，织、绣、绘、缬、贴等工艺进一步发展，丝、麻织物生产几乎遍及全国，产量大。这些因素奠定了隋唐时期服饰发展的物质基础。

第二节 男子服装

一、男子首服

（一）幞头

幞头是隋唐时期男子普遍戴用的头巾。不论皇帝、百官，还是庶民百姓均戴用。幞头起源于南北朝末期，初名叫"折上巾"，又叫"软裹"，是一种包头用的软巾。《大唐新语》曰："折上巾，戎冠也。""戎"即指西戎。幞头通常为黑布包头，故也称"乌纱"。五代以后渐渐定型为"乌纱帽"了。

裹幞头时除在额前打两结外，又在脑后扎成两脚，自然下垂。中唐以后逐渐取消前面的结，而用铜、铁丝为干，将后面的软脚撑起成为硬脚。唐朝的皇帝所用幞头的硬脚是上曲的，而官臣则下垂。五代渐趋平直，并广泛流行。《大唐新语》说："初用全幅皂向后幞发，谓之'幞头'。周武帝裁为四脚。武德以来，始加巾子。"

幞头的形状各有不同，唐初期流行"平头小样"；唐中期武则天时流行"武家诸王样"，也称"高头巾子"；之后又流行"踣样"，即英王踣样。唐朝后期流行"衬尖巾子""翘脚巾子"等。

1. 平头小样

唐早期幞头前顶较低而平，形制较为简单。陕西唐朝李寿墓出土的壁画中，有男子头上戴这种幞头。这种幞头为一般士庶与官吏闲居时戴用。

2. 武家诸王样

武家诸王样是唐高宗和武则天时期流行的样式。这种幞头的两脚系结在头前，呈同心结状，将另两脚反结在脑后，软裹，其形状较"平头小样"式明显加高，并稍前倾，在巾子上方中央有明显分瓣。在陕西乾县唐章怀太子墓壁画中可以看到这种幞头，多为将尉、壮士戴用。

3. 英王踣样

唐玄宗开元年间流行，也称"开元内样"。据《通典》记载："内样"幞头是皇帝未承帝业之前，在封地所戴，所以又称为"英王踣样"。这种幞头特点是顶部圆大，高而前倾。冠顶分瓣比"武家诸王样"更为明显。在陕西长安和西咸唐墓出土的陶俑所戴的巾子即为此样式。

4. 官样

官样是一种衬尖巾子的幞头，流行于中唐。其特点是冠顶更加高长，上方略尖，整个巾子呈塔状。陕西唐曹景林墓出土的陶俑中多见这种样式。

5. 翘脚

翘脚也叫"硬脚"或"朝天"样式，为晚唐至五代时期流行，其形制变化较大。由前4种式样的前倾变为直立，顶部的分瓣不明显。幞头的两脚由原来的下垂的软脚改为平伸，至五代后期，又呈上翘状。这种式样的幞头在唐代敦煌壁画和敦煌绢画的人物头上均有出现。

总体看来，唐早期的幞头后垂两脚、垂带子，唐中叶后两带缩短形成软脚。到五代时出现以硬丝为骨而翘起的硬脚幞头（见图6-1至图6-8）。

（二）纱帽

纱帽，是隋唐时期男子的帽子，分为乌纱和白纱两种。《通典》记载：

图6-1　垂带子幞头/正面（唐）

图6-2　垂带子幞头/侧面（唐）

图6-3　平头小样

图6-4　武家诸王样/软脚幞头

图6-5　英王踣样/圆头幞头

图6-6　衬尖巾子

图6-7　戴幞头的男子

图6-8　硬脚幞头

"隋文帝开皇初，尝著乌纱帽。"到了唐代，不论贵贱，天子百官、庶民百姓均可以戴。晚唐以后，乌纱帽成为主要男子首服。《大学衍义补》曰："纱幞即行，诸冠由此尽废。"白纱帽是帝王专用。《新唐书·车服志》记载："白纱帽者，（天子）视朝、听讼、宴见宾客之服也。"

（三）浑脱帽

浑脱帽原是西北地区少数民族跳浑脱舞时所戴的一种帽子，属于胡帽。因为是用毡子，又称为"浑脱毡帽"。除了毡子材料外，还有羊皮、锦缎等材料。特点是帽呈圆弧形，顶部高而呈尖圆形（见图6-9）。唐赵国公长孙无忌，首先开始戴这种帽子，后来传入民间，时人争相仿效，渐渐在社会上流行开来，所以又称"赵公浑脱帽"。这种帽式在唐中时期开元、天宝年间广为流行。《新唐书·五行志》云："天宝初，贵族及士民好为胡服胡帽。"

图6-9　男用浑脱帽/胡帽雕塑与仿制

二、君臣官服

隋朝初，隋文帝杨坚考虑到舆服制度对巩固新政权的统治很有必要，就着手建立一套新的服装制度，颁布了"衣服令"，舍弃了北朝的周服制，借鉴齐国服制，规定皇帝服饰有衮、冕、通天冠、白纱帽等数种。皇太子、百官的服饰也各有规定。由于这一套服制还显得简陋，开皇十年（589年）杨坚正式统一天下后，又采用了南朝陈的部分服制重新制定了服装制度，在皇帝服饰上增加了大裘冕、毳冕等项。到隋炀帝大业元年（605年），杨广命牛弘等人依据古制，参照实际，增删旧令，再次制定了一套服制，定皇帝服饰有大裘冕等，对皇太子、百官服饰制度也作了整理，废除了前代已有但不实用的"鹖冠、委貌、樊哙、却敌、巧士、术氏"等冠服。

唐代初期，服装制度皆承袭隋制。到唐高祖李渊颁布《武德令》新令后，对皇帝、皇后、群臣百官、命妇、士庶等各级各等人士的衣着、色彩、服饰、佩戴诸方面又作了详细的规定，并第一次规定服装色彩的不同，即不同官员穿不同颜色的服装。例如官职在三品以上紫袍，佩金鱼袋；五品以上绯袍，佩银鱼袋；六品以下绿袍，无鱼袋。官吏有职务高而品级低的，仍按照原品服色。

如任宰相而不到三品的，其官衔中必带"赐紫金鱼袋"的字样；州的长官刺史，亦不拘品级，都穿绯袍。这种服色制度，一直延续到清代才完全废除。

（一）礼服

据《旧唐书·礼仪志》记载，皇帝、皇子及群臣的官定礼服，分为祭祀服、朝服、公服、常服四大类。

1. 祭祀服

祭祀服是祭祀时所用的礼服，为各类冠服中最庄严的服饰。古人非常重视祭祀，所谓"国之大事，在祀与戎"。凡有祭祀时，天子、公卿、大夫都要穿冕服，戴冕冠，下佩围裳、玉佩组绶等，一应俱全。

2. 朝服

朝服是朝拜、典祭时的服装，来源于周朝时的礼服，其形式变化不大。隋唐男子官吏的朝服只在隆重场合穿用，而大多数时间穿圆领袍衫。

3. 公服

公服是隋唐时代官吏在衙署内处理公务时所穿的一种服装，相当于现在公务人员所穿的制服。因为它只用于官吏，因此也被称为"官服"。公服与朝服相比，其形制要简便得多，如省略了许多烦琐的挂佩，所以公服又有"从省服"之称，其重要性次于朝服。

4. 常服

常服也叫"宴服"，指不同等级官宦之人在非礼制场合下穿用的日常服饰，如宴见宾客时穿用。常服属于半休闲服类服饰，多用于礼仪较轻的场合。常服款式造型多为圆领袍衫。

（二）圆领袍衫

圆领袍衫是隋唐时期官吏的主要服装，穿用场合较多，属于常服。其特点是圆领口，袍长至踝，领口、袖口、止口处不加任何边饰。晚唐时袍衫在膝盖处有横向开剪的接缝，俗称"横襕"，表示怀古，即尊崇上衣下裳之古制。文官袍衫略长，至足踝以下，武官袍衫略短，至膝盖以下。袍衫的色彩有严格的规定，一至三品官用紫色；四品、五品用绯色；六品、七品用绿色；八品、九品用青色。除天子常服为黄袍外，其他官吏一律禁穿黄袍。另外，袍服上有图案，初为暗纹。武则天时袍服上绣珍禽瑞兽。袍衫所用材料有纱、罗、绢、绸、绮、绫，并有平素纹、大提花、小提花等图案装饰。穿圆领袍衫者，腰部用革带紧束，头戴幞头，脚穿黑色长靴，有潇洒、干练的风格，比起汉魏时代的褒博衣冠具有简单便利的特点（见图6-10）。

阎立本所画的《步辇图》（见图6-11），清晰地表现了唐朝官吏所穿的圆领袍衫样式。图中描绘贞观十五年（641年）吐蕃大相禄东赞前往京都长安，迎文成公主入藏，受到唐太宗接见的历史故事。画面右侧坐在步辇上的是唐太宗。左侧站立3人，中间戴毡帽、穿锦袍的是吐蕃使者大相禄东赞。另外两人都是唐朝官吏。画中男子除吐蕃使者外，都着幞头，连皇帝也不例外。按照常规，皇帝接见宾客，应穿繁重的礼服，而本图所绘通穿常服，这既表现了汉藏两族的亲密无间，也反映了幞头袍衫在当时流行的程度。

图6-10　圆领袍衫/《唐高祖像》临摹

图6-11　阎立本《步辇图》

（三）缺骻袍

缺骻袍是隋唐时代最为典型的胡服，属于圆领袍衫的一种。所谓"缺骻"是指袍衫两侧开衩，早期开衩较低，以后开衩越来越高，在骑马时可将袍衫的一角提起扎系在腰间，开衩是为了行动方便（见图6-12）。这种两侧开衩的袍最早来自军人的袍衫，后演变为差吏和一般劳作者的服饰。《新唐书·车服志》记载："开骻者，名缺骻衫，庶人服之。"缺骻袍的颜色在使用上也有严格的规定。黄、黑、绛、绯、紫、绿、青、白8种颜色代表不同人群所穿用。

图6-12　裹幞头、穿缺骻袍的官吏/《游骑图》局部

图6-13　长安县唐韦洞墓石椁线刻画中佩蹀躞带的男子

图6-14　中唐壁画毘沙门天王服饰/莫高窟154窟

（四）男装佩饰

男子流行服装外束腰带。盛唐时期从皇室宫廷到达官显贵均以佩用玉带为荣。唐朝规定了"大带制度"，要求文武官穿袍服时必佩蹀躞带。"蹀躞"本意是小步疾走的意思。蹀躞带上有带钩，上面有佩刀、砺石、火石袋等组件，原来是北方胡人的腰带，在魏晋时传入中原（见图6-13）。从唐朝起，以带的质料、形状、饰品数量、纹饰等辨别等级。《新唐书·车服志》："一品二品銙以金；六品以上以犀；九品以上以银。"以后又规定一至三品用金玉带，銙13枚；四品用金带，銙11枚；五品用金带，銙10枚；六至七品用银带，銙9枚；八至九品用鍮石带，銙8枚；流外官及庶民用铜铁带，銙不得超过7枚。銙，是附于腰带上的装饰品，用金、银、铁、犀角等制成，其造型有方形、圆形、椭圆形及鸡心形等（见图6-14）。

（五）鞋履

隋唐五代时期，男子多穿乌皮靴，而居家时穿丝履。乌皮六合靴是隋唐时期的官靴。

（1）六合靴是隋唐时代最有特点的一种官靴，即用六块皮革拼缝而制成的靴，有高勒、短勒两种。"六合"寓东、西、南、北及天、地六合之意，而且为了增加庄重感，还将履头高高翘起。六合靴也更适合人的脚型，穿着舒适方便。隋唐以前，官员穿靴不准入朝，隋唐时期穿靴成为礼服的一部分，并定为朝服使用。乌皮靴原为胡人的戎装，到隋唐时已不限，文武官员都可穿用，并准许入朝穿用（见图6-15、图6-16）。

图6-15　西安等驾坡杨思勗墓出土的长靴石俑/《唐长安城郊隋唐墓》图版93

图6-16 六合靴/原田淑人
《支那唐代の服饰》

图6-17 戴胡帽穿翻领胡
服的男子（唐三彩）/陕西
博物馆藏

图6-18 百戏俑（泥俑）/吐
鲁番阿斯塔那古墓出土

（2）男子普遍穿丝履，履是单底鞋的统称。以锦、麻、丝、绫等布帛制成，也有用蒲草类编成的草履。草履的编织技术已很精湛。履的高翘头部通常有平头、圆头和歧头。歧头的鞋头造型为两个尖角，类似分梢，又称"歧头鞋"。

三、民间男子服装

（一）胡袍

隋唐时期平民男子除了穿襦裤、衣裙外还流行穿胡袍，即缺胯袍。圆领口或翻折领，袍长至膝部。汉族人穿胡袍时，把胡人的左衽大襟改为右衽式。头戴毛毡帽或皮帽、身穿胡服、脚上穿靴的男子形象在隋唐时期的士俑、三彩人物俑和壁画中可以看到（见图6-17）。

（二）半臂衫、犊鼻裈

半臂衫，即一种半袖衫，是从短襦演变而来的。其款式为：直领、对襟、短袖，衣长至臀。半臂衫不分男女、官宦、尊卑，一律通用。

犊鼻裈是男子夏天喜欢穿的合裆短裤。秦汉时期就已出现，到了隋唐依然流行。在吐鲁番阿斯塔那古墓群中，第336号墓出土的唐代居民杂技表演的泥俑身穿半袖与合裆裤子（穷裤），而竿上杂技童子上身裸露，下身只穿犊鼻裈（三角裤），露出圆滚的双腿和臀部，左手掌心撑持倒立于竿顶，头仰起、右手伸出，以保持身体的稳定（见图6-18）。童子穿的短裤与现在流行的三角裤比较相似。《中华古今注》："士庶服章有所未通者，臣请中单上加半臂以为得礼，其武官等诸服长衫，亦谓之判馀，以别文武。"可见，半臂衫在唐代被广泛使用。

（三）其他服装

隋唐时期文人雅士、绅士或老者，仍以大袖宽衣、长裙为常服，下穿宽口裤，足着软靴，头戴软脚幞头。而普通劳动者、奴仆最典型的是穿缺胯圆领袍衫和裤褶套装，服装材料为用麻、毛织成的"粗褐"，颜色多为白色。缺胯袍衫两腋开衩而便于劳动。此外，百姓男子服装中还有袄裙、弁服等。

四、武士军服

唐朝的国防体系十分完备，先实行府兵制，后实行募兵制，武将始终备受重视。戎装武将形象在唐皇室阅兵、讲武、礼乐、典礼等仪式中多有记载。初唐的铠甲和戎服基本保持着南北朝以来至隋代的样式和形制。贞观以后军服进行了一系列制度的改革，渐渐形成了具有唐朝风格的军戎服饰。唐高宗、武则天两朝国力鼎盛，天下承平，铠甲的形式更趋向华丽、轻便而实用，整体笨重的甲衣分成局部的软甲，系结套在各关节部位，使穿者能灵活行动。一般由肩铠、胸铠、背铠、腰铠、膝铠及"掩心"（护心镜）等组成。军服大部分由铁甲和皮甲制成，也有绢布甲类的铠甲装。绢布铠甲装结构轻巧、外形美观，但缺少防御功能，故不能用于实战，只能作为武将平时服饰或仪仗用的装束。

唐朝军服已经形成了系统化，据《唐六典》记载，铠甲军装有明光甲、光要甲、细鳞甲、山文甲、乌锤甲、白布甲、皂绢甲、布背甲、步兵甲、皮甲、木甲、锁子甲、马甲13种。其中，以"明光甲"最为著名。明光甲，在胸背甲上各有一个护心、胸、背的椭圆形金属板。这种圆护大多以铜等金属制成，并且打磨得极光，颇似镜子。在战场上，明光甲在太阳的照射下，会发出耀眼的"明光"。明光甲的款式较多、繁简不一，有的只是在裲裆的基础上前后各加两块圆护，有的则装有护肩、护膝，还有些护肩是多层的，比较烦琐。铠甲大多长至臀部，腰间用皮带系束。唐朝铠甲总的特点是：左右对称、装饰精致、工艺繁缛，是我国古代军装的典型造型（见图6-19至图6-22）。

图6-19　铠甲/根据陶俑彩塑复原绘制

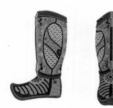

图6-20 兜鍪（头盔）、靴子/根据陶俑彩塑复原绘制　图6-21 穿明光甲的武将（加彩陶俑）/陕西礼泉县唐昭陵张士贵墓出土　图6-22 明光甲/根据陶俑复原绘制

第三节　女子服装

　　隋唐时期女装是中国服装发展史中最为精彩的篇章，具有雍容华贵、色彩艳丽、质地优良、纹饰多样、裁制合理、线条流畅的特点，不但继承了前代服饰的传统，还汲取了社会风尚的养分，呈现出丰富多彩、尚美开放、大气兼容的女服特点，为中华文化史留下了浓墨重彩的一笔。

一、皇后、贵妃礼服

　　唐《武德令》规定了皇后、贵妃的礼服主要有3种：袆衣、鞠衣、钿钗礼衣。这些礼服由传统的祭礼服发展而来，其中钿钗礼衣包括襦裙服、大袖纱罗衫及发髻上的金翠花钿，并以钿钗数目明确地位身份。唐朝的典史书，如《通典》《唐会要》《旧唐书·舆服志》《新唐书·车服志》《开元礼》中等都有记载，如"钿钗礼衣者，内命妇常参、外命妇朝参、辞见、礼会之服也。制同翟衣，加双佩……一品九钿，二品八钿，三品七钿，四品六钿，五品五钿"。钿钗礼衣，即深衣制的发展款式。

二、襦、裙、披帛

　　唐朝女子以襦裙着装为主，上穿短衣，下着长裙。衫袄掩于裙内，裙腰提高至腋下，呈现出"短衣长裙"的唐代美感。

（一）短衫、短袄、大袖纱罗衫

唐朝女子的典型着装是上身穿短襦或衫，下穿长裙，腰系带，外罩轻薄大袖纱罗衫，肩披彩巾，脚穿高头鞋。其中短衫指轻薄面料的禅衣，夏季穿用，有对襟及右衽大襟两种，袖分宽窄两类。袄和衫的款式基本一致，主要的不同是面料的薄厚。袄有夹里或薄棉衣。衫、袄的领型受西域民族服装的影响明显，除了交领外，还有直领、方领、圆领、鸡心领、袒露低领和翻领。早期的低领只在宫廷嫔妃、歌舞伎间流行，后来连豪门贵妇也予以垂青，并在领口、袖口等部位有镶拼绫锦或金彩纹绘及刺绣工艺，"罗衫叶叶绣重重，金凤银鹅各一丛"，说明当时贵族女装中金银彩绣已很普遍。衫、袄色彩主要有红、浅红、淡赭、浅绿。

图6-23　头上簪花、穿襦裙、外披大袖纱罗衫、肩背部佩披帛的女子/周昉《簪花仕女图》局部

以纱罗衣料制作女服是唐朝服饰中的一个特色，不仅用于内衣，也用在外衣。大袖纱罗衫，对襟、大袖，面料轻薄呈透明状。周昉的《簪花仕女图》中描绘了"慢束罗裙半露胸"的袒领贵族女装形象（见图6-23）。大袖对襟纱罗衫应起源于中唐，盛于晚唐至五代，结束于宋。

（二）裙子、石榴裙

受南北朝遗风影响，隋唐女子多穿长裙，裙长齐地，裙腰高至胸部，下摆呈圆弧喇叭形，裙子色彩多以红、紫、黄、青等色彩为主。通常用5幅丝帛缝制，也有用六七幅，有的甚至用料9幅以上。按唐代布帛幅宽一尺八寸算（唐朝一尺约30厘米），即使5幅布料的裙子也要用料2.7米，肥大的宽松裙走路很不方便，所以又要穿高头丝履，丝履前面装有一块很高的履头，探出长裙的下摆，表现出一种富丽潇洒的优美风度。

石榴裙是唐朝最著名的裙子，以裙色如石榴花红而命名，款式为上窄下宽的长裙。唐朝万楚在《五日观妓》中说："眉黛夺将萱草色，红裙妒杀石榴花。"韦庄《赠姬人》也唱道："莫恨红裙破，休嫌白屋低。"石榴裙是中唐年轻女子极为青睐的一种裙色。俗语说男人被美色所征服，称为"拜倒在石榴裙下"，至今仍在鲜活地用着。

图6-24　襦裙套装平面图

图6-25　半臂衫平面图

（三）披帛

披帛是长条形状的巾子，用薄纱制作，上面有印花或织花图案。长度可达两米以上，披在肩背上，缠绕在手臂间，行走时随风摆动，飘逸自然。还有一种披帛，横幅较宽，长度较短，多为已婚妇女使用。穿襦裙、外加半臂并佩戴披帛成为唐朝女子的典型形象（见图6-24）。

三、半臂

半臂，即一种无领、半袖、对襟的短外衣。其特点是衣长至腰部以下，短袖宽口，肩袖平直，半袖至肘部，领口宽敞，胸前结带。与襦裙服装相配套，穿在衫襦之外，男女皆可穿用（见图6-25、图6-26）。初唐至中唐盛行，晚唐到五代时渐少。

四、霓裳羽衣

隋唐时期的一种舞蹈服，用孔雀羽毛制成，对襟、袖根窄瘦、袖口肥大，跳舞时如翔云飞鹤之状（见图6-27、图6-28）。唐代诗文

图6-26　穿半臂襦裙的女子/唐朝永泰公主墓石刻画

图6-27　穿舞蹈服的女子

中有不少对这种服装的描绘，如白居易曾参加过内宴，印象最深的是"案前舞者颜如玉，不著人间俗衣服。虹裳霞帔步摇冠，钿璎累累佩珊珊"（《霓裳羽衣舞歌》）。

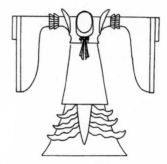

图6-28　舞蹈服平面图（唐朝）

五、女穿男装

唐朝的女子穿男装成为社会风气，在开元和天宝年间最为盛行，流行的主要城市是长安与洛阳。女着男装特点为：头戴男子软脚幞头，身穿男子窄袖圆领袍衫、缺骻袍，腰间系蹀躞带，穿小口裤，脚穿六合乌皮革靴或锦履。女穿男装是唐朝社会开放的一种反映，女子穿男装，既保持了女性的秀美俊俏又增添了潇洒英俊的风度。《中华古今注》记："至天宝年中，士人之妻，著丈夫靴衫鞭帽，内外一体也。"唐朝画家张萱、周昉在《虢国夫人游春图》《纨扇仕女图》等古代绘画作品中都描绘了女穿男装的画面。盛唐时期的女子仿效男装打扮已经相当普遍，这一现象成为唐朝女装的一个鲜明特点（见图6-29至图6-31）。

图6-29　穿男装的女子/敦煌莫高窟第5窟壁画局部

图6-30　女穿男装/张萱《虢国夫人游春图》

图6-31　戴幞头、穿男装圆领袍的女子/周昉《纨扇仕女图》局部

六、女穿胡服

盛唐时期，女子还盛行穿胡服，特别是在京城中的宫廷、贵族女子之间，主要流行回纥族的服装样式。回纥族也叫回鹘族，是今天维吾尔族的先民。其服装特点是翻领、窄袖，领、袖和下摆处有锦边装饰，头戴高顶毡帽，腰束蹀躞带，上有多种饰物，下身穿小口裤，脚穿高勒靴等。回纥族人民与汉族人民经济文化交流频繁，回纥妇女服装及舞蹈等对唐代宫廷及贵族妇女产生了较大的影响（见图6-32至图6-34）。

图6-32　穿胡服与穿男装的女子/唐朝永泰公主墓壁画临摹

图6-33　戴凤冠、穿翻领胡服的妇女/敦煌榆林窟16窟壁画临摹稿局部（张大千）

图6-34　穿胡服的妇女/敦煌莫高窟第5窟壁画局部

七、鞋履

隋唐时期女子的鞋履多种多样、名目繁多，有高头履、云头履、凤头履、平头履、圆头履、线靴等。草履编织技术已很精湛，用蒲草编成的草履纤如绫縠。高头履也叫"重台履"，鞋的前部高高翘起，形如重台，这种鞋是唐朝妇女最常穿用的。线靴是用彩色线做鞋帮，用麻线做鞋底编织而成的圆头鞋（见图6-35）。《新唐书·车服志》："武德间，妇女曳履及线靴。"云头履因其翘头制成云朵形状，故称（见图6-36）。锦缎靴的鞋勒较高，上方用带抽紧并施加彩绣（见图6-37）。丝帛制成的鞋式与男子无大差别，变化只在鞋头的形状和鞋上的织花或绣花。

图6-35　麻线鞋/新疆吐鲁番唐墓出土

图6-36　穿小云头履的唐代妇女/陕西西安唐鲜于庭诲墓出土

图6-37　小云头花纹锦鞋/吐鲁番阿斯塔那北区381号唐墓出土

八、缠足陋习

缠足又称裹脚、缠小脚、裹小脚。缠足是中国封建社会特有的一种陋习。封建社会女孩从四五岁起便开始裹脚，用一条狭长的布带，将足踝紧紧缚住，从而使肌骨变态，脚形纤小屈曲，以符合当时的审美观。一直到成年之后的骨骼定型，才能解开布带，也有终身缠裹的。缠足陋习早在汉朝以前就已经出现，传说上古时期的禹妻、妲己便是小脚，但那时并不普及。一般认为，妇女缠足始自五代，根据有史可查的资料，与南唐后主李煜的嫔妃窅娘有关。

最早对缠足起源作考证的是宋代张邦基，他认为："妇人之缠足起于近世，前世书传皆无所自，惟《道山新闻》云：'李后主宫嫔窅娘纤丽善舞，后主作金莲高六尺……令窅娘以帛绕脚，令纤小屈上作新月状，素袜舞云中，回旋有凌云之态……由是人皆效之，以纤弓为妙。'以此知裹足自五代之来方为之。熙宁元丰以前人犹为者少，近年则人人相效，以不为者为耻也。"就这样，始于五代延至民间的妇女缠足陋习不仅影响了鞋履式样，更影响了妇女体态的健康。辛亥革命以后逐渐取消了缠足陋习。

九、女装风格演变

从隋朝到初唐、盛唐，再到晚唐，女装有一个从窄小到宽松肥大的演变过程。隋和初唐时女装廓形纤长平直，表现出隽秀之美；盛唐时女装廓形宽肥，裙长曳地，表现出雍容、华贵、丰腴之美；到晚唐时女装廓形依然以肥大为主，但整体外形呈吊钟状，表现出凝重、瑞丽之美。

从初唐到中唐年间，受贵族妇女阶层的襦裙向宽大发展的影响，普通百姓服装的衣袖也变为肥大、裙腰高系、外加短袖半臂衫，在广大妇女中流行宽肥的石榴裙。文宗即位之后，面对举国上下风靡的奢华追求，"以四方车服僭奢"，逐步实施各种关于侈靡的禁令。在各种史料记载里面，都解释为是文宗性节俭，对于当时的奢靡之风深恶痛绝。"文宗锐意求理，每与宰臣议政，深恶侈靡，故每下诏敕，尝以敦本崇俭为先庶乎，上行下效之有渐也"；"帝性恭俭，恶侈靡，庶人务敦本，故有是诏"；"帝性俭素，不喜华侈"。《新唐书·车服志》曾提及对全国实行禁令：凡"妇人裙不过五幅，曳地不过三寸"。唐后期宰相李德裕任淮南观察使时，曾奏请用法令加以限制，"妇人衣袖四尺者，阔一尺五寸，裙曳四五寸者，减三寸"。虽然朝廷多次出台对流行"时世妆"的禁令，但效果不大。一方面因为唐朝地广人众，难以落实；另一方面又因为大多没有实质上的惩罚措施，所以实际上往往是很难彻底执行。到了元和以后，衣身宽肥之风尚愈演愈烈，妇女们"风姿以健美丰硕为尚"，这也与唐明皇宠爱杨贵妃的丰腴美有关。中唐诗人白居易《和梦游春诗一百韵》描写元和服装流行时，就写成"风流薄梳洗，时世宽装束"。盛唐时期的女装领口越来越大，后世将它视为唐朝女装文化的主流。此时流行的女子着装是袒露半胸、大袖、对襟衫，长裙，肩有披帛，裙腰提高至腋下，仅盖胸乳，大带系结，襦裙由纱罗面料制成。款式犹如今日的朝鲜族妇女所穿的短袄长裙。这种袒胸大袖衫襦是贵族妇女在庭院休闲散步、采花、捉蝶、戏犬时常穿的服式。从整体效果看，短衣而裙长曳地，使体态显得修长而美丽。敦煌莫高窟103窟壁画《乐廷瑰夫人行香图》中盛装的胖贵妇和此时的三彩俑妇女形象都是如此。

晚唐至五代时，妇女依然流行高髻钗插、纹绫大袖衫加长裙的装扮。现在看到的晚唐壁画、绘画里的妇人形象，大袖长裙者比比皆是。出土的吴国、闽国、南唐陶俑，连侍女也都着披帛、穿大袖长衫。正如《旧五代史·唐书·庄宗纪第五》中记载："近年已来，妇女服饰，异常宽博，倍费缣绫。有力之家，不计卑贱，悉衣锦绣，宜令所在纠察。"五代后期，大袖长裙依然流行天下。

第四节　女子发式与面妆

一、发式

唐朝妇女对发型与头饰十分重视，发髻名目繁多，头上插戴金玉簪钗、犀角梳篦、宝石鲜花作装饰，既承袭前朝遗风，又有刻意创新，可谓丰富多彩。到唐太宗时，妇女发髻渐高，发式变化多样。隋唐女子以发髻为主，发式造型与名称多样，如半翻髻、云髻、罗髻、盘桓髻、惊鹄髻、倭堕髻、双环发髻、望仙髻、乌蛮髻、回鹘髻等近百种，初唐流行的发髻结构相对简单，较低平，盛唐以后流行各种高发髻，发上装有饰品，这些头饰品工艺精美，有簪、钗、步摇等。妇女发式的多样性在一定程度上反映了唐朝女性的人身自由和个性解放。根据传世文献的记载及传世绘画、雕塑、壁画所反映的妇女发式，在结构上大体可分为髻、鬟、鬓和假发。

图6-38　单螺髻

（一）髻

髻是在头顶或脑后盘成各种形状的头发的造型。发髻高耸成为中唐以后女子发型样式的主流。头髻从造型上分，分为单髻、双髻，高髻、低髻，小髻、大髻，对称与非对称等（见图6-38、图6-39）。唐朝妇女喜欢高发髻，并长期流行，髻上喜欢插戴牡丹等鲜花或宝钿花钗、花梳篦来装饰，统称为花髻。李白在《宫中行乐词》说"山花插宝髻"，描绘了这种发式的华丽富贵。

图6-39　双螺髻

（二）鬟

鬟与髻一样都是将头发盘在头顶或脑后的发结的式样。鬟为空心，髻为实心。隋唐时期发鬟的式样很多，有高大的，也有低矮的，更有细长的发条垂于耳边或脑后。双鬟为大多数少女所喜爱。从各地唐墓出土的女俑发式来看，贵族妇女多梳大高髻，一般侍女梳丫髻或双鬟髻等（见图6-40、图6-41）。

图6-40　双鬟髻

图6-41　梳双鬟髻的少女/陕西西安羊头镇唐代李爽墓出土的壁画

115

（三）鬓

鬓指耳前额下所留的头发，俗称"鬓角"或"鬓脚"，是将鬓发梳拢成型，可以搭配髻或鬟，能增加或突出发髻的美感。唐代最流行的是蝉鬓和云鬓。另外，还有一种仅限于后宫皇后妃嫔梳理的博鬓。博鬓下垂过耳，鬓上饰有花钿、翠叶之类的饰物。

（四）假发

受高发髻流行影响，隋唐时期也大量使用假发，以解决自身头发的不足。隋唐时期的假发也叫"髲髢"或叫"义髻"。而魏晋时期的假发叫"蔽髻"。隋唐时期的假髻专为贵族妇女使用，假发可分为"低垂型"和"高耸型"两类。盛唐时期假发偏重于高髻式。《新唐书·五行志》中提到杨贵妃平时就喜欢戴假髻。元稹《追昔游》写道："义梳丛髻舞曹婆。"柳宗元也在《朗州员外司户薛君妻崔氏墓志》赞美崔氏"髲髢峨峨"。隋唐女子发式可在敦煌石窟、石椁线刻画、女俑雕塑及古代绘画中看到大量的形象，如永泰公主墓石椁线刻画、《簪花仕女图》《捣练图》《虢国夫人游春图》《宫乐图》等（见图6-42至图6-47）。

图6-42 梳高髻、头簪花、饰花钿的妇女/新疆吐鲁番唐墓出土的《弈棋仕女图》局部

图6-43 梳双垂髻的女子/新疆吐鲁番唐墓出土的《弈棋仕女图》局部

图6-44 梳半翻髻的妇女（瓷俑）/湖南长沙咸嘉湖唐墓出土

图6-45 堕马髻

图6-46 梳乌蛮髻的妇女（三彩俑）/陕西西安鲜于庭诲墓出土

图6-47 盛唐时期妇女的华美头饰/敦煌105窟壁画

二、巾、帽

（一）羃䍦

羃䍦也叫羃罗、羃帷、羃巾等，源于北朝时传入的一种大头巾。羃䍦是隋至唐初妇女出门的必用品，即用纱帛罩住头部并蔽障全身，既可防尘，又能避免路人窥视（见图6-48）。贵妃、贵妇或富有家庭可以在羃䍦上缀以珠玉。《隋书》卷四五《秦王俊传》记载，隋文帝时，秦王俊长于工巧，曾亲手为他的妃子做七宝羃䍦。所谓七宝，就是指金玉珠翠的饰品。唐高宗即位后，帷帽代替了羃䍦而盛行于世。《旧唐书·舆服志》记载："武德、贞观之时，宫人骑马者，依齐、隋旧制，多著羃䍦"，"虽发自戎夷，而全身障蔽，不欲途路窥之。王公之家，亦同此制。永徽之后，皆用帷帽，拖裙到颈，渐为浅露"。

《旧唐书·舆服志》记载："开元初，从驾宫人骑马者，皆着胡帽，靓妆露面无复障蔽，士庶之家又相仿效，帷帽之制绝不行用。俄又露髻驰骋，或有着丈夫衣服靴衫，而尊卑内外斯一贯矣。"《新唐书·车服志》也说："中宗后……宫人从驾皆胡冒（帽）乘马，海内效之，至露髻驰骋，而帷冒（帽）亦废。"由此可见，隋唐妇女早期流行戴羃䍦，以后戴帷帽，再以后流行戴浑脱帽。

（二）帷帽

帷帽，也称席帽、帏帽，是一种高顶宽檐的笠帽，在笠帽的周围垂下一层黑色纱帛制成的围帛，下垂及颈，遮住头部，起到防沙、防窥的作用（见图6-49）。这种帽式也来源于西域。由于王昭君出塞时戴的是帷帽，所以又叫"昭君帽"。唐代永徽年间妇女戴的"帷帽"类似现代闽南的惠安女头上的笠帽（见图6-50）。

图6-48　戴羃䍦的唐朝妇女/《朝鲜服饰·李唐时代之服饰图鉴》

图6-49　戴帷帽的妇女（唐三彩）/上海博物馆藏

图6-50　唐朝帷帽（彩绘陶俑）/吐鲁番阿斯塔那墓出土

图6-51 唐朝胡帽（风帽）

图6-52 穿胡服、戴胡帽的妇女

图6-53 穿男装、戴胡帽的女子/《树下人物图》/日本东京国立博物馆藏

（三）浑脱帽

　　隋唐时代胡帽有多种样式，以浑脱胡帽最典型，也最有名。所谓浑脱帽，原指西北方民族中流行的用动物的皮制成的帽子，也称番帽，后来发展为用毛毡或锦缎制成。其特点是帽顶呈圆弧形，顶部高而呈尖圆形，两旁有护耳小扇，裘毛饰边，可翻上折下（见图6-51至图6-53）。

三、面部化妆

　　隋唐时期，妇女讲究面部化妆，并把面部化妆视为重要的礼节。"脸上金霞细，眉间翠钿深。"女子娇艳夺目、华贵雍容、富丽堂皇，张扬个性、绽放生命力。面妆的丰富也从侧面反映了唐朝开放包容的精神。

（一）文眉

　　唐朝妇女黛眉名目繁多，初唐时以"细眉"为主，中唐以"阔眉"为主，晚唐的眉妆则归于纤细，且多种眉妆并存。盛唐时妇女常将原来的眉毛剃去，然后用一种以烧焦的柳条或矿石制成的青黑颜料画上各种形状，名叫黛眉。除了黛眉外，还有翠眉、黄眉等。从画眉方法看，有扫黛、薰墨。女子眉妆流行周期越来越短，出现了前所未有的各种样式。丰富的眉妆与当时的社会环境、人们的审美观及妇女的社会地位有着密不可分的关系。杜甫有诗曰："却嫌脂粉污颜色，淡扫蛾眉朝至尊。"据说，唐玄宗曾命画工设计出十眉图，即鸳鸯（又名八字眉）、小山（又名远山眉）、三峰、垂珠、月棱、分梢、涵烟、拂云、倒晕、五岳，并点拨给不同妃子使用，可见风流皇帝在服饰史上也留下逸事。唐朝女子眉妆不仅在文学、诗歌中有大量的描述，还可从遗存画作中欣赏到。唐朝妇女眉妆样式的演变，如图6-54所示。

（二）化妆

隋唐时期妇女化妆有多种，如花钿妆、酒晕妆、寿阳妆、蛾眉妆、啼妆、飞霞妆等。面部的装饰花钿可以是画上去的，也可以是贴在脸上的。化妆顺序是：一敷铅粉，二抹胭脂，三涂鹅黄，四画黛眉，五点胭脂，六描面靥，七贴花钿。

1. 花钿妆

花钿妆是指在眉宇、面颊、太阳穴等处用颜色染绘纹样或用金片、银片、羽翠等制成的"花钿"来进行妆靥。花钿传说来源于早期面颊上有疤痕或雀斑的妇人，以丹青、朱砂红等颜色点出圆点、月形、花形等图案。两个唇角外酒窝处也用红色点上圆点等图案作为面颊的掩饰，后来发展为其他妇女争相仿效的妆靥。

图 例	年 代	
	帝王纪年	公元纪年
	贞观年间	627—649
	麟德元年	664
	总章元年	668
	垂拱四年	688
	如意元年	692
	万岁登封元年	696
	长安二年	702
	神龙二年	706
	景云元年	710
	先天元年——开元二年	713—714
	天宝三年	744
	天宝十一年后	752年后
	约天宝元年——元和初年	约742—806
	约贞元十九年	约803
	晚唐	约828—907
	晚唐	约828—907

图6-54 唐朝妇女眉妆样式演变图

2. 斜红妆

斜红妆也称酒晕妆、胭脂妆。胭脂俗称红蓝花，用它制成膏或粉，化妆时先施白粉，然后将胭脂在手心调匀，搽在两颊，犹如一抹斜阳。唐人宇文士及的《妆台记》中记载："美人妆面，既敷粉，复以胭脂调匀掌中，施之两颊，浓者为'酒晕妆'，浅者为'桃花妆'。"唐诗人元稹曾提及"斜红妆"，其诗《有所教》云："莫画长眉画短眉，斜红伤竖莫伤垂。人人总解争时势，都大须看各自宜。"唐代另一位诗人罗虬在《比红儿》中吟到："一抹浓红傍脸斜，妆成不语独攀花。"斜红一般涂在鬓部到颊部之间，或似伤痕，或像卷叶，或如弯月（见图6-55）。

3. 蛾眉妆

蛾眉妆是指像蚕蛾触须似的弯而长的眉毛。李白《怨情》："美人卷珠帘，深坐颦蛾眉，但见泪痕湿，不知心恨谁。"隋至初唐时期，眉妆大多以细为美。

4. 寿阳妆

传说在南北朝时，一日，宋武帝女寿阳公主卧殿檐下，一朵梅花正落其额上，染成颜色，拂之不去，经三日洗之乃落，宫女见之奇异，争相效仿，这种妆面也称"梅花妆"。唐代妇女仿效在额心描画梅形为饰，并产生了唐朝面妆的特有形式。

图6-55　斜红妆（泥头木身俑）/新疆吐鲁番阿斯塔那唐墓出土

5. 啼妆

啼妆因其"状似悲啼者"而得名，盛行于唐朝元和年间，主要流行于长安、洛阳等地，由西北少数民族传来。其特点是两腮不施红粉，只以黑色的膏涂在唇上，两眉画作"八字形"，怪诞离奇，有悲啼之状。这种妆梳尤为当时的贵族妇女所喜爱（见图6-56）。

总体看来，隋唐时期女子讲究面饰，特别是盛唐时期，女子的面部化妆已经到了无以复加的地步。化妆程序复杂、样式繁多，有的在脸上敷铅粉；有的涂胭脂，色如锦绣的妆面叫"绣颊"；有的在额上画有鸦黄，眼眉处用青黑色绘出各种式样（见图6-57）。

（三）花钿

花钿是古时妇女脸上的一种花饰，起源于南朝宋，以金箔、银片制成不同花形，贴在额间、两颊、嘴角、鬓角处。花钿以红、黄、绿色为主，红色最

图6-56　《宫乐图》中典型的元和时世妆的妇女们/台北"故宫博物院"藏

图6-57　《弈棋仕女图》/吐鲁番阿斯塔那唐墓187号墓出土

多。花钿的形状除各种花状外，还有小鸟、小鱼等造型，并制作成圆形、尖形、花形及各种对称形，美妙新颖（见图6-58、图6-59）。花钿是唐朝最具特点的面部化妆。

图6-58　唐朝妇女面妆　　　图6-59　唐朝花钿造型举例
　（示意图）

第五节　服装面料、纹样与色彩

隋唐五代时期，服装造型雍容华贵，服装质料富丽堂皇，面料以丝、麻为主，以红、紫、黄为等鲜艳的暖色为主要色调。富家女子常常用精美的丝织品做衣料，衣服柔薄而精巧。盛唐时期的丝织技术高超，丝织品花色品种很多，以轻盈薄透而著称，例如吐鲁番唐墓出土的轻纱比马王堆出土的素纱还精巧。出土的隋唐纺织品以新疆、甘肃为最多，传世品则以日本正仓院所藏数量最为丰富。新疆吐鲁番阿斯塔那墓群出土了大量唐朝纬线显花的织锦，花纹以联珠对禽对兽为主，有对孔雀、对鸟、对狮、对羊、对鸭、对鸡及鹿纹、龙纹等象征吉祥如意的图案，还出现了团花、宝相花、骑士、胡王、贵字、吉字、王字等新的纹饰。纹缬染色更有新的发展，出现了最早的蓝印花布和蜡染、扎染等工艺。这些出土的纺织品主要有红色、绛色、棕色绞缬绢及罗，蓝色、棕色、绛色、土黄色、黄色、白色、绿色、深绿色等蜡缬纱绢及绛色附缀彩绘绢等，表明印染工艺技术达到了新的高度（见图6-60、图6-61）。

唐朝时已经开始使用镂空纸花版，对于提高织物的印染质量起到了很大作用。唐朝还流行在绫罗上用金银两色刺绣和描花。这些刺绣为美化女装提供了便利条件。从新疆吐鲁番阿斯塔那唐墓出土的实物来看，刺绣有锁绣、平针绣等，图案多为花、树、禽兽，针法细腻，色彩华美（见图6-62、图6-63）。

图6-60　唐代联珠小团花锦缎

图6-61　唐代印花褶裙/新疆唐墓出土

图6-62　唐代联珠对鸟纹锦童衣

图6-63　唐代卷草凤纹锦/日本奈良正仓院藏

　　唐朝服装图案，改变了以往那种主要是天赋神授的创作思想，用真实的花、草、鱼、虫进行写生描绘，但对传统的龙、凤等图案也不排斥，形成了古今结合的创作形式。晚唐的服饰图案更为精巧美观。花鸟图案、边饰图案、团花图案用在帛纱轻柔的服装上，花团锦簇、争妍斗盛。唐朝的织造技术、染织技术水平前所未有，图案、花色丰富，纺织品产量大、质量精，这些都为唐朝服装的富丽华美提供了坚实的物质基础（见图6-64至图6-66）。

图6-64　唐代联珠对翼马纹锦/新疆吐鲁番阿斯塔那302号墓出土

图6-65　唐代人物骆驼纹锦/新疆吐鲁番阿斯塔那唐墓出土

图6-66　联珠大鹿纹锦/新疆吐鲁番阿斯塔那唐墓出土

第六节　小　结

隋唐五代时期是中国封建社会服装文化的鼎盛时期，上承周汉魏的冕服制度，下启宋元明的冠服制度，为中国服装文化史留下了浓墨重彩的一笔。其时不仅衣料质地考究、造型雍容华贵、装扮配饰富丽堂皇，还充分展现了盛唐时平等容物、广收博采、开放自由的大国风范。其辉煌的服饰盛况是中国服饰史上的耀眼明珠，在世界服饰史上也具有举足轻重的地位。

纵观隋唐文物及史籍记载，可以看出这一时期男子服饰主要以圆领袍衫和幞头、巾帽为主，女子服饰以衫、襦、袄裙、半臂、披帛、胡服、帷帽为主。妇女的日常服装是上身着衫、下身穿裙，衣裙上有瑰丽的花纹，裙子以红色最为流行。男装表现在传统与异域风采相结合，女装表现在华丽、清新、奇异纷繁，显示出唐朝女性大胆追求个性美，盛行穿胡服、戴胡帽等风尚。妇女的面妆浓妆艳抹、奇异纷呈。男女服装衣料质地考究，造型雍容华贵，佩饰富丽堂皇。受汉隋遗风和北方少数民族的影响，服饰形成了独特的开放浪漫风格，唐朝成为服饰史上百花争艳的时代。

唐朝服饰之所以绚丽多彩，有诸多因素，首先是在隋代奠定了基础。隋王朝统治年代虽短，但丝织业有了长足的发展。文献中记载隋炀帝"盛冠服以饰其奸"，他不仅使臣下嫔妃着华丽衣冠，据传甚至连出游运河时的大船纤绳均为丝绸所制，两岸树木以绿丝饰其柳，以彩丝绸扎其花，足以见丝绸产量之惊人。丝织品产地遍及全国，无论产量、质量均超过前代。

其次唐代是我国封建社会的鼎盛时期，国家统一、经济发达、社会生活富裕、民族交融、思想文化开放、中外贸易频繁。唐代的绘画、雕刻、音乐、舞蹈等方面都吸收了外来的技巧和风格。唐代对外来的服饰采取兼容并蓄的态度，这使得唐代服饰也大放光彩、盛况空前，形制上既有魏晋遗风，同时又吸收了西域少数民族及印度、阿拉伯特色。唐代服饰不仅对以后朝代的汉服影响深远，也对近邻朝鲜、韩国、越南、日本等国的服饰影响较大。

隋唐男女服饰无疑是人类穿着文化史上一朵美丽的奇葩。唐朝服饰是当时社会政治气候的晴雨表，无论是设计理念还是文化内涵，都对我们当今社会的发展具有重要意义。

第七章
宋朝服装

第一节　服装的社会与文化背景

一、时代背景

宋朝分为北宋（960—1127年）与南宋（1127—1279年），合称两宋。宋太祖赵匡胤发动陈桥兵变，建立宋朝，定都东京（今河南开封），史称北宋。南宋于1138年建立，定都临安（今浙江杭州）。

宋朝是中国封建社会继汉唐之后第三个繁荣时期，科技、文学、艺术和手工业高度发达。宋朝初期，参照前代规定了皇帝、皇太子、诸王及各级官吏的服制。宋朝因受"程朱理学"教条的影响，服饰与唐朝相比，不仅款式少有创新，而且色彩较为单调，趋向于质朴、洁净和自然。

二、意识形态对服饰的影响

两宋时期，出现了以"理学"著称的学派。它是佛教、道教思想渗透到儒家哲学后而产生的一个新儒家学派，因以阐释"义理之性"为主，故称理学，亦称道学或宋学。其中影响最大的是程颢、程颐两兄弟和南宋的朱熹，后世把他们所主张的理论称为"程朱理学"。理学认为所谓的"理"永恒存在、无所不包，先有"理"，然后产生万物，"理"统辖万物。

程朱理学曾一度成为官方哲学，因此也成为人们日常言行、是非的标准。程朱理学促进了宋人的理论思维发展，教育了宋人，使其知书识礼，陶冶了人们的情操，有力地维护了社会稳定，对两宋社会的发展起到了积极的推动作用。另一方面，程朱理学对中国封建社会后期的历史和文化发展，也产生了一定的负面影响，由于理学发展越来越脱离实际，成为于事无补的空言，成为束缚人们手脚的教条。但是程朱理学"存天理而灭人欲"的思想，对人们的审美、社会心理、民风等诸多方面都产生了深远的影响。在美学上异于唐朝豪华与放纵之风，追求"求正不求奇"，讲究色调单纯、趣味高雅，表现出对神、趣、韵、味的追求和彼此的呼应协调，形成了一代理性之美。

在此审美风格的影响下，宋朝服饰不如隋唐时期奢华、艳丽。宋人追求淡雅、恬静的理性之美，男女服饰风格平静、朴实，宋时期的当政者多次强调服饰要"务从简朴""不得奢靡"。如宋高宗主张："金翠为妇人服饰，不惟靡货害物，而侈靡之习，实关风化。已戒中外及下令不许入宫门，今无一人犯者，尚恐市民之家未能尽革，宜申严禁，仍定销金及采捕金翠罪赏格。"宋朝学者也纷纷提倡服饰要简洁、朴实。如袁采在《袁氏世范》一书中对女性着装就提出了"惟务洁净，不可异众"的要求。因此，两宋的服饰风格趋向修长、纤细，朴素无华。

三、服装习俗风尚

北南两宋时期，服装分类更加细化，不同行业有不同服装，如士、农、工、商各行有各行的职业服装，从人们的服饰上就可看出所从事的行业。孟元老《东京梦华录·民俗》中记载："其卖药、卖卦，皆具冠带。至于乞丐者，亦有规格。稍似懈怠，众所不容。其士、农、工、商，诸行百户，衣装各有本色，不敢越外。谓如香铺裹香人，即顶帽披背；质库（当铺）掌事，即着皂（黑）衫角带不顶帽之类。街市行人，便认得是何色目。"

汉族服装受契丹族服饰影响较大，汉族女子流行穿一种叫"褙子"的服装。这种来源于辽契丹服的褙子穿在身上的效果与唐朝时小衣大裙的造型截然不同，而是表现出了衣长而露短裙的廓形，女子穿上褙子会显得端庄、稳重、典雅。宋朝时女子普遍流行穿褙子，并以缠足为风尚。

宋人喜欢踢球，古称"蹴鞠"，受此运动影响，出现了户外休闲装。

第二节　男子服装

一、男子首服

（一）冠制

宋朝男子头冠巾帽名目繁多，主要有通天冠、进贤冠、貂蝉冠、獬豸冠、平天冠、矮冠、乌纱帽、直脚幞头和各种幅巾。直脚幞头为君臣通服，是宋朝男子最具特点的首服（见图7-1）。通天冠自秦汉以来一直为皇帝的礼冠，常用于郊祭、朝贺和宴会场合。貂蝉冠简称貂冠，为朝冠，是三公、亲王等达官显贵所戴之冠，特点是冠上插戴貂尾、金蝉和玳瑁等饰物（见图7-2）。进贤冠、獬豸冠来源于汉唐冠制，主要是文官和执法官吏使用。

图7-1　戴直脚幞头的范仲淹像　　　　图7-2　戴貂蝉冠的司马光像

（二）巾、帽

宋朝男子继承传统习惯，喜欢佩戴幞头和头巾。有些幞头已经完全脱离了巾帕的形式，演变成纯粹的帽子，如隋唐时的软脚幞头已经渐变成直脚幞头了，实际就是一种两面有长脚的纱帽。宋人笔记体散文《东京梦华录》《梦梁录》中记载，在当时南北各地的许多街坊，都有现成的幞头出售，有些摊贩还专以修理幞头为生。书中还描绘百姓戴巾帻包髻，并把布帛扎结成各种花状。《清明上河图》中也有不少佩戴巾帻的人物形象。宋朝文人士大夫的头巾叫"儒巾"。头巾的形制有幅巾和角巾之分。幅巾为整幅布帛制成的方形巾，角巾是有棱角的头巾。宋时文人以戴桶顶巾最流行，这是一种硬裹的高式巾，为苏轼所常戴，故名为"东坡巾"。宋时由于戴法不同出现了以人物、景物等命名的各式幅巾。如"东坡巾""程子巾""山谷巾"等，皆为宋时文人所好（见图7-3、图7-4）。

二、君臣官服

宋朝实行贵贱有品级的服装制度，官服制度沿袭唐代，主要分为祭服、朝服、公服、时服、戎服等。

（一）祭服

祭服主要有大裘冕、衮冕、鷩冕、毳冕、玄冕，其形制大体承袭唐朝并参酌汉魏，南宋以后稍有变化。

（二）朝服

朝服基本沿袭汉唐旧制，从宋朝开始，官员穿朝服，必定在袍服领口处套一个上圆下方的饰物，叫作"方心曲领"。方心曲领是用白罗做成一个圆形领圈，下面连属一个方形的饰件压在领部，使衣领平服，这一领圈来源于汉朝古制并有所变化（见图7-5至图7-7），由宋朝而延至明朝一直使用。通常官员要穿绯色罗袍或裙，再衬以白罗中襌，腰束大带并佩蔽膝，脚穿白绫袜、黑

图7-3　戴东坡巾的男子画像

图7-4　头戴幅巾，穿圆领常服袍、黑革靴的宋朝将领岳飞像/南薰殿旧藏《历代名臣像》

图7-5　带通天冠、大佩、穿朝服、戴方心曲领的男子/根据《宋史·礼志》绘制

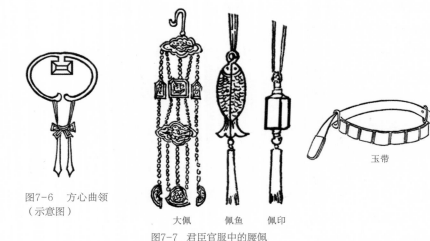

图7-6 方心曲领
（示意图）

大佩　佩鱼　佩印
图7-7 君臣官服中的腰佩

玉带

皮履。凡是六品以上的官吏，腰间都佩有一个金或银质的鱼袋以区分等级。官吏的革带标志着职位高低。皇帝、皇太子用玉带、大佩。大臣用金带，高级侍从、给事中等官员也可以服金带。有金带又佩金鱼袋的谓之重金。六品以上官员除了佩鱼袋外还要挂玉剑、玉佩作装饰。另在腰旁挂锦绶，用不同的花纹作官品的区别。穿朝服时戴进贤冠、貂蝉冠或獬豸冠，并在冠后簪白笔，手执笏板。黄色仍为帝王专用色，品级按紫、朱、绿、青依次排列。带钩仍广泛使用。

（三）公服

公服，又名"省服""从省服"。宋代公服多承袭晚唐五代样式，圆领、大袖，下裾加横襕，腰间束以革带，头上戴幞头，脚登革靴或锦履（见图7-8）。公服三品以上用紫，五品以上用朱，七品以上用绿色，九品以上用青色。北宋神宗元丰年间（1078—1085年）改为四品以上紫色，六品以上绯色，九品以上绿色。

（四）时服

时服，指宋时朝廷每年按季节赐发官宦的衣物，包括袍袄衫和服饰面料。赏赐近侍

图7-8 戴直脚幞头、穿常服的皇帝/《历代帝王图》

和文武高级官员的织锦面料叫"臣僚袄子锦"。这些织有鸟兽的锦纹面料有翠毛、宜男、云雁细锦，狮子、练鹊、宝照大锦，宝照中锦等。锦缎中的动物图

案继承了武则天时所赐的百官纹样，但较之更为具体，为后来的明朝补子服确定了较为详细的图案种类和范围。

（五）罗衫

罗衫即皇帝、大臣夏天的居家常服，以轻软素纱拼制而成，纱孔稀疏。衣襟部分的结构较有特色，衣襟上下叠压相交，形成大襟交领，用系带固定。

（六）腰佩

宋朝官服也沿袭汉唐章服的腰佩制度，但形式与内容略有不同。由原先的佩虎符改为佩鱼袋。有资格穿紫、绯色公服的官员都须在腰间佩挂由金、银或铜制成的"鱼袋"，以区别官品。腰带也是腰佩的重要组成部分，腰带分为两种：一种是由皮革制成，上面镶嵌銙，銙的材质与数量与官位有关，如皇帝为玉銙、大臣有金、银、铜质等；另一种是由绫罗绸缎等织物制成，称"勒帛"，用来系束锦袍、抱肚、裆子等。如陆游《老学庵笔记》卷二曰："长老言，背子率以紫勒帛系之，散腰则谓之不敬。至蔡太师为相，始去勒帛。"布帛腰带一般用于常服，以文人士大夫最为常见。腰带颜色丰富，有红、黄、紫、鹅黄等。

（七）戎服

戎服即备用的战时军服。宋时的戎服是在五代的基础上经过改良形成的。宋朝军队有禁军和厢军两大部分，禁军是皇家正规军，厢军是地方州县军，两种军队的戎服具有一定的差别。北宋曾公亮《武经总要》中记载，甲胄形成定制，以甲身掩护胸背，用带子从肩上系联。腰部用带子从后向前束，腰下垂有左右两片膝裙，甲上身缀披膊。兜鍪呈圆形覆钵状，后缀防护颈部的顿项。顶部突起，缀一丛长缨以壮威严。据《宋史·兵志》记载，有金装甲、连锁甲、锁子甲、黑

图7-9　宋时铠甲/根据出土陶俑、木俑及传世宋画复原绘制

漆顺水山字铁甲、明光细甲等多种铁甲，还有一种以皮革做甲片，上附薄铜或铁片制成的铁甲（见图7-9）。

三、百姓男装

两宋时期普通男子的服饰主要有襕衫、直裰、袍、襦袄、衫、裆子、道衣、褐衣、蓑衣、腹围等。

（一）襕衫

两宋时期的男子以穿襕衫为时尚。所谓襕衫，指袍衫下摆处接有一横襕的长衫，表示上衣下裳之祖制。襕衫属于汉族传统服饰之一，接近官服形制，多为百姓、士人所用。襕衫在唐朝已经出现，在宋明时最流行。襕衫为圆领或交领、宽袖、皂色缘边、皂绦垂带。士庶多着白色，特点是清新、朴实、自然。宋时百姓穿其他衫的种类也较多，有凉衫、紫衫、毛衫、葛衫、帽衫等。凉衫多为白色便服，又叫白衫，到南宋孝宗皇帝赵昚时因白衫似凶服，除乘马道途许服外，其他人不得服。此后凉衫只为吊唁凶丧时的服装，其他场合不穿。紫衫较窄短，原本是戎装，因紫色所以叫紫衫，前后开衩以便于骑马。毛衫和葛衫是用羊毛或葛麻织成的衫，帽衫是因头戴乌纱帽、身穿黑色罗制圆领衫而得名。

（二）直裰

直裰的款式类似襕衫。下摆无开剪的横襕，背部却有一条开剪的中缝，因而称"直裰"，为官员居家时穿用。百姓穿直裰，取其舒适轻便。

（三）袍

袍指有夹里或有棉絮的长衣，长至足踝，又叫"长襦"。有广身宽袖和紧身窄袖两种，秋冬季节使用，在百姓、士者中流行。南宋周瑀墓出土两件丝绵袍服，直领对襟，下摆开衩，大阔袖，以驼黄绢为里，中间絮以丝绵。

（四）襦袄

襦袄指短夹衣或短棉衣，为冬天穿用。宋朝周瑀墓就出土了一件直领、阔袖、前襟有一个丝带的丝绢男袄。

（五）褙子

宋时不论皇亲国戚，还是普通百姓都爱穿着直领对襟的褙子。褙子是男女皆穿的服装，既舒适得体，又典雅大方。

（六）褐衣

褐是粗布、兽毛或麻布制成的粗糙衣服。因为衣身狭窄，袖子较短小，所以也叫筒袖襦。短褐衣多为贫民或地位卑贱的人穿着。褐衣又是贫贱之民的代名词。

（七）裤子

百姓男子多穿有接腰的合裆筒裤，在裆底部加入三角裆衩，以便活动。裆部不缝合的开裆裤多为裙装内服所用，两侧系带。

（八）腹围

腹围是男子围腰间的一种服饰附件，不同于冕服中的"蔽膝"。宋人喜欢用鹅黄色的腹围，称为"腰上黄"。宋代岳珂《桯史·宣和服妖》："宣和之季，京师士庶竞以鹅黄为腹围，谓之腰上黄。"

（九）鞋履

宋时鞋履种类较多，从形状来看，有方头履、平头履、云头履、翘头履、高勒、低勒等；从材料看，有布鞋、丝鞋、皮鞋、草鞋、麻鞋、木屐等；从使用功能上看，有暖鞋、凉鞋、雨鞋、睡鞋、拖鞋等。宋代诗人有关于木屐的名句"山静闻响屐"，木屐在山中行走的情形便跃然纸上。丝鞋为富甲商人与贵族高官所用，宋朝宫廷还有专门制作、管理丝鞋的"丝鞋局"。一般官员穿布鞋、皮鞋。《东京梦华录·车驾宿大庆殿》中记载："宰执百官皆服……云头履鞋。"皮鞋在宋时常见，范公偁《过庭录》有"宾佐过厅，一都监曳皮鞋而前"的记载，不过宋时的皮鞋不使用鞋带。由于穿皮鞋的人较多，南宋都城临安出现了修皮鞋的小生意。百姓主要以布鞋、麻鞋、草鞋、棕鞋为主。1973年河南省焦作市西冯封村金墓出土的宋金舞俑，身穿窄袖袍，脚蹬革靴，是宋时中原与外族人常穿的鞋。另外，宋人有穿袜子的习惯，以较厚的布袜、皮袜、毡袜为主。夏季使用布袜，冬季使用皮、毡袜。市民百姓服装如图7-10、图7-11所示。

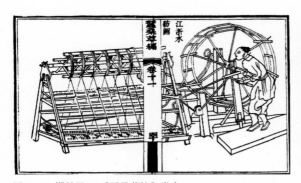

图7-10　缫丝男工/《蚕桑萃编》卷十一

图7-11　市民百姓服饰/张择端《清明上河图》局部

1975年7月，在江苏常州市金坛区的南宋周瑀墓出土30余件服饰实物，有幞头、对襟衫、圆领袍、丝绵袄、合裆裤、开裆裤、抹胸、丝绵蔽膝、围裳、绣花搭链、裤袜、锦鞋等（见图7-12、图7-13）。

图7-12 绸裤袜/江苏镇江南宋周 图7-13 菱纹绮鞋/江苏镇
瑀墓出土 江南宋周瑀墓出土

第三节 女子服装

一、皇后、贵妃、命妇服装

宋朝皇后、贵妃的冠礼服包括袆衣、褕翟、鞠衣、朱衣、钿钗礼衣等。皇后受册、朝谒景灵宫、朝会及诸大事服袆衣。妃及皇太子妃受册、朝会服褕翟。皇后亲蚕服鞠衣。命妇朝谒皇帝及垂辇时要服朱衣，宴见宾客服钿钗礼衣，一切如汉唐旧习。

宋朝命妇有官服。所谓命妇，泛称受有封号的贵族妇女，命妇享有各种仪节上的待遇，包括一品至五品高级官员的母与妻，俗称"诰命夫人"。命妇随男子官服而分等级，服装有大袖衫、襦、袄、褙子、裙、袍、褂、深衣。

宋朝大袖衫、长裙、披帛是晚唐五代遗留下来的服饰，在北宋年间依然流行，多为贵族妇女所穿，是一种礼服。虽然宋朝的宫中妇女也以窄袖服装为主，但宽衣大袖仍被视为华贵的标志。《宋史·舆服志》："其常服，后妃大袖。"《朱子家礼》："大袖，如今妇人短衫而宽大，其长至膝，袖长一尺二寸。"穿着这种服装，必须配以华丽精致的首饰，其中包括发饰、面饰、耳饰、颈饰和胸饰等。皇后、贵妃、命妇的常服多为大袖衫、长裙、褙子、披帛等。常服流行瘦与细长的廓形，与唐代的宽大廓形相反。服装配色打破了唐朝的以红紫、绿、青为主的习惯，多采用黑紫、沉香色（黄黑色）、粉紫色、葱白、银灰等。服装色调逐渐向淡雅、文静方面发展。服装面料花纹也由比较规则的唐时团花改成了折枝花纹，变得更加生动、自然（见图7-14、图7-15）。

褙子是宋时最具特色的女装，是皇后、贵妃、公主、命妇、歌舞伎和百姓女子都喜欢穿的常服，甚至男子也穿褙子服装。褙子以直领对襟为主，前襟不施襻纽，袖有宽、窄两式，衣长有齐膝、膝上、过膝、齐裙至足踝几种，穿在

图7-14 窄袖短襦、长裙披帛/根据宋人《半闲秋兴图》绘制

图7-15 插簪钗、穿短襦、长裙的贵妇及穿袍的侍女/《半闲秋兴图》

襦裙之外。因受辽朝契丹人服装影响，褙子衣身瘦窄，左右腋下开长衩，不缝合。其特点是：舒适合体、典雅大方（见图7-16至图7-18）。宋人所绘的《瑶台步月图》画作中，穿着褙子的女子尽显文静优雅。河南禹县白沙宋墓出土的壁画上女伎也穿着褙子，山西晋祠泥塑中也有穿褙子的侍女。

二、民间女子服装

普通女子服装包括襦、袄、衫、褙子、半臂、背心、抹胸、裹肚、裙、裤等。宋朝妇女讲究服饰打扮，蓬门贫女，也有一两件锦衣罗裙或几样头饰。宋

图7-16 穿褙子的贵妇/宋代刘宗古《瑶台步月图》局部

图7-17 妇女常服/根据宋画复原绘制

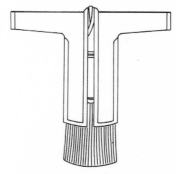

图7-18 褙子平面图/根据宋画复原绘制

133

人庄绰在《鸡肋篇》中记述："两浙妇人皆事服饰口腹，而耻营生。"这是对宋时妇女服饰浮华的真实写照。百姓女子衣着形式短小，上穿襦袄、下身配裙子最为常见，结婚后的劳动妇女下裳多穿裤。

（一）襦、袄

宋朝女子的襦与袄造型基本相同，较短小，长至腰，分大襟与对襟两种。穿短襦时喜欢将衣襟放在裙腰之外。袄，有衬里并内加棉絮。通常贵族妇女以紫红、黄色为主，用绣罗并加上刺绣。而百姓妇女多以青、白、褐色为主（见图7-19）。年纪大的妇女喜欢穿紫红色襦袄。

（二）衫

宋时女衫多用刺绣装饰，有圆领、交叉领和直领3种。袖有宽、窄两式。衣料一般用罗、纱、绫、缣等轻软的帛制成。宋词中有"薄罗衫子正宜春""白团扇底藕丝衫""轻衫罩体香罗碧"等句描绘其质地之美。

（三）半臂

半臂来源于武士铠甲服，因袖短而称之为半臂。男子多着于内，女子多着于外。

（四）抹胸与裹肚

女子内衣抹胸略短，似今用的罩杯；裹肚略长，似儿童所用的肚兜，仅有前片而无完整后片。《建炎以来朝野杂记》中记载"粉红纱抹胸，真红罗裹肚"，说明当时这两种内衣颜色十分鲜艳。

（五）裙子

宋时女裙流行"千褶百叠裙"，即百褶裙。裙子用料较多，下摆肥大。裙色一般比上衣鲜艳，裙式修长，裙子腰部由唐朝时的高腰下降到自然腰部，腰部系绸带，绸带上佩有绶环垂下，裙上绣绘图案或缀以珠玉。"珠裙褶褶轻垂地""绣罗裙上双鸳带"等句都是形容裙装配饰的，而"主人白发青裙袄"和"青裙田舍妇"等句中描写的是老年妇女或农村劳动妇女。福州南宋黄昇墓出土了实物百褶裙，腰宽69厘米、通长78厘米（见图7-20）。另外，裙中还有前后开四衩的"旋裙"，最先流行于京都妓女之中。

图7-19　穿襦裙的农妇/四川大足石刻局部

图7-20　印花罗百褶裙/福州南宋黄昇墓出土

（六）裤

汉族古裤无裆，因而外着裙。宋代妇女劳动时不着裙子而穿裤。宋代风俗画家王居正的《纺车图》中描绘了怀抱婴儿坐在纺车前的少妇与撑线老妇，皆着束口长裤。两者不同的是，老妇裤外有裙，或许是因为劳动时便利的需要，因此将长裙卷至腰间（见图7-21）。这种着装方式在非劳动阶层妇女中并未发现。

（七）袜与鞋履

袜用麻、丝、棉制成。有一种裤与袜相连的叫裤袜，有长筒和短筒之分。袜裤不仅女子使用，男子也穿用。"一钩罗袜素蟾弯"不仅显示出袜料，

图7-21　穿长裤的劳动妇女/宋《纺车图》局部

而且表明了女子缠足的陋习。在宋朝，女子缠足之风遍及民间，"三寸金莲"成了对女性美的基本要求。缠足之鞋，名叫"弓鞋"，在红色鞋帮上绣花者多（见图7-22、图7-23）。宋朝的画作中常有小脚女子形象（见图7-24）。女鞋重视鞋头式样，凤头、花头最常见。劳动妇女多天足，着布鞋、草鞋等，鞋的造型多呈平头或圆头。

图7-22　南宋妇女的翘头弓鞋/浙江兰溪南宋墓出土

图7-23　小头缎鞋/湖北江陵宋墓出土

图7-24　缠足的艺人/宋人《杂剧人物图》局部

第四节　女子发饰与面妆

一、发式和花冠

宋时女子戴冠已颇为风行，角冠、团冠、亸肩冠，形形色色，品类繁多。宋时命妇的冠帔被后世称为"凤冠霞帔"。宋朝女子流行花冠和盖头。花冠，通常以花鸟状簪钗梳篦插于发髻之上。发式和花冠是当时对美追求的重点，也最能表现宋时特点。

（一）簪花与花冠

宋朝妇女喜欢在发髻上戴鲜花，以牡丹、芍药为多。妇女头上簪花并形成了一系列模式。例如，穿紫衣服，簪白花；穿鹅黄衣服，簪紫花；穿红衣服，簪黄花。有的上着紫衫，下穿橘红长裙，头簪紫花。逢年过节时，妇女们都特意打扮一番。周密在《武林旧事·元夕》中写道："元夕（正月十五日夜）节物，妇女皆戴珠翠、闹蛾、玉梅、雪柳……而衣多尚白，盖月下所宜也。"闹蛾是一种妇女的头饰，用金纸剪成蝶形，以朱粉点染。玉梅是用白绢制的梅花。雪柳是用纸或绢制成的柳枝。南宋诗人杨万里诗曰："春色何须羯鼓催，君王元日领春回。牡丹芍药蔷薇朵，都向千官帽上开。"

宋朝妇人流行戴花冠。所谓花冠，是用金银珠翠制成多种花鸟、簪钗、梳篦，插在高大的冠上而形成一种冠式（见图7-25）。还有用罗、绢、金、玉、玳瑁制成桃花、杏花、荷花、菊花等花卉，插在高大的冠上。把这种一年四季的花卉合在一起嵌在冠上的，称为"一年景"（见图7-26、图7-27）。花冠的形状高大，高三尺，宽与肩等，垂于肩齐，梳长一尺，饰以金银珠翠、彩色装花。这种冠先前用漆纱制作，宋仁宗时，宫中用白角为冠，加白角梳。《宣和遗事》描述宋徽宗眷恋的妓女李师师有"亸肩鸾髻垂云碧"的打扮，冠后屈四角下垂至肩，谓之亸肩，戴这种冠坐轿子需侧着脑袋才能坐进轿门。南宋时，宫中还流行簪戴琉璃花，民间也争相仿效。《宋史·五行志》记载："里巷妇女以琉璃为首饰……都人以碾玉为首饰。"《武林旧事》记载："京师禁珠翠，天下尽琉璃。"

图7-25　戴凤冠、装耳饰的宋皇后

图7-26　戴花冠的女子/《宋仁宗皇后像》/台北"故宫博物院"藏

图7-27　装花冠的女子

（二）发式

妇女发式多承晚唐五代遗风，以高髻为尚，也就是将头发盘上头顶挽髻，犹如一朵彩云，故名云髻。所谓"髻挽巫山一段云"，即在面颊两旁的鬓发上撑起金凤；而一般人家的妇女，买不起金凤，就用五色纸剪制衬发。在福州南宋黄昇墓中曾出土了高髻的实物，此种高髻大多掺有真人头发，使用方法类似于今天的头套。当时称为"特髻冠子"或"假髻"。不同式样的假髻，可供不同层次的人物在不同场合下选择使用。由于假髻使用范围日益广泛，在一些大都市，已经设有专门生产和销售假髻的店铺。宋徽宗时，汴京妇女"作大髻方额"。政和、宣和之际，"尚急把垂肩"。北宋流行的一种妇女高冠，高不能过七寸，广不能过一尺。宣和后"多梳云尖巧额，鬓撑金凤"。这些发型中有朝天髻、包髻、三丫髻等。

1. 朝天髻

此种发型是最富宋代特色的一种高髻。《宋史·五行志》记载："建隆初，蜀孟昶末年，妇女竞治发为高髻，号朝天髻。"在山西省太原市的晋祠圣母殿宋朝彩塑中可以见到此种发髻的典型式样。其做法是：先梳发至顶，再编结成两个对称的圆柱形发髻，伸向前额，在髻下垫以簪钗等物，使发髻前部高高翘起，再在髻上镶饰各式花饰、珠宝。整个发式造型浑然一体，别具一格（见图7-28、图7-29）。

2. 包髻

将发髻定型后用绢、帛一类布巾加以包裹，形成各式花形或云朵形状，再饰以鲜花、珠宝等饰物（见图7-30、图7-31）。在四川大足石刻和山西太原晋祠彩塑中可以见到包髻发式。

图7-28　宋时女子朝天髻发式/
山西太原晋祠圣母彩塑宫女　　　　图7-29　后高髻式发型

图7-30　女子包发髻、　　　图7-31　包发髻的女子
装花饰

3. 假发、三丫髻、螺髻

在头发中加添假发，叫髲髢。宋代假发的形式很多，如"芭蕉""龙蕊""大盘""盘福"等。另外，还有三丫髻，即梳三髻于顶。螺髻，头发盘成螺形。双鬟髻，头发梳成中空环形垂两耳旁。儿童理发留一小块头发于顶左者称"偏顶"，留于顶前以丝绳扎缚者称"鹁角"。北宋后期，女真族束发垂脑的发式影响到宫中及民间，称"女真妆"。

（三）盖头

盖头源于南北朝时期的妇女出门遮面、蔽尘的幂巾，是采用棉、绸或丝一类织品制成的方巾，可戴在头上；垂于肩背，遮住头面和脖项。早期为黑、紫、白色，后以红色纱罗蒙面，作为成婚之日新娘必着的首服，此习惯一直延续到20世纪初。宋代周辉《清波别志》卷中："士大夫于马上披凉衫，妇女步通衢，以方幅紫罗障蔽半身，俗谓之'盖头'。"

二、面妆

宋初女子化妆沿袭晚唐五代时期风格和样式，如眉型有倒晕眉、分梢眉，重视面部化妆等。妇女采用各种规格形状的黛块，用时只需蘸水即可，无须研磨。因为它的模样及制作过程和书画用的墨锭相似，所以也被称为"画眉墨"。此时的妆粉已经制成粉块状，每块直径3厘米左右。从福建福州出土的南宋妆粉看，妆粉被制成特定形状的粉块，有圆形、方形、四边形、八角形和葵瓣形等，上面还压印着凸凹的梅花、兰花及荷花图案。关于画眉墨的制作方法，宋人笔记中也有叙述，如《事林广记》中说："真麻油一盏，多着灯心搓紧，将油盏置器水中焚之，覆以小器，令烟凝上，随得扫下。预于三日前，用脑麝别浸少油，倾入烟内和调匀，其墨可逾漆。一法，旋剪麻油灯花用尤佳。"名曰"画眉集香丸"。宋时女子唇上普遍涂有口红，采用胭脂施彩。面部妆粉则使用石膏、滑石、蚌粉、蜡脂、壳麝、香料及益母草等材料调和而成，美名曰"玉女桃花粉"。就眉妆而言，细长的眉形取代了阔眉，成为流行的时尚。

宋时妇女流行檀晕妆，檀晕即浅绛色，与眉旁的晕色相似，故得名（见图7-32）。宋代苏轼《次韵杨公济奉议梅花十首》之九："鲛绡剪碎玉簪轻，檀晕妆成雪月明。"宋代陆游《和谭德称送牡丹》："洛阳春色擅中州，檀晕鞓红总胜流。"

图7-32　檀晕妆、插簪钗、穿襦裙、披帛的妇女/《妃子浴儿图》局部

第五节　服装面料与纹样

两宋时期，通过与北方民族的妥协换来了暂时的和平，经济的发展超过了晚唐与五代，庞大的财政收入依赖于经济发展，尤其是商品经济的发展。其中，丝织印染业发展迅速，服装面料产量较大，大量织锦用于向北方契丹、蒙古族人纳贡或者贸易。从宋墓出土的服装实物来看，当时虽然有战乱，但宫廷生活依旧奢华。北宋初年，宋朝皇家仪仗队都穿锦绣的服装，后来就改用印花代替。洛阳贤相坊民间也有著名的李姓印花刻版艺人，被称为"李装花"。《苏州纺织物名目》中讲到南宋时期，嘉定安亭镇有归姓者始创药斑布，"以布夹灰药而染青；候干，去灰药，则青白相间。有人物、花鸟、诗词各色，充衾幔之用"。药斑布又名浇花布，是现今民间蓝印花布的前身。

宋时服装面料，以丝织品为主，品种有织锦、花绫、纱、罗、绢、缂丝等。宋代织锦以成都蜀锦最为有名。图案花纹有花卉纹、几何纹、人物场景纹、花鸟纹、动物纹、吉祥纹样等。花卉有如意牡丹、芙蓉、重莲、真红樱桃等；几何填花的有葵花、簇四金雕、大窠马打毬、雪花毯路等；人物题材以人物场景为主；花鸟题材有真红穿花凤、真红大百花孔雀、双窠云雁、青绿瑞草云鹤等；动物题材有狮子、云雁、天马、金鱼、鸂鶒、翔鸾等；几何纹有龟纹、曲水、回纹、方胜、波纹、柿蒂等。当时的服饰图案受画院派写生花鸟画的影响，纹样造型趋向写实，构图严密。服饰纹样风格对明清时期的影响非常大，无论是题材还是造型手法，几乎都形成了一种程式化的表现（见图7-33）。

图7-33　北宋童子攀藤纹绫/湖南省衡阳宋墓出土

缂丝技艺在宋朝得到发展。所谓缂丝，是一种经纬交织的丝织品，是采用经彩纬显的花纹制作的手工技术，是我国传统丝绸艺术品中的精华。缂丝花纹边界具有雕琢镂刻的效果，富有立体感。由于是纯手工制作，所以产量较少，只提供给皇家御用，或用以织造皇后服饰以及摹缂名人书画等。因织造过程极其细致，摹缂常常胜于原作，而存世精品又极为稀少，有"一寸缂丝一寸金"和"织中之圣"的盛名。

第六节　小　结

随着两宋程朱理学思想的盛行，唐朝那种能动的对外在世界的探索与感受渐渐转为被动的对内在精神世界的感受与体验。服饰的伦理功能得到加强，这种功能凌驾于审美之上。宋朝聂崇义撰写《三礼图》，详细地考证了古代的礼仪制度，以"恢尧舜之典则，总夏商之礼文"成为宋朝及后世恢复旧制的蓝本。服饰的等级意义在唐朝得到削弱后，在宋朝又得到加强。妇女服饰追求"唯务洁净，不可异众"。宋朝初年，皇帝为了倡导俭朴，将宫中妇女的金翠首饰在街上烧毁。整体观之，宋朝服装样式保守、拘谨，女子裙摆紧收掩足、领口小，女子外出时要带盖头、帷帽。两宋时期，由于政治、经济、文化等诸多方面的影响，宋人开始崇尚淳朴、淡雅之美。服装从华丽开放走向了清雅、内敛。对女性仪表美的要求渐渐颠覆了唐以来的丰腴的审美要求，而倾向文弱清秀、削肩、平胸、柳腰、纤足。宋朝女性流行戴"花冠"，花冠制作精细考究。

缠足之风在宋朝已经遍及民间，"三寸金莲"成了对女性美的基本要求。妇女大部分缠足，凡是女孩长到5岁时，母亲要用布帛紧扎双足，把脚裹成红菱形或新月形，使足骨变形，脚形尖小为美。朱熹提出"饿死事小，失节事大"，他曾令妇女鞋底装上木头，使行动有声，便于觉察或防止私奔。

北宋张择端的《清明上河图》描绘了北宋京城汴梁清明时节各阶层居民生活的情景，反映了当时人们的风俗习惯。从中可以看出百姓头戴巾、斗笠，上穿袄、衫，下穿裤的形象。行业不同，穿衣也不同。男子上身穿圆袍衫，下身着裙或裤。孟元老《东京梦华录》中也描述了北宋汴梁人的衣着情况，如卖药、卖卦之人都有具体的职业服，士、农、工、商各有本色服装。

宋代军队作战时穿铠甲。铠甲上面缀有金属薄片，可以保护身体。铠甲分为披膊、甲身、腿裙、兜鍪等，由皮线穿连。一副铁铠甲，有的重达49斤左右。此外，皮制的战衣叫"皮笠子""皮甲"，还有战袄、战袍等。

第八章
辽、金、西夏、元朝服装

第一节　辽契丹族服装

宋朝时期与宋并存的政权有辽、金、西夏、吐蕃、蒙古汗等国。契丹族、女真族、党项族、蒙古族都生活在中国的北部地区，他们同汉族之间在经济上、文化上都有较多交流，在衣冠服饰上互为借鉴，又各具鲜明特点。由于北方地区寒冷，辽地区的服装多以皮制为主。冬季无论富贵贫贱，都穿皮毛服装，衣、帽、裤、袜大多用兽皮制成，以抵挡风寒的侵袭，服饰反映了地理环境和气候的影响。

一、辽代背景

辽（907—1125年），也称辽国、大辽、契丹，是以契丹族为主体建立的统治中国北部的封建王朝。辽国原名契丹，后因其居于辽河上游而称为"辽"。

辽代的契丹族可以追溯到古代的鲜卑人，今天契丹族已经与其他民族融合而不复存在，但契丹族人的习俗与服饰同样是我国服装史上的重要组成部分。

辽代统治者受汉族影响创立新的服制，契丹族官吏穿本民族服装，汉族官吏仍穿汉服。乾亨年间（979—983年）服制有所变化：三品以上的契丹族官吏在举行隆重典礼时也着汉服。官服分两种：皇帝及汉族臣僚着汉服，皇后及契丹族臣僚穿契丹服。重熙元年（1032年）以后，大礼都改着汉服。辽代皇帝和宋代皇帝对待异族服饰的态度不大相同，宋代皇帝采取禁止胡服流传的强硬做法，而辽代皇帝对汉服采取吸收宽容的态度。

二、辽代契丹族服饰习俗

辽代契丹男女喜好皆佩戴耳环、耳坠等饰物，而较少戴头巾者。少女也髡发，嫁后留发梳髻，妇女面妆流行以黄色涂面，额间系以丝带。

三、契丹族男子服装

（一）男子首服

1. 巾帽

辽代对佩巾的限制十分严格，除王室贵族外，普通契丹人需要缴纳重金方可佩带幅巾，所以戴者较少。辽墓壁画中大多是髡发露顶的人物形象，凡壁画中扎裹巾幞头的侍仆者多为汉人。《契丹国志》记载："契丹富豪民，要裹头巾者，纳牛驼十头，马百匹，并给契丹名目，谓之舍利。"由此可知契丹人裹巾代表等级身份，有品级的官吏才允许使用裹巾。富豪要想取得戴巾的资格，也需向政府献纳大量财富才行。

辽代契丹贵族冠式以金冠为主，金冠分两类：一类是"金文金冠"，为皇帝所专用；另一类是"鎏金银冠"，为契丹贵族臣僚所用。还有一种叫金花毡冠，也是辽代上层贵族所用冠。近年来，在不少辽代契丹贵族墓葬中均有金冠实物出土。纱冠与无饰毡冠是契丹人夏季戴的一种凉帽，也为契丹上层官贵或富人所用。无附饰的毡冠又称"毡笠"，为契丹庶民所用，也是契丹人最常用的冠式。相邻的北宋地区也有流行，以致宋庭曾颁诏禁用。

2. 髡发

髡发指剃发，将头顶部分的头发全部剃光，只在两鬓或前额部分留少量余发垂下。男子髡发样式有十几种，有的在额前蓄留一排短发，有的在耳边披散鬓发，也有将左右两绺头发修剪整理成各种形状然后下垂至肩。从传世的《卓歇图》《契丹人狩猎图》《胡笳十八拍图》及辽墓壁画中都可看到具体形象。髡发是契丹人的特色标志。库伦旗辽墓壁画和辽庆陵的圣宗墓彩色壁画上描绘了众多服饰不同的辽代文臣、武将、侍从和乐伎。其中穿契丹服的男子都髡发。契丹人髡发的习惯与其生活习性有关。契丹建国前的社会生活状况是"随水草畜牧""食肉衣皮"，草原游牧风沙极大，而且水源又少，洗头很不方便，头发剃去便于清洗，干净利落（见图8-1、图8-2）。

图8-1 契丹人髡发图① 图8-2 契丹人髡发图②

3．剃须

契丹成年男子不仅髡发，而且还流行剃须或剪须。契丹男子很少有蓄长须的，剪须成三绺小胡须，或八字须还有一种是只在鼻下嘴上之间，蓄一撮短须（见图8-3）。辽建国后采取"以国制治契丹，以汉制待汉人"的政策，一度国势兴盛。随着辽代国力日渐强盛，对其他民族影响日甚。契丹人只保留短小胡须的做法，也明显有别于中原人以长髯为美的传统文化习俗。

图8-3 玩双陆棋的契丹人/根据辽墓壁画绘制

（二）男子服装

1．官服两制

辽代契丹人称本族服饰为"北班服装"，也叫国服；称汉族样式的服饰为

"南班服装"。南班服装受汉服影响大，但也保留了本民族的一些特点，如使用蹀躞带，上有套环，可佩挂随身应用的物件。在契丹族男子的服饰上反映了两民族的相互影响。辽代参考汉制，制定本民族的"衣冠之制"，分为朝服、公服、祭服、常服、田猎服等。冬季契丹君臣大多喜欢穿貂裘。皇帝穿最名贵的是"银貂裘衣"，大臣穿紫黑貂裘，下属穿沙狐裘等。契丹族以祭山为大礼，大祀时皇帝头戴金冠、身着白绫袍，束红带、佩鱼袋、带犀玉刀，足着乌皮靴。而田猎时戴幅巾，穿戎装，腰上有捍腰带。臣僚戴毡冠，饰金花，加珠玉翠毛。也有戴纱冠的，类似汉族乌纱帽。高龄老臣，一般服锦袍、金带。三品官以上戴的是进贤冠，三梁，加宝饰；五品官以上，其冠二梁，加金饰；九品官以上，其冠一梁，无饰。

2．契丹男子袍服

辽契丹男子袍服的特点是圆领、窄身窄袖，开襟左衽、无缘饰、疙瘩襻扣，衣长膝盖下，露出皮靴；袍带于胸前系结，下垂至膝；袍身采用后开褉于臀下，开褉处在平时是用扣子扣住的，只有在骑马时解开，将袍襟搭盖于双腿之上，护腿防寒；裤子在袍内，裤腿塞在靴中，袍内穿衫袄。契丹袍夏用布帛、冬用裘皮制成。贵族阶层的长袍，大多比较精致，袍服通体绣花纹，多以折枝花为主。辽袍颜色比较灰暗，有灰绿、灰蓝、赭黄、黑绿等几种（见图8-4）。

图8-4　辽朝契丹袍/根据辽墓壁画绘制

3．裘衣

辽契丹裘皮衣服分两种：一种是带毛的裘皮；另一种是不带毛的板皮衣。前者为贵族使用，后者百姓多使用。

4．戎服

契丹人以骑兵骁勇善战而著称。辽代戎服具有便于骑射的特点。战衣有金镀铁甲、银镀铁甲、貂帽貂裘甲。辽代精锐骑兵是鹘军，遇到军情时吹起号角招之即来。士兵身披铁甲，犹如鹘鹰般迅捷。调动兵马则用银牌，上刻契丹"宣速"两字，使者执牌奔马，日行数百里。人们见牌犹如契丹主亲临。持牌者在索取财物时无人敢违抗，这些持牌者被称为"银牌天使"。

5．男子民服

男子冬季多穿貂袄、羊皮或狐皮外衣，足着乌皮靴以求保暖。平时则着圆领开骻契丹袍。辽朝百姓服装呈现出多元化，本民族服饰与汉族服饰交织在一起。这一点在吉林库伦旗辽墓壁画和河北省宣化辽墓壁画上均有表现。

四、契丹族女子服装

（一）女子首服

1．发型

契丹女子的发式简单。女子未出嫁时髡发，出嫁后则开始留发，嫁后梳髻。一般是将头顶部分的头发全部背光后盘髻，只在两鬓或前额部分留少量的余发作装饰。女子额间以带扎裹。1993年发掘的河北宣化下八里五号墓，壁画中绘有契丹髡发女童，她手持唾盂，身穿绿色交领衫，脑顶束起一撮头发，周围剃光，额上及双鬓留长发，垂于耳前（见图8-5）。和契丹男子所不同的便是头顶中央留一块发以束髻。在北京市昌平陈庄辽墓出土的女陶俑属于这种发式。

图8-5　契丹少女髡发/根据辽墓壁画绘制

2．面妆

契丹女子喜欢以黄色或金粉涂面，称"佛妆"。宋朝朱彧《萍洲可谈》记载："先公言使北时，见北使耶律家车马来迓，毡车中有妇人，面涂深黄，红眉黑吻，谓之佛妆。"《坚瓠补集·匀面尚黄》中有"辽时，燕俗妇人有颜色者，目为细娘……宋人彭汝砺诗：'有女夭夭称细娘，真珠络髻面涂黄'"的记载。此外，契丹妇人喜好贴面花，最流行一种鱼形的面花。《辽史拾遗》中记载："契丹鸭渌水出牛鱼鳔，制为鱼形，赠遗妇人贴面花。"

3．首饰

辽契丹人喜好佩戴耳环或耳坠等耳饰及璎珞、项饰、手镯、指环。耳环样式多，最为繁华，饰物精美，用材名贵，多以金、银、铜、名玉镶嵌装饰，显示了北方草原民族独具特色的妆饰艺术。摩羯耳环、琥珀璎珞、盾面指环为契丹人所特有，且男女皆可使用。耳饰的凤鸟、飞天造型，手镯表面的花蝶、婴戏及缠枝花装饰题材与唐宋头饰艺术一脉相承。金步摇、镯端的金龙首造型及环面的立体动物装饰，则体现了与北方草原金器传统的关联。而唐宋盛行的插梳习俗和宋朝异彩纷呈的簪、钗等，在契丹人中很少使用。契丹人喜欢佩戴的指环、璎珞、项链，在唐、宋时期的汉族人也较少见到。辽墓壁画中的耳饰，如图8-6所示。

图8-6 皂纱笼髻、鱼形金耳饰的人物形象/内蒙古库伦辽墓壁画

（二）女子服装

1. 团衫

辽契丹族和金朝女真族女子的上衣，俗称"团衫"。衣体宽肥、直襟交领、无缘饰，两侧腋下多襞积、侧缝有开衩，常用罗、纱、锦、布帛制成。色彩用红、黑、灰、淡黄、白色。贵族妇女团衫上有刺绣和印花，多为缠枝花卉、水鸟、莲花、兽纹等（见图8-7）。

2. 襜裙

襜裙是辽契丹妇女喜穿的一种罩在裤子外面的薄裙。襜裙一般裁剪成半圆形，围合在身前形成两道交互叠映的弧缘，在腰部打满密密的细褶，形成上窄下阔的扇形，下摆膨胀的多褶裙，有轻、透、飘逸和蓬大的效果。关于团衫与襜裙，《金史·舆服志》记载：契丹"妇人服襜裙，多以黑紫，上遍绣全枝花，周身六襞积。上衣谓之团衫，用黑紫或皂及绀。直领左衽……前拂地，后曳地尺余，带色用红黄，前双垂至下齐。年老者以皂纱笼髻如巾状，散缀玉钿于上，谓之玉逍遥。此皆辽服也，金亦袭之"。图8-8所示为朝阳博物馆藏的辽契丹穿左衽长袍的叉手女侍俑。

图8-7 穿团衫、长裙的妇女/河北宣化辽墓壁画

图8-8 穿左衽长袍的叉手女侍俑/辽宁朝阳孙家湾辽墓出土

3. 文胸

文胸也叫胸衣。考古学家从赤峰市敖汉旗新惠镇蒙古营子村一座辽墓中发现了丝织品的契丹服饰和契丹妇女使用的文胸残片，是用黄色细绢做的，缝制精细，并在两层绢间加细棉，文胸上有两条背带和两条胸带，还有精致的绣花，与现代妇女的文胸类似，反映了1000多年前辽代妇女的文明、开放程度。

4. 捍腰

捍腰也称扞腰，是契丹人颇具民族特色的服饰品，属于腰部饰物。捍腰前部高而后部窄，两侧用云头等纹用皮革制成，围在腰间。在已发现的辽贵族墓中常见到"银鎏金凤纹捍腰"。

5. 钓墩

钓墩是指一种契丹人使用的套裤，只有两条裤管，无腰无裆。契丹妇女裙内多穿裤。裤有合裆长裤和分裆套裤。内用的分裆套裤称"钓墩"或"吊墩"。叶茂台辽墓曾出土了这种老年契丹妇女使用的钓墩。

6. 鞋履

契丹女子不缠足，冬季穿圆头高勒靴，并染成不同色彩。夏季穿圆头麻布鞋、丝履和蒲草鞋。受汉族女鞋所用材料的影响，也用丝履材料制鞋，有矮勒靴和敞口鞋。在河北辽代墓室壁画人物有穿白衫裤者，足着白色系带矮勒鞋，裤腿塞在靴中。辽契丹贵族随葬时，流行使用金花银靴或铜丝网络鞋。1985年，内蒙古通辽市奈曼旗辽代陈国公主墓出土的铜丝网络鞋，工艺精湛，令人叹为观止。

五、服装材料与纹样

契丹服饰材料主要有皮、麻、棉、丝绸、锦缎、缂丝织锦等。服饰纹样有展翅欲飞的大雁、啼鸣的小鸟、盛开的荷花，还有龙、凤、孔雀、宝相花、璎珞等。辽宁法库叶茂台辽墓出土的棉袍上绣有双龙、簪花羽人骑凤、桃花、鸟、蝶等图案，说明了契丹与汉族之间的密切联系。从赤峰辽驸马墓出土的实物和山西辽墓出土的衣服面料上看，契丹服饰与北宋汉族服饰在纹样风格上相一致。

从辽耶律羽之墓中发现了团窠卷草对凤织金锦、绢地毬路纹大窠卷草双雁绣、黑罗地大窠卷草双雁蹙金绣、罗地凤鹿绣、簇六宝花花绫等，说明了契丹服饰受到宋时代团窠和宝花图案的影响较大。龙纹是汉族的传统纹样，在契丹族男子的服饰上也有出现。萧太后的外罩是黄色袍子，可见辽代皇后的服饰也亦步亦趋地汉化了，反映了两民族之间的相互影响。

第二节　金女真族服装

一、金代背景

金（1115—1234年），也称大金、金国，是东北地区的女真族建立的一个政权，创建人是金太祖完颜旻，建都会宁府（今哈尔滨市阿城区）。金于1125年灭辽，次年灭北宋，后迁都至汴京（今河南开封）。1227年蒙古灭西夏后，在蒙宋夹击之下，于天兴三年（1234年）灭亡，享国119年。

金初期，强制北方汉人穿女真衣装，禁民汉服，后又禁女真人学南人的装扮。但是在长期的各民族交往中还是无法全面禁止，后来政策有所松懈。不仅女真人学汉人衣装，女真衣装也在汉人中流行，而且女真衣装也传到南宋。金与辽一样，考虑到与汉族杂处共存的现实，都曾设"南官"制度，以汉族治境内汉人。金曾附属辽200余年，早期服饰中借鉴了契丹服装样式，但服饰大体保持女真族形制。入主中原后，金比辽的汉化程度更高些。所以，金男女服饰具有契丹、女真、汉族三合一的综合特征。

女真人进入燕地，开始模仿辽国分南、北官制，注重服饰礼仪制度。后进入黄河流域，吸收宋朝冠服制度。如皇帝穿冕服、戴通天冠、着绛纱袍；皇太子戴远游冠；百官朝服、冠服包括貂蝉笼巾、梁冠、獬豸冠等，大体与宋制相同。

二、金女真族服饰习俗

金朝女真人尚白色，女真族百姓多穿白袍。《金史》载"金之色白，完颜部色尚白"。后世满族仍有尚白之俗，并以白为贵。白色与冬季狩猎时的保护色有关。女真族的将士也用白盔、白甲。因此上京会宁府又被称为白城。金朝女真族在举行燕宴时，亲朋好友之间有互相交换衣帛的习俗。

三、金女真族男子服饰

（一）官服

女真官服和辽契丹人相似，受北方寒冷气候的影响，衣服以毛皮为主。入居中原后，执政者参考了汉族官服制度，颁布了新的服制，有朝服、常服之分。官员典型服饰为身穿盘领袍，腰系革带，脚着乌皮靴，所不同的是开襟皆为左衽。作为政治和军事编制单位的猛安谋克户率先穿用汉服，女真贵族也学着汉族统治者把衣服及颜色分等级。如公服五品以上服紫、六品七品服绯、八品九品服绿，款式为盘领横襕袍。文官佩金银鱼袋。金朝卫兵、仪仗戴幞头，形式有双凤幞头、间金花交脚幞头、金花幞头、拳脚幞头、素幞头等。春夏衣服用纻丝制成，秋冬服装多用貂鼠、狐、貉、羔皮制作。贵族头裹皂罗巾，在方顶皂罗巾的十字缝中加饰珍珠。金朝将领头戴翻毛皮帽，身穿窄袖袍服，领、袖等处还露出一寸长短的皮毛，即所谓的"出风"。衣服外的腰间佩有箭囊，下穿套裤并放在靴筒之内。大定十六年（1176年），金世宗认为官员与士民的服饰区别不大，不易检查，决定改为悬书袋制。所谓悬书袋制，即在官吏束带上悬书袋，作为官服区别于民服的标志。书袋的质料、颜色因品级不同而区分。如省、枢密院令、译史悬书袋用紫纻丝制成，台、六部、宗正、统军司、检察司用黑皮制成，寺、监、随朝诸局并州县，用黄皮制成，悬书袋长七寸、宽两寸、厚半寸，公退时悬于便服，违者将受到官厅机构的查处。

（二）发式

男子剃去头顶前发，"半去半留"，颅后编成一条大辫子垂在肩上，以彩色丝带系之。富人使用金耳环。灭辽、宋后男子喜好裹各式各样的巾，叫逍遥巾。冬戴帽、夏戴笠或裹头巾，各随所好。《大金国志》记："金俗好衣白，辫发垂肩，与契丹异。垂金环，留颅后发，系以色丝，富人用金珠饰，妇人辫发盘髻，亦无冠。"

（三）男子民服

秋冬皆以兽皮做衣裤，春夏以麻布为之，盘领式。服装多为短襟、紧身、窄袖，皆左衽。入主中原后富人春夏以丝绵绸为衫裳材料，也有用细布为之；秋冬以貂鼠、青鼠、狐貉皮或羔皮为裘。平民春夏以麻布做衣裤，秋冬以牛、马、猪、羊、猫、犬等皮为衫。裤、袜也皆以皮为之。服装颜色与环境接近，可以起到保护的作用，冬天多喜用白色，春天则在上衣上绣以"鹘捕鹅""杂花卉"及山林动物纹样，具有麻痹猎物、保护自己的作用（见图8-9）。

（四）戎服

金朝将士的兜鍪（头盔），多用皮革制成，只露出面目。铠甲有红茸甲、碧茸甲、紫茸甲、黄茸甲等，由丝线、皮条连接铁片而成，因此箭难以贯入。仪卫官吏戴金蛾幞头、穿锦花袍，用金镀银束带。护卫将军穿紫窄袖衫，束金属带，腰悬弓矢（见图8-10）。

图8-9　金朝女真族猎人/根据辽墓壁画绘制

图8-10　契丹男子袍服/金·张瑀《文姬归汉图》

四、金朝女子服饰

（一）女真族女装

女真皇后、嫔妃冠服与宋代相仿，如龙凤冠、云纱帽、袆衣、蔽膝、大小绶、玉佩、青罗舄等。贵族命妇披云肩，五品以上母妻可披霞帔。冬季贵妇人多戴羔皮帽，喜欢用金珠装饰。金规定，没有官爵的平民只许穿粗绸、毛褐、无纹素罗的衣服，头巾、腰带、领帕只许用芝麻罗等面料。《金史·舆服志下》记载："奴婢只许服绝䌷、绢布、毛褐。"艺人如果有迎接、公宴等应酬活动，可暂时穿上有绘画图案的衣着，而平时与百姓一样。富人春夏多以纻丝、锦衲为衫裳，也用细布；秋冬为貂鼠、狐貉或羔皮。贫者春秋并穿衫裳，秋冬也以牛、马、猪、羊、犬、熊之皮为衫、裤。普通妇女穿无领、左衽、窄袖袍，着团衫、穿褙子，以黑紫色最为流行。老年妇女用皂色，多穿左衽交领式袍。

（二）发式

妇女辫发盘髻，即头上多有辫发而盘髻。金夺取宋地后，有裹逍遥巾的，即以黑纱笼髻，上缀五钿，冬戴羔皮帽（见图8-11）。《金史·舆服志下》记载："自灭辽侵宋，（头）渐有文饰，妇人或裹逍遥巾，或裹头巾，随其所好。"

（三）服饰材料及图案

金时刺绣、缂丝、织绣技术有很大发展，从事工艺制作的匠人社会地位提高，专业化的制作也使织物饰品更加精美。这一时期的服饰面料、图案、饰品风格细致，在造型上也更趋写实。金

图8-11　叶赫部公主——叶赫那拉·布喜娅玛拉（东哥）画像

女真人服饰经常绣禽鸟、杂以花卉，以熊鹿山林为题材，这与女真族生活习俗有关。金朝仪仗服饰，以孔雀、对凤、云鹤、对鹅、双鹿、牡丹、莲荷、宝相花为饰，并以大小不同区别官阶高低，题材与唐宋时期汉族装饰图案相类似。《金史·舆服志》中就有女真族服饰"以熊鹿山林为文"的记载。鹿的图案大量被采用，除其本身的外形较为优美、便于用作装饰外，还有一个原因就是鹿与汉字的"禄"同音，富有吉祥之意。

第三节　西夏党项族服装

一、西夏背景

西夏是11世纪初由党项人在中国西北部建立的王朝，首都兴庆府（今宁夏银川市）。1038年，李元昊建国，号称"大夏"。又因其在西部，世称"西夏"。西夏共经10帝，先后与宋辽、宋金鼎立，在我国中古时期形成了微妙复杂的新"三国"局面。西夏在1227年被蒙古军队灭亡。

二、党项族的服饰习俗

西夏党项族有秃发的习俗。后来受汉族习俗的影响，也学汉人结发。李元昊执政后，颁布"秃发令"，推行党项族的传统发式，男子统一秃发，不秃发

者要受严惩。在已出土的西夏瓷人像中就有反映西夏秃发的人物形象。

三、西夏男子服饰

（一）官服

　　早期西夏的官服便是戎服，这一点与辽契丹军服、金女真军服相类似。党项族原本是一个"衣皮毛，事畜牧"的游牧民族，随着与汉族的接触与交往，封建化的步伐加快。服饰也经历了从"衣皮毛"到"衣锦绮"的过程。西夏皇帝的服饰，早期与中后期有所不同。开国皇帝李元昊"少时穿长袖绯衣，冠黑冠，佩弓矢"，继位以后"始衣白窄衫，毡冠红里，冠顶后垂红结绶"。西夏中后期，各皇帝受宋王朝皇帝服饰的影响，身穿交领衣，下穿裙，腰系大带，蔽膝，外穿直领宽袖长袍，头戴尖顶金冠，冠上镂刻有花纹。由此可以看到，服装与中原皇帝相近，但冠饰保持自己民族的特色。西夏受宋代礼仪制度的影响，对帝王、皇室、文武百官的朝服、常服等作了严格的规定。如文职要戴幞头、穿靴、佩笏、紫衣、绯衣，这些规定与唐宋文官的服饰相似（见图8-12）；而武官的服饰则具有本民族特色，与中原服饰有一定的区别，武职戴金帖起云镂冠、银帖间金镂冠、黑漆冠，衣紫旋襕，金涂银束带，垂蹀躞，佩解结锥、短刀、弓矢，而便服则是紫皂地绣盘毬紫花旋襕，束带。这是由于西夏初期文职官员多为汉族，而武职官员以党项族为主的原因。

图8-12　男子汉制袍服/甘肃安西榆林窟第29窟南墙北侧壁画

（二）男子民服

　　西夏平民服饰以圆领窄袖袍为主，腰束革带或袒露肩膀，劳动时穿短衫、短襦，下摆卷扎于腰间，下着小口长裤，将裤塞入靴中，或绑腿或卷起裤口（见图8-13）。秃发或戴毡帽，足穿靴子、麻布鞋、草鞋等。甘肃安西榆林窟第3窟内室东壁南端画有写实的犁耕图、踏碓图、锻铁图、酿酒图，可见到西夏一般劳动者的着衣情况。

（三）色彩与图案

　　西夏的服饰制度严格，《天盛律令》对西夏官员、僧道、庶民的服饰颜色

图8-13 穿短襦、短袍的男子/西夏党项人生活场景示意图（根据辽墓壁画绘制）

图8-14 西夏王妃供养图/甘肃安西榆林窟第29窟局部

有严格的限制。皇帝衣冠有专用的颜色、特殊的装饰图案花纹和贵重饰物，而其他人不得使用，违者处以徒刑。如石黄、杏黄、石红的衣服及日、月、团身龙、饰金、一色花等禁止百官、百姓使用。官员服紫、绯色，百姓服青、绿色，以服饰颜色区别官与民。这是因为西夏王朝规定"民庶青绿，以别贵贱"。

（四）戎服

西夏武士穿裲裆铠甲，长及膝上，属于短铠甲制，头盔、披膊与宋朝军服类似。短甲制说明铠甲的制造比中原地区落后。

四、西夏女子服饰

（一）贵族女装

党项族贵族妇女喜欢用金簪等作首饰，用金片等来装饰服装，首服以冠为主。西夏法典明确规定："次等司承旨、中等司正以上嫡妻子、女、媳等冠戴，此外不允冠戴。"即只有高官夫人、女儿、儿媳才可以戴冠。安西榆林窟第29窟南西侧西夏壁画女供养人像中，可以看到女供养人头顶莲蕾形高冠，手持瑞花，插花钗，戴耳环、耳坠，身着翻领、团形花纹，领、袖口饰有花边。袍内着百褶裙，裙有绶带，脚穿尖勾鞋，具有唐朝风韵（见图8-14）。

（二）女子头饰

西夏党项族女子发式多为盘髻。西夏后妃、贵妇戴金冠。贵族女子多梳高髻，戴莲花形或桃形的冠饰，冠上有金珠等装饰，冠后插花钗。戴冠时将发髻罩住，两鬓及脑后头发露出冠外。内蒙古黑水城出土的两幅曼荼罗木刻版画，有头梳尖桃形髻，穿高领窄袖褙子的世俗女子形象。

（三）女子民服

普通党项族妇女梳高发髻，穿翻领衣衫，下穿裙或裤，喜欢青绿色彩，肩上的披巾与宋朝女子相似，也有外加长衫的习惯。从甘肃榆林窟第20窟女供养人像和武威西夏墓出土的木板画中的五侍女来看，西夏女装受中原服饰影响明显，吸收了汉族女装的形式。

（四）面料与纹样

女装面料多用棉、麻、丝绸等。1975年银川西郊西夏陵区108号陪葬墓墓室中曾出土一些丝织品残片，是西夏女装面料实物，丝织品的正反两面均以经线起花，为经密纬疏的闪色织锦，有纬线显花空心工字形几何花纹。1976年在内蒙古老高苏木遗址出土了穿枝牡丹纹和小团花纹丝织品残片以及牡丹纹刺绣残片，图案风格写实，具有民间气息。党项原为游牧民族，以游牧为生，所穿服装都是皮毛所制。后来在与汉族的贸易与接触中，受到中原文化的影响，出现了农耕，开始穿麻、棉织物的服装。

西夏统治者为巩固自己的统治地位，实行统一的服饰制度。服饰既具有本民族的特色，又吸收了汉族、回鹘、蒙古等民族的服饰特点。其服饰反映了在与其他民族进行长期文化交流的过程中，各自发扬民族传统的发展轨迹。西夏的服饰绚丽多彩，其独特的多民族交融的服饰文化在中国服饰史上占有重要的地位，其丰富多彩的服饰形象是中华服饰文化的宝贵财富。

第四节　元朝蒙古族服装

一、元朝背景

元朝（1271—1368年）是中国历史上第一个由少数民族建立并统治全国的封建王朝。1206年，成吉思汗建立蒙古汗国。1271年，忽必烈改国号为"大元"，于1279年统一全国。蒙古族以其强大的武力，不仅征服了中原及长江以南地区，还将其控制范围扩张至整个西亚地区，成为中国有史以来疆域最大的王朝。

二、元朝男子服饰

（一）蒙古袍
蒙古袍的种类主要有质孙服、辫线袄、比肩和比甲。

1. 质孙服

质孙服是蒙古语"颜色"的音译，又名"诈马"，是波斯语音译，意思为外衣、衣服。质孙服是蒙元时期大汗颁赐的统一颜色的礼服，即单色袍服。质孙服，来源于蒙古军人戎装，后演变为礼服。元时，前方每攻下一个城池或取得大战役的胜利，后方宫廷都会举行盛大宴会，蒙古族人都要穿质孙服喝酒庆宴（见图8-15、图8-16）。这种礼服必须是衣、帽、腰带配套穿戴，并且在衣、帽、腰带上均饰有珠翠宝石，做工精细，按身份、地位严分等级。质孙服分为两类：一类是帝王、大臣、贵族所穿的有"细褶"腰线的款式；另一类是在质孙宴上服务于上层人物的乐工、卫士等所穿的辫线袄袍。

2. 辫线袄

辫线袄又称腰线袄子，是蒙古袍的一种，腰间多横褶。即用红紫帛捻成辫线，制成宽阔围腰，横在袍腰间，侧面钉有纽扣。特点是右衽交领或圆领口、大襟、紧袖、下摆宽大且折有密裥（见图8-17），面料多采用织金锦。《元史》卷七十八《舆服志一·冕服》记载："辫线袄，制如窄袖衫，腰作辫线细褶。"

图8-17 蒙古族男子辫线袄/纳石失材料

图8-15 质孙官服/据《元史·服制》绘制

图8-16 质孙皇帝服/据《元史·舆服制》绘制

3．比肩

比肩也称"襻子答忽"，或叫"搭护"，一种半袖外套袍服，早期用皮革，后期用锦帛制成。其特点是右衽、交领、有夹里、腰间束带，佩有带鞘的餐刀、火镰和燧石，实用、干练、保暖。贵族比肩刺绣各种花纹。比肩是蒙古人服饰中具有代表性的衣饰，从13世纪的壁画、绘画、石像中可以看出，比肩在当时是一种很流行的衣饰（见图8-18）。

4．比甲

比甲是一种前短后长、用襻结系、无袖、无领、两侧开衩的衣服款式，便于马上骑射。《元史·后妃传》中载："前有裳无衽，后长倍于前，亦无领袖，缀以两襻，名曰'比甲'，以便弓马，时皆仿之。"

（二）发式

元朝蒙古人与契丹人一样，盛行髡发，但与辽的形制不同，流行三搭头与辫发。所谓"三搭头"，是将头上留三撮毛，囟门一撮，头上左右各一撮。前发剪短，散垂析两旁，发编两髻（见图8-19）。《蒙鞑备录》载："上至成吉思，下及国人，皆剃婆焦，如中国小儿，留三搭头。在囟门者，稍长则剪之；在两下者，总小角垂于肩上。"郑所南《心史·大义略叙》："鞑主剃三搭，辫发……三搭者，环剃去顶上一弯头发，留当前发，剪短散垂；却析两旁发，垂绾两髻，悬加左右肩衣袄上，曰不狼儿。言左右垂髻，碍于回视，不能狼顾。或合辫为一，直拖垂衣背。"

图8-18　外穿比肩的元朝官员/《中国织绣服饰全集》

图8-19　铁穆耳汗像

（三）瓦楞帽

元代时期男子戴用的帽式，帽顶折叠似瓦楞，帽呈覆斗形，底宽顶窄。瓦楞帽有方瓦楞和圆瓦楞之分，也有高低与宽窄之别。官员及富人往往在瓦楞帽上镶珠戴玉。1314年，元朝统治者为了体现等级差异，凸显民族优劣，作出了关于服装的统一规定：汉人官员保持唐以来的圆领衣和幞头，而蒙古官员多穿合领衣，戴"四方瓦楞帽"。《事林广记》中步射总法、马射总法插图及河南焦作元墓出土的陶俑中均可见到戴瓦楞帽的人物形象（见图8-20）。

图8-20　戴瓦楞帽的蒙古族人/《事林广记》中插图

（四）君臣官服

蒙古族入关以后，除保持固有的衣冠之外，还参照了汉族古代冠服典章制度，如冕服、朝服、公服等。其中，皇帝的衮冕用漆纱制成，冕冠的前后也各有十二旒，皇帝的衣料色彩鲜明，除了用华丽的纳石失面料制成外，还有用细毛织物、紫貂、银貂、白狐、玄狐等皮毛制成的。官吏公服以长袍为主，以罗制成，大袖盘领，右衽。官吏实行佩牌制度，一等贵臣佩虎斗金牌，次为素金牌，再次为银牌。百官公服沿用宋制，采用紫、绯、绿3种服色。元朝官吏穿礼服时，一律戴漆纱展脚幞头，与宋代官吏装束相近。贵族服装以装饰宝石为荣耀。官吏平时穿本民族辫线袄，大宴等场合穿质孙服。

（五）男子民服

普通蒙古族男子冬季服棉毡、皮毛，多穿羊皮袍，长可达踝，短能护膝，脚穿长勒皮靴、毡靴；夏季穿粗布麻、粗绸缝制的袍子，开襟不开衩，袖窄而长。袍内穿紧口裤子，脚穿草鞋、布鞋。腰带用布、麻、丝绸等制成，紧系腰间，腰带右侧佩戴别致的小刀，左侧挂烟荷包及打火用具等（见图8-21）。《梁书·西北诸戎传》记载：百姓"以穹庐为居。辫发，衣锦，小袖袍，小口裤，深雍靴……"

（六）武士戎服

蒙古族是尚武民族，蒙古诸部统一后，武士军服用牛皮加铜、铁制成盔甲。在元朝蒙古骑士遗存的甲胄上发现，内层饰以牛皮，外层则满挂铁甲，甲片相连如鱼鳞，故称"鱼鳞甲"，箭不能穿。蒙古骑兵装备有两三张

图8-21　百姓服饰形象/元朝至治年刻本《全相平话五种》

弓和装满了箭的大箭袋，腰间挂有弯刀、板斧及绳索等，所骑的马匹有护身甲（见图8-22、图8-23）。《黑鞑事略》记载："其军器有柳叶甲，有罗圈甲，有顽羊角弓，有响箭，有驼骨箭。"

图8-22　元朝武官铠甲装（复原图）

图8-23　元朝士兵装（复原图）

（七）靴与鞋

蒙古靴是蒙古族重要的服饰。蒙古族的高勒靴也称为"马靴"，有布靴、皮靴和毡靴3种。布靴用棉布料或大绒制作，靴头和靴筒用金丝线绣花，花的纹样新颖、艳丽，具有浓厚的蒙古族特色。皮靴通常用羊皮、牛皮制作。靴头尖而上翘，靴筒约1尺，筒口宽大，呈马蹄形，靴底较厚，状如船形，俗称马靴。毡靴用碎羊毛压制而成，俗称"毡圪垯"。除长勒革靴外，夏季有草鞋、布鞋、锦鞋等。

三、元朝女子服饰

（一）贵族女装

元朝贵族妇女以长袍为主，皇后、贵妃袍服为长拖裾，需要侍女提裙摆才能行走。其他贵族妇女袍服特点是左衽、交领，袍身宽肥、袍长曳地。用大红织金袍者多，冬季喜穿貂皮袍。贵族与宫女多穿红色靴。身份较高的妇女，头戴顾姑冠，头饰华丽。元末熊梦祥《析津志》中描述："袍多是用大红织金缠身云龙，袍间有珠翠云龙者，有浑然纳石失者，有金翠描绣者。有想其于春夏秋冬，绣轻重单夹不等。其制极宽阔，袖口窄以紫织金爪，袖口才五寸许，窄即大。其袖两腋摺下，有紫罗带拴合于背，腰上有紫搅系。但

图8-24　女穿红袍紧袖、男穿比肩的蒙古贵族/甘肃榆林窟元壁画

行时有女提袍，此袍谓之礼服。"元朝末年，后妃贵族常以高丽女子为侍女，高丽式衣服鞋帽流行一时。萨都剌《王孙曲》中"衣裳光彩照暮春，红靴着地轻无尘"，是对元时贵妇人衣着打扮的真实描写（见图8-24）。

（二）顾姑冠

顾姑亦写作"姑姑""罟罟"。顾姑冠是元朝贵族妇女所戴的一种高而奇特的头冠。这种冠是用桦树皮或竹子、铁丝之类的材料作为骨架，从头顶向上高50～100厘米，其顶端扩大成平顶帽形；外面以红绢、罗、金锦或毛毡包裹，缀以珠翠为装饰。敦煌莫高窟、安西榆林窟等元代壁画及传世南薰殿《历代帝后像》图中均有对顾姑冠的具体描绘。《蒙鞑备录》："凡诸酋之妻，则有顾姑冠，用铁丝结成，形如竹夫人，长三尺许，用红青锦绣或珠金饰之。其

上又有杖一枝，用红青绒饰。"《长春真人西游记》："妇人冠以桦皮，高二尺许，往往以皂褐笼之。富者以红绡，其末如鹅鸭，名曰'故故'，大忌人触，出入庐帐须低回。"《草木子·杂制》："元朝后妃及大臣正室，皆戴'姑姑'，衣大袍，其次即戴皮帽。'姑姑'高二尺许，用红色罗盖。"如图8-24中右边人物所示。

（三）发式

蒙古族妇女喜欢留长辫，并且在辫子上做装饰。未出嫁时梳两根或几根，在发辫上用绸缎绢做成长穗，挂附金圈、银圈、铜片、碧玉、珊瑚等。富家女佩戴珠宝、金银制作的耳环、手镯、戒指和项链。

（四）比肩、比甲

元朝男女皆穿比肩、比甲。比肩半袖，比甲无袖，都是无领、对襟、两侧开衩、长至膝下。比肩、比甲穿在衫、袄之外。所穿的比甲与衫、袄、裙相配合具有丰富的层次感，女子比甲多绣花纹（见图8-25至图8-27）。

（五）云肩

云肩也叫披肩，是女子披在肩上的装饰物。贵妇、舞人、宫女的云肩以彩锦绣制而成，可剪裁作莲花形或结线为璎珞状，常用四方云纹装饰，制作精美。云肩也是百姓女子常用的服饰。《元史·舆服志》中记载："云肩，制如四垂云，青缘，黄罗五

图8-25　元朝比甲（复原平面图）

图8-26　红比甲（现代复原品）

图8-27　穿比肩的妇女/赤峰元宝山元代壁画局部

161

色，嵌金为之。"《元宫词》中也有"金绣云肩翠玉缨"的描述。元朝妇女使用的云肩，在裁剪布局上讲究层次的丰富，片与片之间有大小的渐变、长短的穿插和色彩的变幻，刺绣装饰手法有片绣、珠绣、盘金、串珠、平针与打籽绣等多种技巧。

（六）女子民服

蒙古族妇女喜穿一种叫"团衫"的长袍，领口、袖口、胸襟、下摆有刺绣图案，穿袍时用彩色的绸料系在腰部。百姓袍服禁止用龙凤纹样，禁用金彩。除袍服外，还穿对襟短衫、比肩和比甲，里面也穿长裤。对襟短衫的形制是直领对襟、半袖、短至腰部，穿在窄袖长袍外面。足上多穿皮靴、毡靴。1976年在内蒙古察右前旗土城子元集宁路遗址出土了一件半袖短衫实物。直领对襟，袖短而肥，前襟镶有贴边，质地为棕色素罗，上面印有金圆形冰裂图案花纹。另有一件直领半袖绣花短夹衫，棕色。其刺绣方法似现在苏州刺绣针法，刺绣图案多达99个，分布于两肩及前胸左右。最大的一组是一对仙鹤，一飞一立，十分生动。夹衫上还绣出凤凰、牡丹、野兔、鹿、鱼、龟、荷叶、粉莲、灵芝等许多动物和花草。

（七）女子鞋履

蒙古族女子喜欢软皮靴，冬季穿皮靴、毡靴，毡靴底子用皮子缝制，足穿毛毡袜。元朝末年开始出现了鞋头高耸、鞋底扁厚的女式布鞋、帛鞋，以麻、棉、丝、绫、绸、锦等织物缝制而成。

（八）服装材料与图案

元时夹织金线面料被大量应用。纱、罗、绞、縠等材料无不加金。因地位高低、官职大小不同，服饰面料的质量也对比悬殊。高官服饰多用色彩鲜丽的纳石失，以花朵大小表示品级高低，面料、图案装饰都追求华美。而平民百姓服装只能用褐色麻织物、棉等低廉纺织品制作。统治者对百姓服装用料及服装装饰加以种种限制。1284年，元朝曾发布禁令：凡是乐人、娼妓、卖酒者、当差者，都不许穿颜色艳丽的衣服。这导致蒙古贵族衣着华丽，色目人次之，汉人、南人服装色彩单调，衣料粗糙。

纳石失是一种夹金线的织物面料，也称织金锦，产量较大。纳石失是波斯语的音译，原指波斯或阿拉伯民族所用的织金锦，元朝从西域引进后大量生产这种夹金线的服装面料，这种面料深受蒙古族们的喜爱，成为具有民族特色的服饰材料。元时的缂丝工艺也被皇室广泛使用。

图案方面，元时服装纹样通常要在织金锦中掺入一些西域图案的元素。其他纹样题材多与宋朝汉族服装纹样相似。从山西芮城县永乐宫著名的元代壁画人物衣着，到内蒙古集宁路古城、苏州张士诚母曹氏墓、山东邹县李裕庵墓等处出土的服饰实物来看，纹样基本上都继承了宋朝的写实风格。《元典章》所载丝织品名目，大多采用织金工艺，如织金胸背麒麟、织金白泽、织金狮子、织金虎、织金豹、织金海马。另有青、红、绿诸色织金骨朵云缎、八宝骨朵云、八宝青朵云、细花五色缎等花样。

1999年1月，在河北省隆化县西北的鸽子洞中发现元代窖藏，出土珍贵遗物66件，包括织绣品45件、文书6件、其他类15件。出土的纺织遗物的质地多样，有棉、麻、皮、毛、丝等。生活织绣品中有被面、袄袍、鞋、面罩、枕顶、挂饰、针扎、镜衣等。织绣精工，纹样生动，保存较好，具有重要的史料价值。鸽子洞窖藏遗物的发现为研究元代的历史、纺织品的织造、刺绣工艺以及图案纹样等提供了实物资料（见图8-28至图8-30）。

图8-28　五彩缝合锦（元朝）

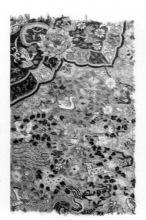
图8-29　缂丝残片（元朝）

图8-30　《纺织图》/元朝王帧

第五节　小　结

五代十国以后，中国社会先后出现了辽、西夏、金、元等少数民族为主体的政权。这些民族的服饰既保存了本族特色，又加入了汉族服装的某些理念和元素，反映出在与汉族进行长期经济、文化的交流中，既发扬本民族传统，又融合借鉴汉族体系的发展轨迹。

辽契丹服装以左衽、长袍、圆领、窄袖为主，党项族服装多为袍服，领间刺绣精美；金女真人进入燕地后，吸收了宋的官服制度，使用汉族的冕服官服，官服分南北两种形制。

元朝并没有强制在全国推行蒙古族服装。元朝的官服既保留了民族服饰传统，也借鉴了汉族的冠服制度。蒙古族人穿辫线袄、比肩、比甲，汉人穿本民族传统服饰，其他少数民族也依旧着本族服装。灭南宋以后，蒙古族人把全国分成四等人，即蒙古人、色目人、汉人、南人。许多部门及地方官多由蒙古贵族担任，各种副职由色目人担当。元仁宗延祐元年（1314年），元朝制定服色等级制度，界限很严，"上得兼下，下不得僭上"，如有违反，官员解职，平民则挨几十棍打。但蒙古人和充当宿卫军的色目人并不在禁限之列。元时的蒙古族人，统穿长袍，男女袍服差异不大，贵族男女用华丽的织金布料及贵重的毛皮制成。元朝服饰分为蒙制和汉制两种。典型的蒙古族服饰为：男子穿窄袖袍、束腰带、蹬皮靴；女子穿袍服，交领、左衽、长及膝，下着长裙，裙内也着裤；贵族妇女戴"顾姑冠"，足着软皮靴。元朝时期，汉族女子服饰一般沿用宋代的样式，以交领、右衽的大袖衫或窄袖衫为主，也常穿窄袖的长褙子，下穿百褶裙，内穿长裤，足穿浅底履。

辽、金、元时期缂丝等织金技术有很大进步，衣料最为精美，缕金织物被大量应用，在服饰上也大量用金线装饰，这种现象超过以往历代。元朝的纺织业发达，棉布成为江南人们的主要衣料。松江是棉纺织业中心，提花、印染工艺很高。黄道婆改进了棉纺织工具，对传统的纺织技术作了一系列改革，大大促进了生产力，提高了棉纺织品的质量。她被人们尊誉为"中国纺织技术革新的鼻祖"。

辽、金、元时期的纺织业日趋专业，规模也越来越大，奠定了后来明、清两朝织绣工业发展的基础。另外，元朝统治期间，加强了与欧亚大陆之间包括服饰在内的贸易与文化的交流。

第九章
明朝服装

第一节　服装的社会与文化背景

一、时代背景

　　明朝（1368—1644年）由明太祖朱元璋建立，历经16位皇帝，享国277年。明朝初期定都于应天府（今南京），永乐十九年（1421年），明成祖朱棣迁都至顺天府（今北京），从此，北京成为全国政治、军事、经济、文化的中心，而应天府改称为南京。明朝是中国继周朝、汉朝和唐朝之后的盛世时代，史称"治隆唐宋""远迈汉唐"。

　　明太祖建立大明帝国后，先是禁胡服、胡语、胡姓，继而又下诏，衣冠悉如唐代形制。明朝的皇帝冠服、文武百姓服饰、内臣服饰，其样式、等级、穿着礼仪繁缛。就连日常服饰也有明文规定，如崇祯皇帝命其太子、王子易服青布棉袄、紫花布衣，穿白布裤、蓝布裙、白布袜、青布鞋，戴皂布巾，装扮成老百姓的样子外出宫门。明朝服饰仪态端庄、气度弘美，是华夏中古时期服饰艺术的典范。当今中国戏曲服装的款式纹彩，多取自明朝服饰。

　　明朝中后期出现了资本主义萌芽。首先是纺织等行业的发展。当时在杭州的富人设有机杼，雇织工数十人进行纺织生产，形成小规模的手工工场。万历年间（1573—1619年），苏州的手工业者"计日受值，各有常主。其无常主者黎明立桥以待唤"，其中有纺织工、纱工、缎工。明代末叶，苏州、杭州、松江等处有一些个体纺织作坊主人，起初是自备原料，自己劳动，后来逐渐增加织机，自己脱离了劳动，专靠工人生产；还有的以布商身份，准备了原料交给机房、染房等分别依工序生产，最后完成纺织品，已具有资本主义生产关系的性质。

二、意识形态对服饰的影响

明朝是个专制的时代，为了消除蒙古异族影响，巩固万世统治地位，因而建立了"贵贱之别，望而知之"的有制、有序的服装等级制度，强调汉族传统文化的复兴，在服饰意识形态领域提倡汉文化传统，承袭了唐宋幞头、圆领袍衫、玉带、皂靴等服饰内容，并确定了明时官服的基本形制。

明朝时期，汉族传统的"礼制"观念得到加强与稳固。此前，元朝统治时期，汉族原有的政策与信念几乎泯灭。明朝用最短的时间将汉族的传统服饰文化恢复起来，并对先秦及汉唐以来的传统衣冠制度进行了整理、继承和发展，在全国范围内进行推行。除了衣冠制度和典章礼仪制度的继承和发展之外，明朝完备的科举制度也使汉族的传统儒家文化得到了强势回归与巩固。明朝洪武年间（1368—1399年）开始，强行推广"三纲五常"封建思想，产生了大量的文字狱；到明仁宗、宣宗之后，明朝的思想有所开放；正德年间（1506—1521年），王阳明提出了心学；明末，甚至有哲人提出了早期的民主思想。这些都在一定程度上解放了人们的思想。

明朝继承了汉、唐、宋时期所形成的"礼制"，强调官服威仪、服装有别、按礼划分高下的封建思想。随着明朝理学的深入开展，在服饰纹样与装饰领域反映意识形态的倾向性越来越强化。服饰纹样有图必有意，反映了服饰文化与当时社会的政治伦理观念、品德观念、价值观念、宗教观念紧密相连。明朝服饰中的吉祥图案应用广泛，是明代服饰的一大特点。

随着明朝生产力的发展、社会经济的繁荣以及科技文化的进步，明代人在居住、行为习俗等方面，较之元朝更呈现出一派多彩纷呈的景象。诸多旧城名都面貌一新、人口繁盛、商贾流通，新镇新城崛起，宫苑、寺观与各色各式建筑大力兴建，居住、服饰等物质条件改善。

三、服饰风尚

明朝妇女，特别是年轻妇女喜欢用花环缠绕在发髻上，使用鲜花插发，也有人造花卉的簪钗。另外，妇女间还流行额头上戴头箍的风尚，少妇流行窄头箍，老妇流行宽头箍，在头箍上面有绣花图案或镶嵌珠宝等装饰。

第二节　男子服装

一、冠服

（一）衮冕

明朝皇帝的衮冕形制承袭古制，冕冠宽一尺两寸、长两尺四寸，用桐木板做成綖，綖板前圆后方，色上玄下纁。綖板前后各有十二旒，每旒有五彩玉珠十二颗，每颗间距一寸。与此配套的衮服，据《明史·舆服志》记载，由玄衣、黄裳、白罗大带、黄蔽膝、素纱中襌、赤舄等配成。

（二）常服

皇帝的常服是头戴乌纱折角上巾，穿绣龙黄袍，腰带以金、琥珀为饰。永乐三年（1405年），明成祖将皇帝的常服改为盘领窄袖黄袍、玉带、皮靴。黄袍前后及两肩各织金绣盘龙一个，即所谓的"四团龙袍"（见图9-1、图9-2）。

（三）燕弁服

燕弁服为皇帝平日在宫中燕居时所穿。图9-3为燕弁冠，于嘉靖七年（1528年）制定，冠框如皮弁，用黑纱装裱，分成12瓣，各以金线压之，有玉簪。燕弁服为玄色，镶青色缘，如同古代玄端之制，两肩绣日月，前胸绣团龙，后背绣方龙。领、衣边及两袖加小龙纹。内衬黄色深衣，腰系九龙玉带，足穿白袜玄履。

（四）深衣

明朝皇帝重视恢复汉族服饰礼仪，对传统的深衣加以应用。皇帝的深衣为黄色。衣袖下方圆弧形，袖口方直造型。腰部以下用12幅拼缝，衣长至踝（见图9-4）。

图9-1　戴乌纱折角上巾、穿"四团龙袍"的皇帝/《明太祖坐像》/台北"故宫博物院"藏

图9-2　折角上巾制/据《明会典》绘制

图9-3　燕弁冠

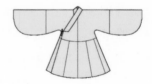

图9-4　明朝深衣制

二、品官服饰

明朝对文武官员的服饰规定过于严厉、细致，最能代表官服制度的是洪武二十三年（1390年）定制的官服形制，以后的修改都在此基础上进行。不同皇帝时期对文武官员的朝服、公服等进行过多次修改与制定。明朝文武官员服饰主要有朝服、祭服、公服、常服、燕服、赐服等。

（一）朝服

凡庆成、圣节、颁诏、开读、进表、传制等场合，文武官员都要穿朝服，即传统梁冠，穿赤罗衣，青领缘白纱中襌，青缘赤罗裳，赤罗蔽膝；赤白二色绢大带，革带，佩绶；白袜黑履（见图9-5）。以梁冠上的梁数区别品位高低。嘉靖八年（1529年）将朝服上衣改成赤罗青缘，中襌改成白纱青缘，下裳赤罗青缘，前3幅后4幅，每幅3褶裥，革带前缀蔽膝，后佩绶，系而掩之。万历五年（1577年）令百官朝贺，不准穿朱履；冬季十一月百官可戴暖耳。以上可以看出封建专制的明朝对官服规定得非常具体。

图9-5 朝服/明代刘基像

（二）祭服

祭太庙社稷等场合，文武百官要穿祭服。一至九品，穿皂领缘青罗衣，皂领缘白纱中襌，皂缘赤罗裳，赤罗蔽膝。三品以上者用方心曲领。冠带佩绶同朝服，四品以下去佩绶。嘉靖八年（1529年）规定在祭历代帝王时可穿大红蟒四爪龙衣、飞鱼（龙头鱼尾有翼的图案）服，戴乌纱帽；祭太庙社稷时，穿大红祭服。

（三）公服

官员早晚朝奏事、谢恩、见辞等活动时要穿公服。团领衫、腰束带。腰带有銙，官位不同，銙的数量与材质也不同。一品腰带上的銙用玉，二品用雕花犀角，三品用金银花，四品用素金，五品以下用乌角（牛角）。公服的团领衫的形制是盘领、右衽，衣料用缎织物或纱、罗、绢，袖宽三尺。一至四品为绯色袍，五至七品为青袍，八、九品是绿袍（见图9-6）。

图9-6 戴乌纱帽、穿公服的官吏

（四）常服

常服指日常办公时的服装，即头戴乌纱帽、身穿圆领补子服、右衽、束带。补子服的前胸、后背处绣禽鸟与走兽图案以区别身份：文官绣禽纹，袍略短；武官绣兽纹，袍略长。文官袍长离地一寸，袖长过手，复回至肘。公、侯、驸马与文官相同。武官袍长离地五寸，袖长过手七寸，官吏办公时要穿皂革靴。补子服的源头可追溯至武则天时的以袍纹定品级。明朝文官一品绣仙鹤，二品绣锦鸡，三品绣孔雀，四品绣云雁，五品绣白鹇，六品绣鹭鸶，七品鸂鶒，八品绣黄鹂，九品绣鹌鹑；杂职官绣练鹊；监察与执法官吏用獬豸；武官一、二品绣狮子，三、四品绣虎豹，五品绣熊罴，六、七品绣彪，八品绣犀牛，九品绣海马（见表9-1）。补子服要系上有锌饰的金玉带。锌是腰带上的装饰品，用金、银、铁、犀角等制成。补子服已成为典型的明朝官员服装，如今的传统戏曲所采用的官服基本是明朝的补子服形象（见图9-7、图9-8）。文官补子服图案如图9-9所示，武官补子图案如图9-10所示。

表9-1　明朝规定的品官服饰内容及图案

品级	朝冠	带	绶	笏	公服颜色	补子绣纹	
						文官	武官
一品	七梁	玉	云凤，四色	象牙	绯袍	仙鹤	狮子
二品	六梁	花犀	同一品	象牙	绯袍	锦鸡	狮子
三品	五梁	金钑花	云鹤	象牙	绯袍	孔雀	虎
四品	四梁	素金	同三品	象牙	绯袍	云雁	豹
五品	三梁	银钑花	盘雕	象牙	青袍	白鹇	熊罴
六品	二梁	素银	练鹊，三色	槐木	青袍	鹭鸶	彪
七品	二梁	素银	同六品	槐木	青袍	鸂鶒	彪
八品	一梁	乌角	鸂鶒，二色	槐木	绿袍	黄鹂	犀牛
九品	一梁	乌角	同八品	槐木	绿袍	鹌鹑	海马
杂官	无	无	无	无	与八品以下同	练鹊	无
法官	无	无	无	无	与八品以下同	獬豸	无

图9-7 戴乌纱帽、穿盘领补服的明朝官吏/《沈度写真像》

图9-8 文一品官补子服/根据明朝传世实物复原绘制

文官一品 仙鹤　　文官二品 锦鸡　　文官三品 孔雀

文官四品 云雁　　文官五品 白鹇　　文官六品 鹭鸶

文官七品 鸂鶒　　文官八品 黄鹂　　文官九品 鹌鹑

杂职官 练鹊　　　法官 獬豸

图9-9 明朝文官补子服图案

武官一、二品　狮子　　　　武官三品　虎　　　　　武官四品　豹

武官五品　熊罴　　　武官六、七品　彪　　　武官八品　犀牛　　　武官九品　海马

图9-10　明朝武官补子服图案

（五）燕居服

燕居服为官员平日燕居（闲居）所穿。出门头戴忠靖冠，衣服款式仿古玄端服，取端正之意，色用玄，上衣与下裳分开。

（六）蟒服、飞鱼服、斗牛服

所谓蟒服，即绣蟒纹的袍服，类似皇帝的龙袍，皇帝龙袍五爪，而官吏的蟒服四爪。飞鱼是一种龙头、有翼、鱼尾形的神话动物。斗牛服为牛角龙形。这3种服装的纹饰，都与皇帝所穿的龙衮服相似，本不在品官服制之内，而是明朝内使监宦官、宰辅等人被蒙恩特赏的赐服，获得这类赐服被认为是极大的荣宠。

（七）麒麟袍

麒麟袍是明朝官吏服装的一种，用途较多，可为朝服、公服和闲居时使用。特点是大襟、斜领、袖子宽松，上衣与下裳相连，腰际以下打满褶裥，前胸与袖上端绣麒麟纹（见图9-11）。在袍服的左右肋下，各缝一条本色制成的宽边，称"摆"。麒麟是古代传说中的一种瑞兽，形状像鹿，全身有鳞甲，牛尾马蹄，有一只肉角。后人将它作为吉祥的象征广泛用于各类器物的装饰。

图9-11　麒麟袍/根据出土实物绘制

（八）冠、帽、巾

明朝男子的首服主要有梁冠、忠靖冠、乌纱帽、网巾、四方平定巾及六合一统帽等。文武百官，依照官位品级大小，有不同的规定。

1. 梁冠

梁冠来源于汉代，是文武百官在重大祭祀典礼、正月初一进朝贺年、冬至、皇帝生日、圣旨开读、进呈奏表或庆祝大会等场合时使用，以梁的多少来区分官位。

2. 忠靖冠

忠靖冠是嘉靖年间制定的官帽。其冠式以铁丝为框，乌纱、乌绒为表，冠呈圆方形，帽顶微起，三梁各压以金线，冠边用金片包镶，冠后列两翅形，也用金缘（见图9-12）。四品以下不用金线，改用浅色丝线压边。明朝嘉靖后，多为品官燕居时使用。

3. 乌纱帽

乌纱帽是官吏戴的一种帽子，后来也用来比喻官位，是明朝的典型官帽。以藤丝或麻编成帽胎，涂上漆后，外裹黑纱，呈前高后低式，两侧各插一翅。不分官职皆可戴用，作为常服冠使用（见图9-13）。

图9-12　忠靖冠/南京　　　图9-13　乌纱帽/上海潘允徵墓
博物馆藏　　　　　　　　出土

4. 六合一统帽

六合一统帽俗称瓜皮帽，相传来源于明太祖所创的六合帽，取"六合一统、天下归一"之义。由6片罗帛拼成，呈半圆形状。多为官吏闲居时和市民百姓戴用。

5. 网巾

网巾是成年男子用来束发的网罩，通常以黑丝绳、马尾或棕丝编织而成。不分贵贱等级，网巾也是明时男子特色的服饰之一。因网巾有总纲收紧，又取"一统天下""一统山河"之义。官吏网巾一般不单独使用，用在各种冠帽里内束发使用，而劳动百姓可直接戴于头上（见图9-14至图9-16）。网巾的作

图9-14　明朝男子戴用的网巾

图9-15　明朝网巾

图9-16　戴网巾的男子/明崇祯年刻本《天工开物》插图

用，除了约发以外，还是男子成年的标志。网巾的产生时间大约在洪武初年，其缘起据说与明太祖有关。

6. 四方平定巾

四方平定巾是官职、儒士的便帽。以黑色纱罗制成，因其造型四角皆方，也叫"四角方巾"。产生于明朝建国初年，取明朝四方平定之意（见图9-17）。

7. 东坡巾

东坡巾又名乌角巾，相传为苏轼所戴，故名。特点是内筒高，外沿低（见图9-18）。《古今图书集成·礼仪典》引明朝王圻《三才图会》："东坡巾有四墙，墙外有重墙，比内墙少杀，前后左右各以角相向，著之则有角，介在两眉间，以老坡所服，故名。"

图9-17　戴四方平定巾者/明万历《御世仁风》插图

图9-18　戴东坡巾的宋应星像

8. 其他头巾

明时男子不论官者还是百姓，皆喜戴头巾，所戴巾子，"殊形诡制，日异月新"。官吏及大夫所戴的款式很多，如汉巾、晋巾、唐巾、诸葛巾、纯阳巾、阳明巾、九华巾、飘飘巾、逍遥巾、儒巾、平顶巾、软巾、吏巾、两仪巾、万字巾、披云巾等几十种。

（九）戎服

明时的铠甲戎服，多由铁质鳞片组成，铁质片呈长方形，长约10厘米，宽约6厘米，上面有孔，便于串联。军服中还有一种锁子甲，也称锁甲，用细小的铁环相套，形成一件连头套的长衣，形似"铁布衫"。军服中还有一种叫胖袄，其形制为"长齐膝，窄袖，内实以棉花"，颜色多为红色，又称"红胖袄"，为骑兵将士穿用。作战时头戴兜鍪，用铜铁制造。御林军及兵士则多穿锁子甲，以铜铁为之，甲片的形状多为"山"字纹，制作精密、穿着轻便。另外，铠甲装在腰部以下还配有铁网裙和网裤（见图9-19、图9-20）。

图9-19　皮甲①

图9-20　皮甲②

三、男子民服

（一）服饰制度

明朝统治者对士庶百姓服饰的规定具体而严格，如有违制则严惩不贷。明朝初年规定百姓只能穿杂色盘领衣，不许用黄色。男女衣服不得用金绣，不可用锦绮、纻丝、绫罗等材料，只许用绸、绢、素纱、布。洪武二十五年（1392年）又下令，庶民不许穿靴。同时规定，庶人婚嫁时，准许穿九品冠服。百姓平时不能用冠，只可戴政府规定的四方平定巾、巾帼或网巾。除官民界限外，还有良贱之别。明朝视商贾为下等，这在服饰制度中也有体现。如规定，农民之家允许穿绸纱绢布，而商贾之人却只许穿绢布，不许穿用绸、纱。并明确规定，如果农民之家有一人为商贾，就不许家人穿绸纱。百姓靴不得裁制花样或用金线进行装饰。

（二）大襟斜领衫和杂色盘领衣

士庶百姓普遍穿着大襟斜领衫和杂色盘领衣。大襟
斜领衫的特点是大襟、交领、右衽、袖较宽肥，衣长过
膝，衣色多为白色。杂色盘领衣不能用紫、绿、黄等正
色，也不可使用金绣，但可以用普蓝、赭色等间色和杂
色。衣领为圆领，俗称"杂色盘领衣"。劳动民众常见
的装束是皂布巾、青布棉袄、蓝布裙、布裤、白布袜、
青布鞋（见图9-21至图9-23）。

图9-21　劳动民众大襟
斜领衫裤（正面）

图9-22　大襟斜领衫裤（背面）　　图9-23　穿大襟衫、裤的劳动者／《天工开物》插图（明代）

（三）纽扣衣衫

明朝的宽袍大袖成为上层人物的主流服饰，而纽扣衣衫却在民间悄然发
展。从现已出土的实物资料来看，明朝衣襟出现了纽扣和绳带混合使用的现
象，这一特点不仅表现在对襟服装上，也表现在大襟交领的服装上。纽扣多
用在领口处，有用一粒纽扣的，也有用多粒纽扣的，往下再用绳带系结。江
苏泰州刘湘夫妇合葬墓中就发现了花缎夹袄，圆领、对襟。衣襟上有一直径
约0.8厘米的球形铜扣和两条素绸系带。明朝纽扣形制多样，有盘扣和圆纽扣
等，有很强的装饰性。值得一提的是，就连皇子王孙服装中也有使用纽扣的。
在明朱檀墓里发现的"织锦缎龙袍"，右襟一行有11对金扣。在江西明益庄王
墓，发现了大量的仆人穿着对襟圆纽扣衣服的实例，江苏泰州刘湘夫妇墓里面
也有对襟纽扣背心实物出土，特点是"对襟、圆领、有三副绸扣"，说明当时

纽扣在各种形制的服饰上均有使用。

（四）鞋履

男鞋种类颇多，有云履、朝靴、皂革靴，以及油靴和凉鞋等。其中，云履、朝靴、皂革靴为官宦所穿。而劳动人民的鞋子有双耳麻鞋、蒲鞋、草鞋、油靴等。油靴是适合雨天穿的靴子。《金瓶梅》中描写武松住在武大家，他"寻思了半晌，脱了丝鞋，依旧穿上油蜡靴，头上戴上毡笠儿，一面系缠带，一面出大门"。这里面提到的"油蜡靴"即油靴，指在靴的外表涂上防湿的物质。《明宫史·靴》载："凡当差内使小火者，不敢概穿，但单脸青布鞋、青布袜而已。或雨雪之日，油靴则不禁也。"士庶百姓鞋履多以厚底为主，毡靴、布底缎面便鞋穿着普遍。

明时富家子弟还流行"福字履"，用绒锦、棉布面料制作，厚底、缎面，面上绣金福字，字旁以云形围边，履帮侧面镶卷叶纹，履口衬绸。福字履又称"夫子履"，流行至清代。

第三节　女子服装

一、皇后、皇妃服装

明朝恢复了汉族的习俗，皇后服装样式多仿自唐宋。明朝对贵族妇女衣冠服饰规定严格，明宫妇女，包括皇后、皇妃、皇嫔、内命妇及宫人，等级的差异导致其服装各不相同。皇后服饰主要有珠玉金凤冠或花钗冠、大袖衫、霞帔、褙子、金绣花纹履（见图9-24、图9-25）。

图9-24　明朝孝定皇后像

图9-25　孝端皇后凤冠/高35.5厘米，直径20厘米，重2.95千克（明万历）

（一）冠服

皇后在受册、朝会时穿礼服。礼服由凤冠、霞帔、翟衣、褙子和大袖衫组成（见图9-26）。凤冠上饰有龙凤和珠宝流苏，配玉革带，青色加金饰的袜、舄。皇后的常服是穿金绣龙纹的红色大袖衫、霞帔、红色长裙、红褙子，配凤冠，缠足，脚穿厚底凤头鞋。

明朝服制中对命妇等人的礼服也作了详细规定。如命妇一品，头戴冠花钗；穿绣有9对翟鸟的翟衣；素纱中襌，用朱色縠镶袖口及衣襟边；蔽膝要绣翟鸟两对；玉带、佩绶、青色袜舄。命妇二品，冠花钗8树、8钿；穿绣有8对翟鸟的翟衣；犀带；余同一品。命妇三品，冠花钗7树，两博鬓，7钿；衣绣翟鸟7对；金革带；余如二品。可见明时的冠服制度具体而又严格。

（二）常服

宫中贵妇的常服主要有衫、袄、霞帔、褙子、比甲及裙子等。燕居时穿短衫、短袄和长裙，腰上系着绸带，裙子较宽大。明朝贵妇间还流行百褶裙、凤尾裙、月华裙等。

（三）霞帔

霞帔是皇后、命妇、贵妇礼服的一部分。霞帔形制是两条绣满花纹的细长绸带，佩戴胸前，形成"V"形，低端垂有金或玉的圆形"帔坠"作为装饰（见图9-27）。源于唐、宋时期的帔子，白居易《霓裳羽衣舞歌》中就有"虹裳霞帔步摇冠"的形容。明朝皇后、命妇肩披霞帔时，在用色和图案纹饰上都有具体的规定。

图9-26　大袖衣——皇后的礼服/根据传世绘画复原绘制

图9-27　霞帔/复原绘制

（四）宫绦腰佩

明时妇女在腰带上往往挂上一根以丝带编成的"宫绦"作为装饰。宫绦是一种系在腰间的悬挂饰物，是用丝线编织而成的带有花边或扁平的带子，一般在中间打几个类似于蝴蝶形的环结，下垂至地，中间串上玉佩、金饰、骨雕、中国结等重物，尾端有流苏，借以压住裙幅，使其不致散开影响美观（见图9-28）。如《红楼梦》第四十九回：湘云"腰里紧紧束着一条蝴蝶结子长穗五色宫绦"。

（五）褙子

褙子出现于宋朝，流行于宋、元、明三朝。款式有多种，典型款式为衣长至膝部，直领对襟、长袖。腋下两边开衩，初时系腰带，后来不系带。明朝褙子不仅皇后、命妇可服，普通女子也可穿着，但在颜色、图案上有严格区别，普通妇女的褙子服也可闲居时穿用（见图9-29、图9-30）。

图9-28　襦裙与宫绦腰佩/根据明人仕女画复原绘制（明朝）　　图9-29　穿窄袖褙子的妇女/唐寅《簪花仕女图》　　图9-30　褙子休闲服/《水阁消暑图》局部

（六）比甲

明朝的比甲是一种无领、无袖、对襟式的长上衣，由隋唐时期的半臂演化而来。衣长离地不足一尺。比甲成为青年女子、士庶妻女及女婢日常喜欢穿着的外衣（见图9-31、图9-32）。

（七）凤尾裙

凤尾裙是一种特殊形式的长裙。将绸缎裁剪成大小宽窄规则的条子，每条都绣以花鸟图案，并在两边绣彩线，下垂有彩色流苏或缨穗，然后再拼缝而

图9-31 穿比甲的妇女/《燕寝怡情》图册

图9-32 比甲（平面款式图）

图9-33 凤尾裙（传世实物）

成，形似凤尾（见图9-33）。

（八）月华裙

明朝末期，女子裙子的装饰日益讲究，裙幅也增至10幅，腰间的褶裥越来越密。月华裙是一种浅色的裙，用料10幅，腰间每褶各用1色，轻描淡绘、色极淡雅，风动如月华，因此得名。

（九）百褶裙

百褶裙泛指有许多褶子的裙子，裙身由多个垂直细密的皱褶构成，裙腰细，褶很多，裙上纹样讲究。有的百褶裙，左右各有50个褶，形成真正的百褶裙。

明末贵族妇女的裙子装饰日益讲究，裙幅增多，腰间的褶裥越来越密，腰带上挂上一根以丝带编织而成的"宫绦"。明朝仕女画渐多，从中可以了解当时女子穿襦裙的情形，如明时画家仇英的《汉宫春晓》等作品。

二、女子民服

百姓妇女常用服装有衫、袄、帔子、褙子、比甲、裙子等，款式与宋代相仿。贵妇多穿正红色大袖的袍，而普通妇女只能穿桃红、蓝色、紫、绿及浅淡色彩的。普通女子衫襦皆为右衽，唯有褙子采用直领对襟、小袖样式，与贵妇们的大袖对襟形式相比，显得简单、实用。女裙的色彩偏向浅淡，明代晚期女子多穿白色裙。

图9-34　明代襦裙常服与腰裙（平面款式图）

图9-35　穿对襟衫、长裙的劳动妇女

（一）襦裙

明朝妇女的襦裙与宋朝无大差别。明朝中晚期，妇女的襦衫开始使用纽扣。年轻妇女的腰部加了一条短小的腰裙。襦衫多为交领、长袖、衣短。裙子颜色浅淡，有纹饰，但不明显（见图9-34）。

（二）袍衫

百姓妇女的袍与衫的特点是低领、大襟或对襟、窄袖，领、袖处少有花边，袍长及足，衫相对短小（见图9-35）。明朝中后期，青年妇女盛行穿比甲，露出里面衣服的袖子，形成一种清新的着装风格。明朝规定百姓妇女的袍衫只能用紫色、紫绿、桃红、蓝白等间色或浅淡颜色，不许用大红、鸦青、黄色，也不得使用金绣花纹。

（三）水田衣

水田衣是一种以各色零碎锦料拼合缝制而成的类似袍的衣裳，形似僧人所穿的袈裟，因整件服装织料色彩互相交错、形如水田而得名。水田衣简单而别致，深受广大妇女的喜爱。据说在唐朝就有人用这种方法拼制衣服，王维诗中有"裁衣学水田"的描述。明代的水田衣与今天戏曲服饰的"百衲衣"（又称富贵衣）十分相似（见图9-36、图9-37）。

图9-36　水田衣①

图9-37　水田衣②

三、女子发式与面妆

明朝初期妇女的发式，基本以宋元时期发式为主，发髻变化不大。嘉靖以后，发髻有很多变化，以留都南京为例，女子发髻大小高低、鬓发造型、头簪花钿样式，起初还是十多年一变，到后来，只两三年就变换新样。曾流行过"桃心髻""桃尖顶髻""鹅胆心髻""堕马髻""金玉梅花髻""金绞丝灯笼髻"等发型。所谓桃心髻，是妇女将头髻梳成扁圆形状，在发髻的顶部，装饰由宝石制成的花朵作饰物的发髻。明朝中后期，发髻花样不断翻新，有的把发型梳高，远远望去如同男子的幞头一样；有的返朴思古，模仿汉代堕马髻，梳头时将发朝上卷起，挽成一个大髻垂于脑后（见图9-38至图9-40）。在明代画家的仕女图中，可常见这种髻式。假髻依旧在贵族妇女中流行，并根据不同喜好插有各种发簪、挂饰，如簪珠翠发饰、珠玉发簪及发钗（见图9-41、图9-42）。百姓女子也喜欢在发髻上插戴花簪，其质料随人而定。

明朝妇女有戴头箍的风尚。头箍由早期的包头布演变而来，所以头箍也叫额帕。额帕初期尚宽，后又行窄。女子戴额帕不仅束发，还是头上的一种装饰。冬季用较厚的锦缎制成，夏季则用较薄的乌纱。额帕宽2～3寸，长4～6寸，用时由前向后裹于额上，至后再复向前做结。明朝末年，妇女简化额帕做法，用较厚的夹衬黑锦帛制作，又称为乌兜，使用时比较便捷。明

图9-38 梳高髻、戴花钗、穿褙子的妇女/明万历年间刻本《拜月亭记》

图9-39 梳后发髻、穿对襟短衫、缠足的侍女/清顺治年间刻本《女才子》插图

图9-40 梳后发髻、穿对襟褙子的妇女/清顺治年间刻本《女才子》插图

图9-41 簪朱翠发饰的贵妇/陈洪绶《夔龙补衮图》

图9-42 明朝皇后的面妆与头饰/南薰殿旧藏《历代帝后图》

人沈石田诗"雨落儿童拖草屦，晴干嫂子戴乌兜"中的"乌兜"即此物。富贵权豪之家的妇女要在头箍上点缀金玉珠宝翡翠作为炫饰。额帕后来用全幅料制成，斜折后阔3寸，裹于额上（见图9-43）。

四、女子鞋履

明朝妇女的鞋履基本沿袭前代旧俗。按照汉族的习俗，妇女从小就开始缠足，小脚妇人穿的鞋，称为"弓鞋"，以香樟木为高底。老年妇女则按习惯多穿平底鞋。王公贵族妇女喜欢穿凤头鞋，即鞋头以凤纹为饰，加绣或缀珠。庶民和贵族的鞋子款

图9-43 戴额帕、穿襦裙的妇女/明万历年间刻本《荆钗记》插图

式无太大区别，百姓女子中以尖形上翘的凤头鞋最为流行，凤头鞋通常要在鞋面或两侧刺绣，形成精美的图案。劳动妇女喜穿平头、圆头鞋或蒲草编的鞋。明时女鞋中还出现了鞋底长达7厘米的高底鞋。这种鞋底后部通常装有4~5厘米高的圆底跟，以丝绸裱裹。北京定陵曾出土了尖足凤头高跟鞋，制作十分讲究，鞋长12厘米，底长7厘米、宽5厘米，跟高4.5厘米。女鞋多以锦、麻、丝、绫、皮等材料制成，制鞋技术已很精良（见图9-44、图9-45）。

图9-44　高底弓鞋/江苏南城明墓出土　　　　图9-45　尖头弓鞋/江苏扬州明墓出土

第四节　服装材料与纹样

一、服装材料

明朝纺织业极为繁盛，纺织品无论是数量还是质量都超越了前朝。服装材料主要有缎、绢、罗、纱、绒、绫、锦、麻、棉布等类，其中缎类为皇帝、皇后、命妇及重臣权贵的服装用料。缎的品种包括素缎、暗花缎、织金缎、两色缎、闪缎、遍地金缎、妆花缎、织金妆花缎、妆花遍地金缎、云缎、补缎、暗花云缎、暗花补缎等。定陵出土的明万历皇帝的袍服料是由金线及各种彩线织成花纹的妆花缎，图案为黄底云龙、折枝花、孔雀羽等（见图9-46）。

图9-46　明万历皇帝织金妆花纱柿蒂形过肩龙阑（复制件）/北京定陵博物馆藏

江浙一带的蚕桑丝织业迅速发展，太湖沿岸发展成集中的丝织业地区，丝绸织绣技艺空前提高。明朝纺织业的发展与明朝政府的重视有关，明朝初年政府就在南京、苏州、杭州设立著名的织染局，集中能工巧匠，从事宫廷使用的彩缎等高级衣料的制造，并以"坐派""召买"等形式，动用民间机户为其生产。明朝不但出现了《天工开物》等科技巨著，缂丝、刺绣、织金、妆花、孔雀羽线等加工技艺也均已达到高超水平。江西南城明墓出土了对襟白棉布衬衣，襟口用十字挑花为饰，效果极佳。

普通男女百姓衣料是冬用棉布、夏用纻布，在少数民族地区，多采用毛织品。明朝初年，棉花在中原及长江流域普遍种植，使此时服装的面料结构发生了变化，棉布已成为民间的主要衣料。

二、服装图案

明朝服饰图案题材常用动物、植物、人物、文字、自然景物、几何纹样等。除了官服中的补子图案是用来表示等级差别外，民间服装图案在使用这些题材时，多是用来纳福或迎祥的，使用时通常采用其谐音与寓意。吉祥纹样意蕴宏富，渐成明朝服饰纹样的主流模式。纳福与吉祥图案因家喻户晓、妇孺尽知而深受普通大众的喜爱。

动物图案既有现实性的动物，如狮子、虎、鹿、仙鹤、孔雀、锦鸡、鸳鸯、鸂鶒、喜鹊、鲤鱼、鲶鱼、蝴蝶、蝙蝠、蜜蜂等，也有想象臆造的动物，如麒麟、龙、斗牛、飞鱼、獬豸、凤凰等。狮子除用在官服的补子上表示官位等级外，还以大狮小狮相戏谐音太师少师，狮子滚绣球则象征喜庆；虎口衔艾叶是端午节镇压五毒的象征；仙鹿、仙鹤均象征长寿；孔雀、锦鸡象征地位；鸳鸯、鸂鶒象征婚姻美好；喜鹊与梅花相配为喜鹊登梅、喜上眉梢；鲤鱼跳龙门寓意科举得中；鲤鱼系飘带则为八吉祥纹样之一；鲶鱼、鳜鱼象征丰收；蝙蝠谐音福字，与"卍"字组合为万福的象征；蜜蜂与灯笼、稻穗组合，象征五谷丰登。

云纹为自然景物纹样，有四合如意朵云、四合如意连云、四合如意七窍连云、四合如意灵芝连云、四合如意八宝连云、八宝流云等。雷纹一般作为图案的衬底。水浪纹多作服装底边等处的装饰。

人物纹样主要有百子图、戏婴图、仕女、太子及神仙等。吉祥祝福的文字图案也常被用在男女服装上，如福、禄、寿、喜、财、富、贵、正、吉等字，还有用"百事大吉祥如意"七字作循环连续排列，可读成百事大吉、吉祥如意、百事如意、大吉祥等，不论文字多少，其吉祥含义一目了然。在明朝众多的吉祥图案中既有封建社会观念意识的糟粕，也反映出普通大众对美好生活的期盼。这些服饰图案的装饰，美化作用只是一方面，其吉祥寓意更为深刻，因而受到欢迎。

服饰纹样在民间使用具有一定的灵活性，特别是明朝中期以后这种现象最为明显。如明朝早期，宝相花还一度成为帝王后妃的专用图案，与蟒龙图案一样，禁止民间使用，但很快就解除禁律而运用于平民百姓的服装上。明朝面料上的花纹如梅花纹、缠枝花卉、龟背、毯路、凤纹和织金胡桃等花色十分丰富，花纹面料的特点是生动、简练、醒目（见图9-47至图9-49）。

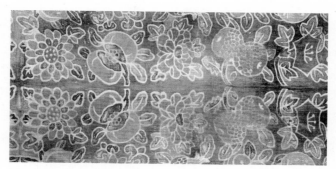

图9-47　明代秋香地花果纹夹缂绸

图9-48　明代缂丝花鸟图（复制件）/北京定陵博物馆藏

图9-49　明代橘红地缂丝龙凤纹椅披

第五节　小　结

　　明朝从蒙古贵族手中夺得政权，对整顿和恢复汉族礼仪非常重视，废弃元朝服制，并根据汉族人的习俗，上采周汉、下取唐宋，对服饰制度作了新的规定。明朝服装是中国古典服饰的集大成时期。明朝重视恢复汉族服饰古制，在复古中又有所创新。明太祖曾说："今之不可为古，犹古之不能为今。礼顺人情，可以义起，所贵斟酌得宜，必有损益。"（《明太祖实录》）

　　明朝服装也出现了许多新的变化，最突出的特点是前襟的纽扣代替了几千年来的绸带结系，纽扣的形制和花色也比元朝有了很大的进步，更富于装饰性。其次是将补子图案应用到官服中，成为识别官阶等级的又一标记。另外，明朝的理学盛行也在一定程度上影响了服装风格。明朝服饰中广泛应用吉祥图案，以其艺术魅力和图案背后丰富的感性内涵植根于特定的社会历史文化模式中，代表了民众审美的普遍性。

　　明朝男装以方巾、圆领为代表，当今京剧舞台上书生的袍衫与明朝儒生所穿的襕衫极为相似，宽袖、圆领、皂色缘边、皂绦垂带。

　　明朝总体的服饰色彩偏向浅淡，崇祯时期提倡白色裙。明初女裙宽为6幅，明末时发展为8幅、10幅。裙褶十分盛行，有细密褶纹，也有大褶纹，裙纹装饰讲究。裙子面料、色彩、款式方面更加丰富。

　　明朝棉纺织业十分发达，服装材料的工艺水平也达到了空前的高度，形成了许多棉纺织业中心，如松江、杭州、湖州、宁波等。明朝的丝织业也十分发达，涌现出如苏州、杭州、潞安、成都等丝绸中心。明朝中后期，随着商品经济的发展，在江南的苏州、杭州等地的纺织业中出现了一种新型的生产方式，即在手工工场里，机户拥有资金和生产资料，雇佣工人进行生产，成为中国早期的资本家；机工和雇主之间的关系是"机户出资，机工出力"的雇佣与被雇佣的关系，资本主义性质的生产关系已初现端倪。

第十章
清朝服装

第一节　服装发展的时代背景

一、时代背景

清朝（1644—1911年）是中国历史上最后一个封建王朝。1616年，努尔哈赤建立王朝称汗，国号大金，史称后金，定都赫图阿拉（今辽宁省新宾县永陵老城）。1636年，皇太极改后金国号为"清"。1644年，李自成农民军攻陷北京，明崇祯帝自杀。清军乘机入关击败李自成起义军，后又攻占南京，灭南明。多尔衮迎顺治帝入关，定都北京。直到1911年，辛亥革命爆发，清朝被推翻。清朝自入关后，历经10位皇帝，享国268年。

清朝满族原是尚武的游牧民族，在戎马生涯中形成自己的生活方式，满人的服装形制与汉人的服装大相径庭。清朝建立后，为了统治的需要，在全国范围内强制推行满人的服饰，禁止汉人穿汉装，相关法令非常严厉，如穿明朝服饰者，要遭到杀戮。1645年6月，清廷颁布剃发令，令各地人民十日内一律遵照满族习俗剃发，以示归顺，否则"杀勿赦"。"留头不留发，留发不留头"成为剃发易服的法令宣传。清廷的这一命令严重地伤害了崇尚儒学伦理的汉族人民的尊严，遭到各地特别是江南广大地区人民的强烈反对，致使许多地方都爆发了大规模的反剃发斗争。为缓和民族矛盾，稳定政局，清朝廷接纳了明遗臣金之俊提出的"十从十不从"的建议。具体内容是：剃发易服的政策实行"男从女不从，生从死不从，阳从阴不从，官从隶不从，老从少不从，儒从而释道不从，倡从而优伶不从，仕宦从而婚姻不从，国号从而官号不从，役税从而语言文字不从"。从此以后，大部分男子都剃发为旗人发式，而南方和北方山区乡村的女子服饰仍以明朝服饰为主。在近300年的满、汉交往中，满、汉服装在审美及装饰形式上渐趋融合。

二、意识形态对服饰的影响

满族早在关外建立后金政权时就已开始有了衣冠服制，从努尔哈赤起，经过皇太极、顺治、康熙、雍正五朝修订了官民的服饰条例与制度，至乾隆时期更趋于完善。满汉文化的交融期从清军入关后就已开始，其中满汉服装中的官服形制相结合体现得更加突出。清朝在礼法制度上多承袭明朝，并参照中原古礼制的传统，其冠服体系周详严整，尤其是官员补子服上的纹饰品章延续了中华传统的衣冠文化，其形制也多仿明朝汉官服饰。明朝发明的补子，沿用至清代，只在形式上稍微有些区别。

在民族特色方面，满族官服中的马蹄袖、小马褂、马甲是清朝官服的一大特色。明朝的乌纱帽换成了顶戴花翎，官员的行袍、行裳、马褂、坎肩、补服，佩戴的朝珠、荷包香囊等也尽显时代民族特色。清朝的专制也导致官员着装的款式、质料和颜色都要受到严格的限制，违反规定的以犯罪论处。雍正皇帝赐死年羹尧的理由之一，就是年羹尧擅用鹅黄小刀荷包、穿四衩衣服、纵容家人穿补服。可以看出清朝将服饰的等级之别，分得细到极致。女装虽然相对宽松但处处精雕细刻，服饰镶边有所谓"三镶三滚""五镶五滚""七镶七滚"，多至"十八镶"。除在服装上的镶滚之外还包括下摆、大襟、裙边和袖口上缀满各色珠翠和绣花，鞋上也绣上密匝的花纹，表现出清朝官服的繁文缛节。

从整体上看，清朝虽然对明朝服制有所改变，对华夏族的衣冠形成了冲击，但却未从根本上撼动华夏族衣冠治国方略的根基。从某种角度来说，清朝是继承发展了华夏以衣冠治其国的传统，同时掺进本民族的文化意识，形成了清朝特有的服饰制度。

清朝是少数民族政权，出现了汉化的趋势，汉族文化底蕴深厚，汉人占人口的绝大多数，学习汉族文化有利于统治。清王朝的意识形态始终保持着北方民族对汉族儒家思想特有的理解和演绎，以保证服装制度的践行。清朝服饰是中国历代服饰中最为庞杂和繁缛的，对近世的中国服饰影响较大。

第二节 男子服装

一、男子首服

（一）皇帝朝冠

清朝改冠制，礼帽分两种：一种是皇帝夏朝冠，呈圆锥状、双层喇叭状，用玉草或藤丝、竹丝制成，外面包裹以罗，以红纱或红织金为里，在两层喇叭口上镶织金边饰，冠檐前缀"金佛"，后缀"舍林"，金佛周围饰东珠15颗，冠后的"舍林"缀东珠7颗，冠顶再加镂空云龙、嵌大东珠的金宝顶（见图10-1）；另一种是冬朝冠，呈卷檐式，周围有一道上仰的檐边，用紫貂或黑狐毛皮制作，冠顶加饰镂空金座并镶嵌宝珠等（见图10-2）。

（二）官帽

官帽分两种，有凉帽和暖帽。官帽讲究"顶饰"与"羽饰"。早在清兵入关前，帽上只有顶戴而无花翎，入关后，加上花翎，"顶戴花翎"象征官员的完整"功名"。

凉帽无檐，形如斗笠，喇叭式，材料多为藤、竹，外裹绫罗，多用白色，也有用湖色、黄色等，上缀红缨顶珠（见图10-3）。顶珠是区别官职的重要标志。按照清朝礼仪：一品官员顶珠用红宝石，二品用珊瑚，三品用蓝宝石，四品用青金石，五品用水晶，六品用砗磲，七品用素金，八品用阴文镂花金，九品用阳文镂花金。有顶无珠者，即无品级。

图10-1 清朝皇帝夏朝冠

图10-2 清朝皇帝冬朝冠

图10-3 清朝夏季官帽

暖帽为圆形，材料有皮制，也有用呢、缎或布制的，颜色以黑色为主。皮毛材料的暖帽以貂鼠为贵，其次为海獭，再次为狐皮。由于海獭价格昂贵，后用黄狼皮染黑代替，名为骚鼠，时人争相仿效。康熙年间，一些地方出现一种剪绒暖帽，色黑质细，宛如骚鼠。暖帽中间还装有红色帽纬。帽子的最高部分，装有顶珠，材质多为红色、蓝色、白色或金色的宝石（见图10-4）。顶珠是区别官职的重要标志。官员顶珠与上述的凉帽相同。摘掉顶戴花翎是被免官的象征。

（三）便帽

清朝男子戴巾者少，戴帽者多，而且多戴便帽，俗称"瓜皮帽"。瓜皮帽是创立于明朝、流行于清朝的一种男式帽子。相传来源为明太祖所创的六合帽，取"六合一统、天下归一"之义。在清朝广为流行。帽子分成六瓣，形状如半个西瓜皮。无檐、窄檐或包有装饰窄边，多用黑色的绸、呢绒或纱制作。顶上饰有各种颜色和材料的结子，前面钉饰物叫"帽准"，以辨别前后（见图10-5）。皇帝便帽的帽准为金、玉所饰，后面垂有红色穗带。图10-6为清朝光绪皇帝的便帽，帽上纹样用珊瑚米珠钉缀和刺绣而成，工艺精湛、色彩鲜艳。

图10-4　清朝冬季官帽

图10-5　清朝民间便帽

图10-6　清光绪便帽/清宫旧藏

二、君臣官服

（一）朝服

朝服是最隆重的礼服，为大典及重要祭典时所穿用。皇帝朝服的纹样主要以龙纹和传统十二章纹样为主。朝服颜色依次有明黄、蓝、红、月白4种，其中明黄为等级最高的颜色。朝袍为上衣下裳，分裁而合缝，箭袖、大襟，肩配披领，腰间以方形腰包为饰，保留了满族服饰习惯（见图10-7）。

（二）吉服

吉服是比朝服低一等级的礼服。清朝皇帝的吉服袍，即俗话说的"龙袍"。一般在吉庆典礼、宴会和朝见臣属时穿用。吉服由吉冠、吉袍、吉带、朝珠和靴组成。龙袍的样式特点是：圆领、大襟、箭袖、开四衩，以明黄、金黄等亮黄色为主色，领和袖口用石青色为辅色。龙袍上共绣金龙9条，前后都可看到5条团龙，即"九五之数"，寓意"九五至尊"。龙袍下摆，斜向排列着许多弯曲的线条，名谓水脚。水脚之上，还有许多波浪翻滚的水浪；水浪之上，又立有山石宝物，俗称"海水江崖"。它除了表示绵延不断的吉祥含义之外，还有"山河永固""万世升平"的寓意（见图10-8）。

图10-7 皇帝朝服/清宫旧藏

图10-8 清朝皇帝龙袍/参照传世实物摹绘

（三）常服

常服是非正式场合或一般性正式场合穿的服装。皇帝常服为衣褂式，圆领、对襟、袖口平、左右开衩，穿在袍外。常服多选用单色织花颜色，常见为石青色，常服袍的面料、颜色、花纹不像吉服袍那样有严格的规定，可以随皇帝的喜好而选用。面料多为提花的绸、缎、纱、锦等质地。常服的图案花纹虽然无严格的规定，但是多采用象征吉祥富贵的纹样，如团龙、团寿、团鹤、蝙蝠、盘肠等，寓意万事如意、团圆和美、福寿绵长。清代皇帝常服大多是江宁、苏州、杭州的织造所生产，质地精细、纹饰规则（见图10-9）。

图10-9 清皇帝的常服

（四）蟒袍

蟒袍是官员的礼服，来源于明朝，清朝又称"花衣"。皇帝穿龙袍，群臣穿蟒袍。蟒纹与龙纹有些相似，为了与龙袍区别，蟒纹为少了一爪的龙纹，俗称"五爪为龙、四爪为蟒"。不同级别的官员在颜色、蟒数上有区别。蟒袍款式与龙袍相似，圆领、大襟、右衽、袍长及足，多用石青、蓝色、紫色，周身以金、银线及彩色线刺绣纹样。在蟒袍的下摆处还要绣上斜向的海水江崖、福山寿海等图案。海水意即海潮，潮与朝同音，故成为官服之专用纹饰。江崖，又称江芽、姜芽，即山头重叠，似姜之芽，除表示吉祥绵续之外，还寓有国土永固之意（见图10-10）。徐珂《清稗类钞》："蟒袍，一名花衣，明制也。明沈德符《野获编》云：'蟒衣，为象龙之服，与至尊所御袍相肖，但减一爪耳。'凡有庆典，百官皆蟒服，于此时日之内，谓之花衣期。如万寿日，则前三日后四日为花衣期。"《钦定大清会典》卷四十七："蟒袍，亲王、郡王，通绣九蟒。贝勒以下至文武三品官、郡君额驸、奉国将军、一等侍卫，皆九蟒四爪。文武四五六品官、奉恩将军、县君额驸、二等侍卫以下，八蟒四爪。文武七八九品、未入流官，五蟒四爪。"

（五）补服

补服也叫"补褂"，是清朝官服中重要的一种形制。补服无领、对襟，袖端平，前后各缀有一块补子，衣长比袍略短。补子比明朝略小，穿着的场所和时间较多（见图10-11）。官员的补服多为石青色。补子图案是区分官职的主要标志。文官绣禽纹：一品，仙鹤；二品，锦鸡；三品，孔雀；四品，鸿雁；五品，白鹇；六品，鹭鸶；七品鸂鶒；八品，鹌鹑；九品，练鹊（见图10-12）。

武官绣兽纹：一品，麒麟；二品，狮子；三品，豹子；四品，虎；五品，熊；六品，彪；七品、八品，犀牛；九品，海马。清朝补服与明朝补服图案略有差别，如表10-1所示。

（六）端罩

端罩是另一种官服，满语称"打呼"，意为皮毛朝外的裘皮服装，对襟、圆领、平袖，身长至膝（见图10-13、图10-14）。在清朝服饰制度中"端罩"

图10-10　清官员的礼服——蟒袍

图10-11　穿补服的官吏/清朝关天培像

图10-12　内穿吉服、外穿补服的官吏/清《万树园赐宴图》局部

表10-1　清朝文武官员补子绣纹表

品　级	文官补子绣饰	武官补子绣饰
一品	仙鹤	麒麟
二品	锦鸡	狮
三品	孔雀	豹
四品	云雁	虎
五品	白鹇	熊
六品	鹭鸶	彪
七品	𪆅鹈	犀牛
八品	鹌鹑	犀牛
九品	练鹊	海马

图10-13　外穿端罩、内穿缺襟袍的官吏/清《中兴功臣图像》局部

是上至皇帝下至高级官员、侍卫官等人在冬季时所穿的衣服。按《大清会典》的制度，端罩用料有黑狐、紫貂、青狐、貂皮、猞猁狲、红豹、黄狐等几种。按质地、颜色、皮色的好坏分为8个等级，以此来区别其身份、地位的高低尊卑。清朝规定四品官以下不得用端罩。

图10-14　官服——端罩

（七）行服

行服通常指外出和打猎时的服装，又叫"缺襟袍"，上至皇帝下至臣僚都可穿用。行服袍的长度比常服袍略短，圆领口、右衽、大襟、窄袖。袍服右面的衣裾下短一尺，缺襟袍比常服袍减短1/10，便于骑马。不骑马时，用3个纽扣将缺襟拴住，如同常服袍一样（见图10-15）。

图10-15　清朝官吏的行服（传世实物）

（八）行褂

行褂俗称"马褂"，穿在行袍外面。对襟，长度至腰，门襟有5个纽扣，袖长至肘部，袖口平齐。用纱或绸缎制成。黄马褂是皇帝赏赐给御前侍卫、御前大臣及有功大臣、军功卓著的高级将领的奖品。一旦被解除职务，便不能再穿。因此，这种黄马褂又称"职任褂"，颜色比皇帝的黄马褂浅些，呈浅淡黄色，无图案，纽襻多为石青色。清·昭梿《啸亭续录·黄马褂定制》："凡领侍

卫内大臣，御前大臣、侍卫，乾清门侍卫、外班侍卫，班领，护军统领，前引十大臣，皆服黄马褂。"另外，比武成绩优秀者也赏赐黄马褂，后来又扩大到统领军队的文官。比武优异者所惠得的黄马褂其纽襻为黑色，俗称"武功褂子"。清朝文武官员视御赐的黄马褂为一种极高的政治礼遇和无上的荣耀（见图10-16、图10-17）。

图10-16　戴暖帽、穿琵琶襟马褂的官吏

（九）马甲

马甲是一种无领、无袖的上衣，南方人称马甲，北方人称坎肩。清朝马甲开襟形式有一字襟、大襟、琵琶襟和对襟。其中一字襟马甲，俗称"十三太保"，是一种多纽扣的马甲，满语称"巴图鲁"。巴图鲁是"勇士"之意，所以一字襟马甲又叫"勇士服"。这种马甲，四周镶边，在正胸钉一横排纽扣，共13粒。先在朝廷内要官服用，又称"军机坎"，清朝晚期出现了对襟马甲（见图10-18）。

图10-17　清朝马褂（示意图）

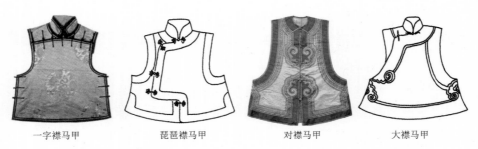

一字襟马甲　　琵琶襟马甲　　对襟马甲　　大襟马甲

图10-18　清朝马甲的4种开襟形式

（十）八旗兵甲胄

甲胄就是盔甲。八旗兵的盔甲分头盔、腰甲、腹甲、腿甲4项（见图10-19、图10-20）。盔在清朝重新改称胄，胄分官胄、随侍胄、兵胄几种。清朝盔甲无论从制作工艺还是从外观装饰上，都比以前有较大进步。清朝中后期，随着枪炮等火器的大量使用，盔甲的防护作用已越来越小，况且盔甲笨重，不便于行动，清朝军队索性脱掉盔甲，轻装上阵。金属的盔甲逐渐被轻便

图10-19　清朝八旗兵盔甲/辽宁博物馆藏　　图10-20　乾隆《大阅铠甲骑马像》/意大利画家郎世宁绘、北京故宫博物院藏

的布质、毛料和其他特殊材料的服装取代。鸦片战争爆发后，当欧洲侵略军的火炮在中国炸响时，盔甲也逐渐走向消亡，取而代之的是新的军服式样。新的士兵戎服是，上身穿对襟无领上袖短袍，下身穿中长宽口裤，上衣外面一般还要罩一件马褂。士兵的冠饰有暖帽、凉帽、头巾和毡帽等几种。清军的军官通常穿靴，士兵穿双梁鞋或如意头鞋。

三、男服佩饰

清朝的服装制度规定，高级官员朝服上应戴披领、颈间的硬领和领衣，胸挂朝珠，腰际束带，足登靴等。按清《会典》规定：朝官，凡文官五品、武官四品以上，军机处、侍卫处、礼部、国子监、太常寺、鸿胪处等所属的官员，不分品级一律可戴朝珠。根据官品大小和地位高低，用珠和绦色都有区别。官员的朝带一般用丝织品制成，上面有带钩和左右各两个环，环上有佩刀、解结锥、荷包、佩帨等物件，用不同的色彩与材质以区别官阶的高低。官员用公服时多穿靴，材料多为黑缎；穿便服时着双梁鞋、如意鞋。

（一）披领

披领是披在肩部的官服佩件，多用于官员的朝服（见图10-21）。其样式两隅略呈尖锐状，形似菱角。冬季用紫貂或石青色，加以海龙缘镶嵌，夏季用

图10-21　清末披领

石青加片金缘边制作，上面绣纹样。

（二）领衣

清朝礼服无衣领，需在衣服外加硬领，叫领衣，特点是对襟，用纽扣系之，束在腰间，春秋季用浅湖色缎，冬季用绒或皮。因为造型酷似牛舌状，百姓俗称"牛舌头"（见图10-22）。

（三）朝珠

朝珠是朝服和吉服上佩戴的珠串，形状如同和尚胸前挂的念珠。朝臣只有文官五品、武官四品以上的官员和军机处、侍卫处、礼部、国子监等人才可穿着朝服或吉服。它是显示身份和地位的标志，平民百姓不许佩挂。朝珠由108粒珠贯串而成，每隔27粒串入1粒材质不同的大珠，4个大珠将其分为4份象征四季。与垂于胸前正中的1粒佛头相对的1粒大珠为"佛头塔"，由佛头塔缀黄绦，中串背云，末端坠一个葫芦形佛嘴。背云和佛嘴垂于背后。在佛头塔两侧缀有3串小珠，每串有小珠10粒。一侧缀两串，另一侧缀1串，两串者男在左、女在右。朝珠的质料以产于松花江的东珠最为贵重，只有皇帝、皇太后、皇后才能戴。此外，有翡翠、玛瑙、红蓝宝石、水晶、白玉、绿玉、青金石、珊瑚、绿松石等（见图10-23）。

（四）朝带

朝带即朝服所系的腰带，有金带、玉带、银带、铜铁带等（见图10-24）。不同官职，其材质、形制各有不同，标志着官阶的高低。皇帝在大典礼时所用的朝带，颜色为黄色，下垂龙纹金版，圆形。金版中间以红、蓝宝石或绿松石及东珠镶嵌花形，周边用20粒珍珠围绕。其他版饰东珠四，中饰猫睛石一。

图10-22 清末红色领衣

图10-23 朝珠

图10-24 缂丝朝带

（五）鞋、靴

清朝男子的靴，种类较多，有薄底、厚底之分，鞋面多用缎、绒、布制作，样式有云头、双梁、单梁、高勒、矮勒之分。皇帝上朝穿朝靴（见图10-25）。官吏公服穿高勒靴，便服着布鞋。另有一种名为"快靴"的官鞋，又称"爬山虎快靴"，底薄、勒短，穿着敏捷，便于活动（见图10-26）。

四、男子民装

清朝满族统治者实行强迫的服制政策，汉族百姓男子头上额削发为秃，留后辫垂肩，头戴瓜皮帽。男子服装有长袍、马褂、袄、衫、马甲、裤等，其中长袍马褂最具有代表性。普通男子长袍中还有一种下摆不开衩的，称"一裹圆"。长袍外穿对襟马褂为百姓礼服，对襟马褂用料节省、制作方便，取代了古代的衣裙，这是后人易于接受的原因（见图10-27）。普通男装盛行穿马甲，因其能御寒护心。清朝男子普遍穿裤，裤子分满裆裤和套裤两种。满裆裤用绸或布制作，中原一带男子穿宽腰长裤，系腿带。西北地区因天气寒冷而外加套裤，江浙地区则有宽大的长裤和柔软的于膝下收口的灯笼裤。冬季里北方农村下层满族和其他民族男子多穿满族的"乌拉鞋"，用牛皮或猪皮缝制，内絮乌拉草，既轻便又暖和，适用于冬季狩猎等活动。

图10-25 清朝皇帝朝靴/故宫博物院藏

图10-26 清官快靴/沈阳故宫藏

图10-27 清朝末年戴瓜皮帽、穿长袍马褂的百姓男子/传世照片

第三节　女子服装

受清朝服制中"男从女不从"的规定影响，女子服装出现了满、汉服装并存的形式。清朝初期，汉女与满女的服饰有明显的区别，汉女多穿明朝的袄裙和上衣下裤，发式为宋、明发髻；而满族女子则多穿旗袍，头梳"旗髻"。但随着满、汉两族的长期交往，女装风格也得到了交融。汉族妇女在康熙、雍正年间，还保留明代服装样式，时兴小袖衣和长裙。到乾隆以后，衣服渐肥渐短、袖口日宽，使用与旗袍相同的面料制作袄裙，服饰纹样内容、工艺也与旗装相同。受满族旗袍的影响，汉族女子在服装上也多用镶花边、绲牙条，形成了与旗袍相同的"三镶嵌、五绲边"的装饰风格。

一、女子首服

清初，汉族女子留牡丹头、荷花头，清中期，旗女和汉女模仿满族贵妇发饰，以高髻为尚。清末，汉族女子圆髻梳于后，头上喜戴头花、翠鸟、红绒花等，头髻讲究光洁。未婚女子梳长辫或双丫髻、二螺髻。乾隆、嘉庆、道光年间，满族女梳"两把头"，即头顶后部将发平分两把，向左右方横梳成两个长平髻，两髻合宽约一尺，俗称"叉子头"（见图10-28）。到光绪、慈禧时期，制作了更高的髻式，取名"大拉翅"，即用板面固定头发，并将余发与板片绕在一起，形成"T"形，多用金、银首饰与绢花组成，将大花加放在板面上，板

图10-28　梳旗髻的满族妇女/清《贞妃常服像》

面由黑缎制成，少妇尚大、老妇尚小。"大拉翅"发型为满族贵族女子婚后使用，平时挂单穗，大礼时要挂双穗。满、汉女子不戴帽而喜欢戴兜勒，也称头箍。北方妇女插银簪，南方妇女喜欢在发髻上横插一把精致的木梳（见图10-29、图10-30）。

图10-29 清朝汉族妇女发型/陆淡容《袁母韩儒人像》

图10-30 清朝汉女发髻/杨柳青年画

二、女子服装

（一）朝服

清朝皇太后、皇后、皇贵妃均有朝服，朝服由朝冠、朝袍、朝褂、朝裙及朝珠等组成（见图10-31至图10-33）。朝冠，冬用紫貂、夏用青绒等材料制成，上缀有红色帽纬。顶部分3层，叠3层金凤，金凤之间各贯东珠1只。帽纬上有金凤和宝珠。朝袍与朝褂以明黄色缎子制成，也分冬、夏两种。朝袍由披领与袍身组合。朝褂穿在朝袍之外，圆领、对襟、无领、无袖，后有开裾，形似比甲，上面绣有龙云及八宝纹样等。皇后等人穿朝服时，要戴披领、朝珠、朝带等。

图10-31 清朝皇后朝服/清宫旧藏

图10-32 清朝皇后冬朝冠/清宫旧藏

图10-33 皇后朝褂（传世实物）/北京故宫藏

（二）常服

皇太后、皇后、皇贵妃的常服样式为圆领、大襟，领边、袖口及衣襟边缘饰有宽花边，纹样以龙、凤、蝴蝶、牡丹等图案为主（见图10-34）。

（三）云肩、霞帔

云肩为妇女披在肩上的装饰物，在明朝以前已经有了。清时妇女将其作为礼服上的装饰使用，普通女子在结婚礼服上也使用（见图10-35）。霞帔是宋朝以来妇女的礼服佩饰，随品级的高低而不同。《格致镜原》引《名义考》称："今命妇衣外以织文一幅，前后如其衣长，中分而前两开之，在肩背之间，谓之霞帔。"清朝命妇礼服，承袭明朝制度，以凤冠、霞帔为之。清时的霞帔已经演变为背心，霞帔下施彩色流苏，中间缀以补子，补子所绣样案图纹一般都根据其丈夫或儿子的品级而定，唯独武官的母、妻不用兽纹而用禽纹（见图10-36）。

图10-34 皇后常服/凤袍

图10-35 清末云肩（传世实物）

图10-36 清朝霞帔
（传世实物）

（四）汉族女子服装

清朝初期，汉族女子服装与明朝末期相同，以传统的袄裙套装为主。中期以后妇女多穿裙装和套裤。侍婢、乡村劳动女子只穿裤而不套裙。城镇女子则以简捷的长裙为主。富裕之家的女子裙式有多种，如在裙褶裥内绣有花纹图案的"月华裙"，以及用金银线将裙片拼合连接、宛如凤尾的"凤尾裙"。乾隆时期，妇女喜欢上穿镶粉色边的浅黄色衫，下配绣花边的裙子。咸丰、同治时期则在凤尾裙基础上出现了"鱼鳞百褶裙"，即在裙子的下摆处用线交叉相连，使之能展能收，形似鱼鳞。光绪后期的裙装开始加飘带，尖角处缀以金、银、铜铃，行动起来叮当作响。汉族女裙以红色为贵，在喜庆时节女子多穿红裙，这种红色代表吉祥的理念影响至今。镶绲绣彩是清朝女装的一大特点，一般在领、袖、襟、下摆、衩口、裤管等处镶绣。早期三镶五绲，后来发展为十八镶绲。汉女平时穿袄裙、披风等。服装由内到外是：肚兜、贴身小袄、大袄、坎肩、云肩、披风。清朝后期汉族中的贵妇也仿用满族旗袍或装饰手法，使满汉女装在演变中渐渐形成融合的趋势（见图10-37）。

（五）满族女子服装

满族妇女穿"旗装"，梳"旗髻"，穿高底旗鞋。旗袍，满语称为"衣介"，分为单、夹、皮、棉4种。传统旗袍与现代旗袍有明显区别。传统旗袍宽大平直，讲究装饰，领口、袖头、衣襟都绣有不同颜色的花边，从样式到做工都十分讲究。旗袍的样式后来发生了一些变化，从四面开衩改成了两面，下摆也由宽大改为收敛，袖口由窄变肥，又由肥变瘦。至咸丰、同治年间，镶绲达到高峰时期，旗女袍服的装饰之烦琐，几至登峰造极的境地。清朝后期，旗袍衣身较为宽博，造型线条平直硬朗，衣长至脚踝（见图10-38）。"元宝领"造型十分普遍，旗袍的领、袖、襟、裾都有多重宽阔的绲边。春秋季节女子旗袍内穿套裤，即无腰无裆、只有两只裤腿的裤子，穿着时用带系在腰间。

清末时，汉族女子流行内穿红色肚兜和合裆的裤子，在裤腿边上绣着各种花纹（见图10-39、图10-40）。满族妇女喜欢在衣襟、鞋面、荷包、枕头等物品上刺绣花卉、芳草、鹤鹿、龙凤等吉祥图案。

（六）汉履与旗鞋

女子之鞋，满汉不同。汉族妇女多缠足，穿适合小脚的弓鞋（见图10-41）。满族女子不缠足，穿高跟木底的"旗鞋"，其样式为：高跟安放在鞋底中央，

图10-39 清末肚兜

图10-40 清末汉族女装

图10-37 清朝汉族女装——袄裙

图10-38 清朝满族女装——旗袍

鞋底厚度在10厘米左右，鞋跟用细布包裹，在鞋面上和鞋跟的上部刺绣或用串珠装饰（见图10-42）。根据木底的形状，分"花盆底"和"马蹄底"两种。老年妇女和普通劳动妇女所穿旗鞋则以平底为主。

图10-41　清末汉女弓鞋（传世实物）

图10-42　旗女冬季绣花高底鞋/北京故宫博物院藏

第四节　太平天国服装

清朝道光年间，政府腐朽没落，国力渐衰，帝国主义乘机侵入，社会生产严重停滞，激起人民反抗。1851年爆发了中国历史上最大的一次农民起义，即太平天国运动，历经14年，势力遍及全国18省，其规模之宏伟、影响之深远是历史上任何一次农民战争都无可比拟的，极大地动摇了清朝封建统治的根基（见图10-43）。在洪秀全的领导下，起义军攻陷南京后，更名"天京"，建立太平天国政权，并迅速颁布和实施了一系列新的制度，其中，男子留满全发、改穿汉服的"留发易服"行动，便是其中极具代表性的一项措施。

图10-43　太平军北伐图

太平天国运动以推翻清朝为目标，在服装与配饰方面鄙视清朝的衣冠制度，建立起了自己的服饰制度。太平天国是中国历史上唯一推行服装制度的农民政权。

一、太平天国的衣冠制度

太平天国初期，本无服饰制度，将领与士兵穿着简陋。占领武昌后，太平军势力日益壮大，将、士服饰有了区分。进入南京后，洪秀全坐上天国的统治宝座，开始仿效帝王之制，专设"典袍衙""绣锦衙"等服饰制造、管理机构，并按官职的级别规定袍服的种类、颜色以及帽、靴的区别。对服装的选择非常慎重，例如清廷的纱帽雉翎一概不用、服装不准使用马蹄袖等。太平天国的袍服和马褂分别有黄、红两色。从天王至丞相等重要将领穿黄龙袍、素黄袍，军帅、旅帅等其他将领穿素红袍。黄、红马褂内有花绣纹。在袍服正中绣团形职衔。包头布的色彩和用料有严格的等级区分。

太平天国于1861年颁布了《钦定士阶条例》，限定："民间居常所戴之帽，皆用乌布纂帽，其富厚殷实之人，则缎绉纱，任由自便，但不得用别样颜色，致与有官爵者相混。"条例中对秀士、俊士、杰士、达士、国士、武士、榜眼、探花、状元的衣帽、袍靴式样也作了与其身份相应的规定。士兵只准扎巾而不许戴冠，临阵打仗时才许戴盔帽。不许穿红黄色衣服，不许穿绸缎和华美服装。如果士兵自家带有绸缎或其他华美服装或红、黄色彩衣服，可以当内衣穿，但必须盖上"天朝圣库"的大印。盔帽大多用竹、柳、藤编成，外包绸布，名为"号帽"或"得胜盔"，盔上绘有各种花朵及彩云，并在正中写"太平天国"四字（见图10-44）。士兵行军打仗时穿"号衣"。所谓号衣，是无袖、无领的大马甲，前胸后背印绣图案（见图10-45）。另有"腰牌"制度，凡天国兵士，都在腰带上佩挂一块长方形木牌，上写部队番号及官长姓名，并盖有火印，以此作为出入军营的凭证。

图10-44　太平军号帽

图10-45　太平军号衣、帽箍、海螺号角/南京太平天国博物馆藏

二、射眼龙纹

射眼龙纹是太平天国时特有的一种龙纹。金田起义前，洪秀全借上帝及耶稣之口，把龙比作"魔鬼""妖龙""东海老蛇"。而当他穿上龙袍时，无法自圆其说，便把龙的一眼"射闭"，名谓"射眼"。即

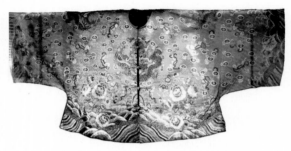

图10-46　洪秀全团龙马褂/南京太平天国博物馆藏

画龙纹时，将龙的一只眼圈放大，眼珠缩小，另一眼比例正常，两道眉用不同颜色（见图10-46）。他宣布凡是射了眼的龙纹，是"宝贝金龙"。 定都天京后，洪秀全将清两江总督署改造为天王府，并打造金龙殿，在服饰、礼仪等各个方面效法历代的皇帝，逐渐接受了龙文化。1853年后，取消射眼规定。《天父下凡诏》称："今后天国天朝所刻之龙尽是宝贝金龙，不用射眼也。"

三、太平军的巾帼服装

太平天国对妇女服饰虽然有所规定，但并不严格。妇女一般不戴角帽及凉帽，大多用绸缎扎额。起义初期，大多数妇女都穿男服，也有穿着苗装的。定都天京以后，由于生活条件的改善，妇女多不穿男装，依身份地位的不同所用图案纹样繁简不一。普通妇女则穿由各色绸缎制成的长袍。由于天国妇女要参加战争及生产劳动，所以服装样式讲究"合身、适体"，以圆领为主，下摆部分较为宽松，衣长过膝，为了区别清朝服装的右衽，开襟改为左衽。为了活动方便，常在衣服的下摆开衩，有两侧开的也有下摆中间开的，并用红绿绸绉扎于腰际，形成"当腰横长刀，窄袖短衣服"的服饰特色（见图10-47、图10-48）。

英国人呤唎在其所著的《太平天国革命亲历记》中，多处提到太平军妇女穿着的服饰："中国最俊美的男人和女人只能在太平军行列中看到。"其实，太平天国妇女服饰受广西客家文化影响较大。太平天国早期活动区域在广西桂平紫荆山区及广西金田村，均为广西客家人居住的地方。太平天国前期的东

图10-47　太平天国女将洪宣娇/陶瓷作品

图10-48　窄袖女袍/根据太平天国博物馆藏品绘制

王、南王、西王、北王、翼王和太平军将士也多为两广的客家人，他们都有着强烈的中原情结。客家人崇尚自由，因此太平天国妇女的服饰也较为宽松。另外，客家女子均着长裤，不喜穿裙。

第五节　服装面料与图案

清朝纺织品遗存最多，其织物特点表现为结构组织紧凑活泼、花色品种多样、取材丰富而广泛、配色丰富而明快。清朝不仅可以织出幅面近3米宽的各色绢，还可以织出各式成衣的丝织匹料。清代织造工艺不仅保留和发展了传统的织绣工艺，而且有很多的创新，形成了这一时期特有的风格。最有特色的是锦缎，把缎织物的光洁、平滑、高贵的特性发挥到了极致。皇族帝后、王公贵族的服饰面料与刺绣图案华贵富丽，体现了清代织造的精湛技艺和艺术成就，是中国封建社会时期织绣发展的最高水平。

清朝服饰面料主要有绫、锦、绸、罗、绢、葛、棉布、缂丝等。清兵入关以后，服饰图案中也常使用汉族的福、寿、卍等字的吉祥符号。虽然满族服饰有很强的传统民族特色，但也被历史积淀深厚的汉族文化所融合，在长期与汉族的杂居中，满、汉两族的服饰在色彩、图案上都有不同程度的发展。织物纹饰多用寓意吉祥的纹样，以团形纹、菱形纹、散点纹为主。花边图案广泛运用，不仅用在帷幕、桌围、床上纺织品上，也大量使用在男女服装上，镶、绲、绣工艺是此时服饰的重要装饰手段（见图10-49至图10-52）。

色彩方面，满族服饰面料常用红色、蓝色、紫色、白色、淡黄、紫黑等。白色在满族服饰中是一个重要的颜色，满族传统上有尚白的习俗，以白色为洁净，也象征着如意吉祥。

图10-49　凤穿牡丹纹织金锦（传世实物）

图10-50　服饰花边举例/参照传世实物绘制

图10-51　团花图案/缠枝宝相花

图10-52　红地龙凤纹锦（传世实物）

第六节　小　结

清朝是中国封建社会的最后一个王朝，多民族的国家得到进一步的巩固和发展。从服装发展的历史来看，清朝统治者强令汉民剃发易服，致使中国古代服装在最后一个封建朝代发生了重大变异。几千年来世代相传的传统服装制度，由于清兵的进关而遭到破坏，取而代之的是陌生的异族服装，旗人的风俗习惯影响着中国广大的地区。

清朝官服制度，是历代官服制度的延续和发展，在坚守满族旧制的基础上参照了汉代服制的部分内容加以制定，内容繁缛、烦琐。据《钦定大清会典事例·礼部》记载，官员要按照礼制规定着装，逢穿礼服之日，不能穿吉服；该穿吉服之时，不可穿礼服，官服制度严格而具体。官制中还把各种礼仪分为五礼，即"吉礼、军礼、嘉礼、宾礼、凶礼"，而每一礼中还包括若干子项目。

凡遇礼仪之时，参加者无论是皇帝、后妃，还是文武群臣，所穿服饰一律要按制度而行，按章守法，否则以失礼罪之。这些具体而详细的条款在清朝《内务府现行则例》《大清通礼》《清实录》等古籍中也可见到。

顺治九年（1652年）《钦定服色肩舆永例》颁行，从此废除了明朝具有浓厚汉民族色彩的冠冕衣裳。由明朝男子的蓄发挽髻、着宽松衣、穿长筒袜和浅面鞋，变成剃发留辫、辫垂脑后，穿瘦削的马蹄袖箭衣、长袍马褂、紧袜、深统靴。在女装方面保持了不同民族原有的服饰习惯，使满、汉两族在长期的相互影响下，服装装饰风格、面料织造、色彩特征、纹样取材等方面逐步趋于融合。

清朝服饰在形制和风格上，既保留了本民族的习俗特征，又融入了汉民族的服饰系统，并发扬前朝的封建等级制度的内容，其条文的庞杂、章规的繁缛、装饰的精致超过了以往历代。清朝服装尽管在外观形式上摒弃了许多汉族传统服饰元素，但其内在的文化却没有改变，其精神实质与整个中华民族的服装文化是一脉相承的。清朝在服装质料、装饰、色彩等方面，官与民的优劣都是泾渭分明的。另外，旗装以用料节省、制作简便、穿着便利而成为时代进步的标志，清朝是我国又一次较大的服饰变革时期。

太平天国是中国近代史上规模巨大、波澜壮阔的一次伟大的反封建反侵略的农民运动。剪除发辫、更换旗装，成为起义军推翻清朝最鲜明的标志。它建立了政权，颁布了《天朝田亩制度》，更换了服装形制，成为我国第一个推行服装制度的农民政权。太平天国运动的兴起，在一定程度上加速了清王朝的衰落和灭亡。

第十一章
20世纪前半叶的中国服装

第一节　服装发展的时代背景

一、时代背景

1840年，鸦片战争爆发，英国侵略者的坚船利炮轰开了中国的大门，致使中国从一个独立的封建国家逐步沦为半殖民地半封建国家。帝国主义的侵略、西洋文化的冲击、清朝内部的斗争，再加上人民群众的反抗，强有力地冲击和动摇了我国两千多年封建社会的经济和政治基础。20世纪初，孙中山领导了旧民主主义革命，新兴资产阶级与封建王朝展开了历经数年的艰苦斗争，摧枯拉朽般地一举摧毁了封建帝国的最后一个王朝，使几千年来的封建衣冠制度迅速解体。20世纪初的民国时期是中国历史上一个新旧交替的时代，不仅政治上推翻了帝制，社会习俗方面也发生了很大的变化。中华民国成立后，全国各地都纷纷掀起了男子"剪辫"、女子"放足"的浪潮以迎接新时代的到来，新的着衣观也随之产生。

二、民国时期的服装变革

辛亥革命废除了300年的辫发陋习，废弃了烦琐的旧制衣冠，并逐步取消了缠足等束缚妇女的习俗。1912年10月中华民国临时政府颁布了《民国服制》，20世纪20年代末，民国政府又颁布了《服制条例》，其主要内容是推行国民政府的礼服和公服。民国时期，受革命救国运动影响，男士所穿的传统长袍马褂，逐渐改为西服，而"中山装"则是这个时期最具代表性的男子服装。

年轻妇女也不再沉默，纷纷向传统礼教作出挑战，积极参与社会活动。千百年以来残害妇女的缠足陋习，在新思潮的冲击下，也日渐走向消亡。女装出现了许多新特点，最突出的是以简约的袄裙和新式旗袍为代表的"文明新装"的出现。

1934年2月，民国政府曾在江西南昌发起"新生活运动"，其目的是重塑道德、改变社会风气，提倡"礼、义、廉、耻"，要求人们从衣食住行的日常生活做起，以整齐、清洁、简单、朴素、迅速、确实为标准。但在当时内忧外患的状况下，实际收效甚微。

三、民国时期服装新潮流

（一）西服东渐与海派服装

20世纪初，中国处于封建末世与新时代的转型期，随着国门被动地开放，西服、西裙、眼镜、发卡、西式纽扣、洋伞、洋布、洋蜡、西方礼帽、怀表以及手摇缝纫机等成为社会追逐的时尚，就连皇族、权贵们也不例外。慈禧不肯让出皇权、退出统治舞台，不得不训练新军，因此，西式军服、军帽以及洋刀、绶带、勋章等在军队中普遍出现。"西服东渐"的冲击波不仅孕育出具有中西结合特色的各种服装，也使中国服装不再是与西方服装截然不同的独立体，取而代之的是中国服装开始呈现出国际化和现代化的特征。《海上竹枝词》中有这样的诗句："学界开通到女流，金丝眼镜自由头。皮鞋黑袜天然足，笑彼金莲最可羞。"可以看出当时社会生活所发生的剧烈变化。

辛亥革命后社会急剧变化，社会风尚也发生了很大的变化，其中包括放足剪辫、服饰礼仪的改良、饮食的变化等。民国初期开始，以上海、北京、广州等大城市为代表，男女服装呈现出很多新的潮派，其中海派服装迅速流行。所谓海派服装，是指吸纳、消化了某些西方的服饰元素，结合中国服装文化，创立出新的富有时代个性的服装款式，如增加了体现人体曲线美的开剪线的改良旗袍、西裤与传统的长袍相结合等，创造出了中西合璧式的服饰着装风格。其特点是吸纳东西、扬美弃丑、追求潮流、敢于创新。

（二）移风易俗与服装改良

清朝时期，男子的辫子、汉女的缠足早已成为民间生活的恶俗。在民国革命中，首先是沿海大都市的男子摒弃了头上的辫子，知识女性率先解放缠足并开展争取女性权益的运动。随着"新文化运动"的普及，天足女郎成为时髦女性的美称。民国以前，泰山东岳庙供奉的菩萨娘娘是泥塑金身，三寸金莲，到了民国以后，朝拜者多用自制的大脚锦鞋，换去娘娘的小脚鞋，"以娘娘实行放足，普告钳制之妇女"，就是说连菩萨都放开了足，何况常人乎。可见当时率先在城市发起的女子放足运动已经深入人心。

孙中山就任临时大总统后，为扫除积弊提供了前所未有的社会条件，他于1912年3月13日发布命令："恶习流传，历千百岁，害家凶国，莫此为甚……当此除旧布新之际，此等恶俗，尤宜先事革除，以培国本。为此令仰该部，速行通饬各省，一体劝禁，其有故违禁令者，予其家属以相当之罚，切切此令。"此时服装"新旧并呈、中西杂糅、多元发展"，成为民国初期服装嬗变的主要特点。民国政府在颁布剪辫易服和废止缠足等法令的同时，还号召民众的婚丧仪式应由烦琐愚昧改为简约文明。在此号召下，出现了"文明婚姻"的新式结婚礼服。这种婚礼服的内容是新郎穿传统的长袍马褂、披红戴花，西式礼帽上插着类似状元的帽花，而新娘却是一套西式婚纱，这种"中西、土洋"的结合式服饰打扮表达了人们对服饰变革的愿望。

（三）商埠开放与争奇斗艳

民国以后，上海作为首批开放的商埠，男女服饰在这里变化最大。西方的洋服、洋伞、洋鞋、呢帽和女性新潮时装不断涌现。高领、短袄、凸乳、细腰、长裙等装束成为上海女郎追逐的时髦。当时流行的打油诗写道："商量爱着应时装，高领修裙短衣裳，出色竞梳新样髻，故盘云鬓学东洋。"当时的媒体上也描绘了上海时髦女郎的形象："尖头高底上等皮鞋一双，紫貂手筒一个，金刚钻或宝石金扣针二三只，白绒绳或皮围巾一条，金丝边眼镜一副，弯形牙梳一只，丝巾一方。"男子时髦装束是"西装、大衣、西帽、革履、手杖，外加花球一个，夹鼻眼镜一副，洋泾话几句，出外皮蓬或轿车或黄包车一辆"，"优裕者必备洋服数袭，以示维新。下此衣食维难之辈，亦多舍自制之草帽，或购外来之草帽。今夏购草帽之狂热，竟较之买公债卷，认国民捐，跃跃实逾万倍"。在南京，"绸缎铺、西式新衣。列肆相望，无论舍店，皆高悬西式帽"；在湖南城镇，"文武礼服，冠用毡也，履用革也，短服用呢也，完全欧式"，男男女女时兴"博士帽、草帽、卫生帽及毛绳便帽。青年妇女则纯用长衫短裤，不逮膝，露腿赤胫，争趋时髦"；湖北蒲圻县的"农民亦服洋布"，"洋布、洋伞、洋鞋、呢帽之类的洋货，在上层人物的身上以及他们的屋里一天天增多"。

穿时髦服装的不仅有士绅大贾、洋务人士的家小，还有被传统社会视为低贱的艺人和妓女。"妇女衣服，好时髦者，每追踪上海式样，亦不问其式样大半出于妓女之新花色也。男子衣服，或有摹效北京官僚自称阔者，或有步尘俳优，务时髦者。"这些都生动地刻画了民国初年上海等地时髦男女的形象。服装的洋化成为各阶层追逐的新时尚。什么贵贱之等、夷夏之辨、男女之别，统统湮灭在追新求异、争奇斗艳的时装潮流中。之前的衣冠之治的影响已经荡然无存，服装成为一个时代的窗口，表明了中国民众追求个性自由的时代已经来临。

第二节　20世纪初服饰开始进入新时代

辛亥革命结束了两千年的封建君主专制，中华民族的服饰进入了新时代。在此之前，改良主义者康有为于1894年、外交大臣伍廷芳于1910年，曾分别上书要求改革服制和发式。当时的驻美公使伍廷芳认为，居住在美国的7万华人因留辫而遭外人歧视，而且，他们在操作机器时容易引发危险，因此，华人们在他归国前向其请愿，请求朝廷允许他们剪辫易服并在回国时不被治罪。但是清廷对伍廷芳的意见并未予以回应。

1911年1月上海张园组织了一次特别的典礼，30位理发师为近千人公开剪辫。这次活动的组织者是从驻美公使任上退休居沪的伍廷芳。受此影响，上海兴起了一股剪辫的热潮。中国留学生也剪去辫子，改穿西装。1912年，民国政府首先颁行《剪辫通令》，其通令内容大意是，民国政府成立，清朝垂辫恶俗也应及时剪除，各地民政长应出示通告，并派员检查，对于劝告无效者，要随时强行剪除其辫子。

民国初年，出现男子西装革履与长袍马褂并行不悖的局面。穿着中装或西装都戴礼帽，被认为是最庄重的服饰。20世纪20年代出现中山装，并逐渐在城市普及，而广大农村一直沿用传统的袄裤，头戴毡帽或斗笠、脚着自家缝纳的布鞋。女装也开始多样化，一身袄裤之外，又多用袄裙套装。20世纪20年代以后，妇女间流行新式改良旗袍，旗袍逐渐成为时装而经久不衰。

一、民国初期的礼服制

民国元年临时政府颁布的《民国服制》，规定了男子礼服分大礼服和常礼服两种。大礼服即西方的大礼服，有昼、晚之分。"昼服长与膝齐，袖与手脉齐，前对襟，后下端开衩，用黑色，穿黑色长过踝的靴。晚礼服似西式的燕尾服，而后摆呈圆形。裤，用西式长裤。穿大礼服要戴高而平顶的有檐帽子，着晚礼服则可穿露出袜子的矮勒靴。"此外，还有常礼服两种：一种为西式，其形制与大礼服类似，唯戴较低而有檐的圆顶帽；另一种为传统的长袍马褂，均黑色，料用丝、毛织品或棉、麻织品。从传世图片来看，中华民国临时政府在南京成立时，孙中山等当时官员大多有身着西装出席活动的留影。穿西装、戴礼帽、蹬皮鞋，也成了当时新派人物的时尚打扮。民国时期的《服制条例》制度确立了中华民族的礼服规范。"剪辫易服"不同于历代王朝改元易服，而是从官员服装开始实施新的规章，即不以等级定衣冠的新服制，从而开辟了以新礼服代替旧式官服的新纪元。

1929年，国民政府公布《民国服制条例》，重新确定了民国时期的礼服式样，恢复了传统中式服装式样。对男女礼服、制服及公务员制服等作了具体规定，并附有图式。其中规定男公务员制服为中山装。中山装其式为立领、单排纽、四贴袋，很快在青年中传开，成为民国时期与西装和长袍马褂并驾齐驱的男子三大服装之一。女子礼服是对襟袄衫和长裙，衣和裙的质料、用色皆无规定。民国的礼服制度，并没有对百姓服装作出具体规定，老百姓的服饰仍以中式服装为主，不过少了"别等级，辨贵贱"的限制，人们穿着的自由度增加了。

二、礼服制度改革的历史意义

民国初期的第一次服装制度改革，首先是告别了森严的等级制度，在服装形式上中西并陈，西重于中。其次，礼服的应用贯彻平等的原则，官员统一着装。新服制是平等观念从政治思想深入到生活领域的表现，这是从封建社会向近代社会变迁、促使生活方式近代化的一大变革，是中国服饰史上新的里程碑。再次，已经显示出社会文明的进步。任何国家从农耕文明步入工业文明都同样经历过服装革新，传统烦琐的长袍长裙必然让位于现代简洁的短衣短裙。显而易见，快速高效的机器生产是无法与"长裾雅步"相融的。虽然民国初的第一次服装条例的制定缺少了国情考虑，大礼服和常礼服并未使用于实际生活，但是民国政府选择现代洋服作为新时代的象征绝非偶然。新政权文武官员换上新装，意味着清朝帝国顶戴花翎的终结。民国服饰的选样以西洋服式为主，其中不乏亦中亦西的组合，这种将西式服饰"拿来"的举措无疑是大胆并具有革命意义的。民国初年颁布的《民国服制》，其意义不仅仅是易服改元，还在中国历史上第一次用法律的方式将西洋服饰直接地、自上而下地引入中国，并以此作为社会政治变革的手段之一。可以说，它更是一份革命檄文。民国政府前后颁布了一系列的服制条例，从检察官、推事、律师到地方行政官、领事官、外交官、海军、警察和航空人员，都有了自己的着装规范。一时间出现了"新礼服兴，翎顶补服灭；剪发兴，辫子灭；盘云髻兴，堕马髻灭；爱国帽兴，瓜皮帽灭；爱华兜兴，女兜灭；天足兴，纤足灭；放足鞋兴，菱鞋灭"的新时代气象（见图11-1至图11-4）。

图11-1 民国大礼服（传世实物）/中国台湾

图11-2 民国早期的大礼服和常礼服/传世照片

图11-3 男孩们剪掉辫子/1912年4月/传世照片

图11-4 穿袄裙的金陵女子大学生/1917年/传世照片

第三节　男子服装

民国时期男装形成了中山装、西装、长衫三足鼎立的局面，有中有洋、亦中亦西，对后来服装的发展影响很大。

一、中山装

中山装，以孙中山先生名字命名的男用服装，由陆军制服改制而成，在保留军服某些式样的基础上，汲取了中式服装和西装的优点，显得干练、简洁、大方。服装造型改变了传统宽松样式，呈矩形轮廓，贴身适体，前襟等距离排列5粒纽扣，中轴线对称式的四袋设计，实用、方便、稳妥。与西服相比，领型为封闭的连翻立领式，庄重、自然，适合东方人的气质与风度。这种服装流传很快，经过不断修改，成为中国男子普遍穿用的服装。据记载，历史上第一件中山装是由孙中山先生构思与设计，由他的助手广东台山人黄隆生协助制作完成的。孙中山曾对人说："这样的服装既保留了西服的长处，又具有鲜明的民族风格，好看、实用、方便、省钱。"

1925年4月，广州革命政府为了缅怀孙中山先生的历史功绩、传承他的治国方略，将他倡导的服装命名为中山装，将其出生地广东香山县更名为中山县，将永丰舰易名为中山舰。中山装也因此成为国民革命的象征（见图11-5、图11-6）。

图11-5　孙中山先生喜爱的制服——中山装

图11-6　早期7粒扣中山装

二、西装

民国时期公务人员率先穿着西装革履出入公共场合，对民众起了示范作用。国内的洋行买办、银行高级职员、富家子弟、社会名流等追随时尚，社会上出现了第一次"西装热"（见图11-7）。各种报刊对西装进行了广泛的宣传，洋装的轻便、简洁与清朝官服的臃肿、拖沓相比，有着明显的优势。在这种形势下，以制作西服为主的专业裁缝作坊也不断涌现。如宁波鄞奉路一带出现了"红帮裁缝"，主要以制作西服为主，不少裁缝曾为外国人裁制过服装。"红帮"

图11-7　戴礼帽、穿西装的男子/传世照片

即"红毛"，最初是对荷兰人的称谓，后来泛指欧洲人。随后，中国相继出现了第一家西服店、第一部西服理论专著和第一所西服工艺学校等。

三、长袍、马褂

长袍与马褂在民国元年被列为男子常礼服之一。长袍用在礼服时，立领、平袖端、大襟右衽、直身袍式，长至踝上6厘米，左右两侧下摆处，开有30厘米左右的长衩，其袖长与马褂同。礼服长袍，用蓝色面料，纹饰均为暗花纹；作非礼服用时，成为男子便装，俗称"长衫"，又称"大褂"。

马褂是用黑色丝麻棉毛织品缝制，衣长至腹，前襟钉扣5粒，立领、对襟、袖端平。马褂来源于清代的"行装"之褂，后逐渐成为日常穿用的便服，到民国时期又升格为礼服，统一用黑色面料，织暗花纹，不绘彩色织绣图案。1900—1940年，长袍马褂是男装的主要款式，流行时间较长。特别是在新派知识分子中，穿长衫、戴眼镜成了当时这一群体的普遍服饰特征。因此，"长袍、马褂"一词已经脱离了原本的意义，而成了男式服装的代名词。在教师和大学生中则流行长衫和西裤，一般是上身穿由阴丹士林布制作的长袍，下身穿西式裤子，脚穿布鞋，这种装束成了当时知识分子的"品牌"（见图11-8）。

四、青年装

青年装与中山装外形相似，主要区别在于领子和口袋。青年装的衣领为单

图11-8 穿长袍、马褂的男子/传世照片　　图11-9 穿青年装的　图11-10 青年男子/传世照片　装款式图

片立领，前身有3个挖袋，左上小袋为手巾袋，下面两只大袋为有盖挖袋；正中5粒明纽，也有暗纽的。青年装的款式简洁、色彩明快，选用富有质感、较为新颖的布料，适合青年和学生穿用（见图11-9、图11-10）。

五、便装

长袍、马褂作为礼服时，对其款式、质料、颜色及尺寸等都有一定的要求，但作为便服时颜色可以不作限制。20世纪40年代，长袍、马褂成为普遍流行的男子便服。在春秋季节，人们还喜欢在长袍外加一件马甲，代替小马褂。

六、劳动男子装束

20世纪前半叶，由于地区不同、自然条件不同，接受新事物的程度也不尽相同，因而服饰的演变进度差异较大。有些地区的男性农民仍然留辫子，穿扎腰的中式裤、大襟袄，喜欢穿白布袜、黑布鞋，佩烟袋、荷包、钱袋、打火石等，头上蒙一块白毛巾或戴毡帽（见图11-11、图11-12）。

七、军警服

（一）军服

从19世纪末至20世纪初，国内军阀割据，派系林立，全国各军队没有统一的服装制式。虽然民国政府于1912年10月公布了陆军服制，于1918年公布了

图11-11 民国时期劳动者装束/传世照片

图11-12 偏远地区仍然有人梳辫子，穿白布袜、黑布鞋/传世照片

海军服制等，但由于这些条例不完全切合中国国情，并没有能够全部实行。北洋军阀时期（1895—1928年），军阀政府虽制定了陆、海军服制，但执行得很乱。军服的颜色、式样和制作材料因派系不同，自行规定、不求统一。因受当时世界列强军队服装的影响，各式样上大体相近，与日本的军服形制相似。如各方的军队穿着类似的灰军装，军官、士兵一般多戴硬壳大檐帽，戴相同的五角、五色帽徽，取"五族共和"之义。军官常服用呢料，士兵用黄斜纹布。军官穿长筒靴，士兵打绑腿、穿高勒皮鞋。官兵均配领章，采用呢制，呈长方形，将官为全金色，官兵肩章按色彩区分兵种。

1936年1月，国民政府公布《陆军服制条例》，规定陆军军服分冬夏两季，有大礼服、礼服、军常服3种。官兵均以领章表明兵种和等级，各兵种的识别标志是：红色为步兵、黄色为骑兵、蓝色为炮兵、白色为工兵、浅灰色为通信兵、黑色为辎重兵、猩红色为宪兵、紫色为军需、深绿色为军医、土黄色为测量兵、杏黄色为军乐兵。还规定了佩戴物品，包括腰带、肩章、领章、军刀、短剑、马刺、长筒马靴、皮鞋或手套等，部队番号以臂章表示。普通官兵的作战服采用小领，类似于中山装的领型，颜色一度为灰色，后改为草绿色。规定中下级军官一律打绑腿。民国军队服制条例的出台，对于统一服制、种类、样式、颜色、材料起到了一定的规范作用。

20世纪40年代后期，国民党军队中部分改换美式装备，首先从远征军、驻印军开始，装备美军枪械、被服、装具，请美国顾问帮助训练，这些部队被称为"美械师"。抗日战争胜利后，国民党军队接受美国顾问团的建议，改革军制。军服仿效美式，改用大檐帽，便服改为大翻领，用黄色咔叽布制作。将校级军官冬服一般用呢制。士兵夏季服装一般改为大翻领，船形帽，短裤、绑腿；冬季服装仍用旧制。军衔标志采用美式肩章、领章并用的方法。军官肩章为肩襻上缀金属徽标（见图11-13、图11-14）。

图11-13　穿军服的蔡锷将军/传世照片

图11-14　1911—1945年的军服的演变/根据传世实物绘制

（二）警服

1902年以后，清政府仿效东西方各国，警察机构在北京和各省相继成立。初期警察服饰从形式到章程无统一规定，各省依地方风俗习惯自定，因而出现警官、警士等级互异、形式参差的现象。为改变警服制式不统一的状况，清政府参照清末陆军服装章程和图案并借鉴东西各国的警制章程，拟订全国统一警服章程和制式，并于1908年颁行，全国各省地方警察机关按章实施。从此，统一了警察服装，给服装史增添了新的职装种类。

1913年，民国政府首次改革警察服装，分礼服、常服两种制式。礼服包括礼帽、礼衣、礼裤、佩刀。礼帽为大盖式，帽檐革制、帽面黑色，外镶平金条，左右各缀一金色纽扣；帽徽是嘉禾绕径的五角金星，以肩章上的线条多少区别官级。常服包括常帽、常衣、常裤、靴、佩刀、外套。冬季常服用黑色呢料、夏季用土黄色斜纹布制作。外套服装用黑色呢绒质料，长度过膝，前襟双排7粒金扣，后背下端开衩，重合处缀暗纽，腰带两叠处缀两粒金扣。着外套时需佩戴常服肩章。常服肩章为黑色呢制，四周镶金线，截角正中缀金色纽扣

1粒。肩章上缀金星或银星，以数目多少区别官阶，而臂章为白色绒制。水上警察、消防队、警察队、铁路警察均着常服，右臂增添臂章以示区别。

1928年，南京国民政府建立后，变更警察制度，改称"公安"，隶属内政部，并再一次改革警察服装。变成了黑衣黑帽，帽檐革制、帽墙用白色布带围一周；帽徽用铜制成，直径一寸，蓝色圆形太阳图式，中嵌红色篆体"安"字。警察上衣类似中山服，前襟4个口袋、钉5粒纽扣，袖侧两粒扣，后背下部开衩。穿着警服要扎武装带、裹腿，武装带用黄色皮革制作，裹腿的颜色随季节变换、与衣色相同，冬用皮质、夏季以棉织品制作。1940年和1947年，民国政府又先后对警服的样式进行了调整，服制分为礼服、制服、夏季便服3种，所用材料以国产为限（见图11-15）。

图11-15　1911—1949年警察服装的变化/辛亥革命100周年纪念展

第四节　女子服装

一、民国时期袄裙与文明新装

民国初年出现了一种新式女套装，即简洁而有时代风格的袄裙。20世纪初，在西方女权主义运动和"新文化运动"两种思潮的交替影响下，率先在女学生中掀起了一股"文明新装"热潮，穿起了新式上衣和裙装。最初只是留洋的女学生和本土的教会学校女生率先穿着，后来城市女性也视为时髦而纷纷效仿。这一时期的袄裙特点是：上衣腰身窄小，大襟，衣长不过臀，袖短、喇叭

形，衣摆圆弧形，略有纹饰，裙子长至足踝，20世纪
30年代后期渐缩至小腿上部。白衫黑裙或浅衫重色裙
成为当时的典型色调，去掉了传统袄裙的繁缛装饰，
采用明快、简洁的绣彩装饰。这种简洁、朴素的袄裙
与新旗袍一起成为20世纪前半叶最时髦的女性服饰。

　　穿"文明新装"的女子头上不佩戴耳环、发簪
等饰物，手上也不戴戒指。袄裙装束由北京、上海、
广州等地的女学生最先倡导，之后蔓延至其他地方的
知识女性，不久连家庭妇女也脱下了华丽的衣衫，换
上一身朴素的衣着。到了五四运动期间，白色运动
帽、宽大短袖的白布衫及过膝黑色长裙成了全国各
地女学生的标准装扮，不少学校还将袄裙定为女生校
服（见图11-16、图11-17）。

图11-16　穿袄裙的女子/
传世照片

二、改良旗袍

　　20世纪初，女子旗袍仍然宽大平直，下摆不开
衩。进入20世纪20年代后，受西方服饰文化和女性
解放思想的影响，旗袍从传统的繁杂装饰走向简化改

图11-17　20世纪20年代短
袄长裙的组合

良。改良旗袍不仅吸收了立领等细节，还采用西式裁剪方法，袍身逐渐收窄，
增加了腰省、胸省和下摆开衩，并采用圆装袖结构工艺，使改革后的旗袍具有
曲线美的鲜明特色。20世纪30年代的旗袍可谓是变化万端，长度、袖型、开
衩、装饰等无不在千变万化中焕发出五彩的魅力。

　　20世纪30—40年代是改良旗袍流行的黄金时代。20世纪30年代开始，旗
袍得到普及，旗袍在长短、宽窄、开衩高低以及袖长袖短、领高领低等方面不
断翻新花样。时而旗袍底边落地遮住双脚，称为"扫地旗袍"，时而又缩短至
膝盖以上；旗袍左右衩口时高时低，1933年前后流行大开衩旗袍，后又流行
低开衩的。1940年以后，改良旗袍一度取消了袖子，开始流行坎袖；在立领
方面，时而流行高耸过耳、掩其双腮的高立领，时而又流行低矮的领式，以至
后来竟出现了无领旗袍；袖子的变化也很丰富，时而流行长过手腕，时而流行
短袖至露肘；在旗袍开襟变化上也丰富多样，有斜襟、如意襟、琵琶襟、双襟
等。新式旗袍经过改良，已经脱离了清朝旗袍的旧式样，它以流动的旋律、潇

洒的画意和浓郁的诗情表现出近代中国女性的贤淑、典雅、性感、清丽，诠释着20世纪上半叶的中国城市女性特有的时尚与气质，被世界服装界誉为"东方女装"的代表（见图11-18至图11-22）。

图11-18　1900—1930年旗袍变化/传世照片

图11-19　20世纪40年代无袖旗袍

图11-20　20世纪40年代末穿传统旗袍的女子

图11-21　20世纪40年代的招贴画

图11-22　旗袍的演变——"东方女装"

三、时装的出现

我国时装的出现是在民国初期。随着新文化运动的兴起，女性的穿着观念开始解放并日趋西化，女装从封闭、臃肿变为简单、大方、得体。款式翻新的连衣裙、披肩、刺绣内衣、衬衫、浴衣、晨衣、晚礼服开始流行起来。20世纪40年代，男女服饰风格愈加西化，海派时髦为全国效仿，海派西装与海派女装、裘革服装成为民国时期的时尚。当时上海滩流行一首新《竹枝词》，词中道："欲占人间风气先，起居服御用心研。矜奇立异标新式，不是摩登不少年。"20世纪40年代开始，时装成为一种时尚，人们不断有了新的着装审美观念（见图11-23、图11-24）。

四、连衣裙

图11-23　20世纪40年代的广告招贴画

20世纪初期，洋货不断充斥中国市场，国外的一些服装款式和裁剪手段也传入中国，连衣裙就是其中之一。当时穿连衣裙的人多限于城市中的少数妇女。连衣裙的款式多是西方服装款式结构，如晚礼服、披肩式、背带式、喇叭形等。西方的连衣裙之所以能够很快地被中国妇女接受，主要是因为中国的女子习惯于穿裙装，对裙子有着深厚的感情。从20世纪20年代以后，连衣裙不断地发展，穿连衣裙的妇女也越来越多。连衣裙与旗袍相比，外形款式变化丰富，如上贴下散、公主线形、自然线形、喇叭线形、X线形等。从种类上分有衬衣式连衣裙、外衣式连衣裙、背带式连衣裙、挂脖式连衣裙、大衣式连衣裙等（见图11-25）。

图11-24　20世纪40年代的时髦女子

1930年代连衣裙　1930年代背带式连衣裙　1940年代连衣裙

图11-25　20世纪30—40年代的连衣裙/传世照片

五、现代胸罩的出现

20世纪20年代末，胸罩从海外传入中国，当时人们称之为"义乳"。最初，国内妇女并不习惯使用，电影女明星成为时尚体验的先行者。阮玲玉是最早戴"义乳"的中国妇女之一。在银幕上，她内着义乳、外穿旗袍显现出完美的身体曲线，给观众以惊艳的感受。随之，被称为"义乳"的胸罩慢慢在上海、北京、广州等大城市普及开来。

六、劳动女子服装

20世纪前半叶，由于沿海商埠地区和大城市与外界交往频繁，因此服装的款式、面料、色彩变化较快，而边远山区农村与之相比，竟相差有近300多年。例如，当上海、北京等大城市的时髦妇女已经穿着贴身旗袍、头上烫发、脚穿高跟鞋时，河北、甘肃等地农村妇女头上还戴着明朝样式的头箍、帽子，足下依旧缠着一双"三寸金莲"，身上穿镶绲衣袖的袄裙或老式大裆裤，这反映出当时经济、文化发展的不平衡状态。

第五节　发式与化妆

发式的沿革及演变，可从侧面能反映出社会的发展与变革。清末民初，年轻妇女在保留传统的髻式造型外，又在额前留一绺短发，剪齐，时称"一字头""刘海式"。20世纪20年代时兴剪发，以缎带系（见图11-26）。20世纪20年代末，西方女子的烫发经沿海通商口岸传入国内，一些大城市中的妇女开始流行烫发，从此烫发传入我国。到20世纪30年代初期，烫发已经在上海、南京、北京、山东、四川等地的妇女中流行，烫发与卷发一起成为这一时代的标志。

20世纪三四十年代，妇女们大多崇尚西洋发式，烫发染发也成为达官贵人所追求的时髦方式。尽管当时从中央到地方政府都采取了干预措施，甚至1935年1月南京政府还发出通电，"禁妇女烫发，以重卫生"，下达了《关于禁止妇女剪发烫发及禁止军人与无发髻女子结婚》的命令，试图以行政命令的方式杜绝妇女们的烫发行为，但是时尚与变革的洪流势不可挡。女子受到欧美流行趋势的影响愈加强烈，好莱坞黑白电影中展现出的西方发型很快就在上海街头看见，并迅速流传到全国。到20世纪40年代，为了弥补没有刘海的遗憾，妇女流行的长波浪发型的前额部分被高耸到极度夸张，因为当时没有定型的胶水，高耸的头发很容易就疲软、坍塌，人们不惜在头发里面垫上棉花使之挺拔。

20世纪三四十年代末，出现了铺天盖地的美女商标与淑媛广告、烟卡、月份牌，以其无法抵挡的眼球效应吸引着消费者的目光，促进了社会消费。更重要的是，摩登美女的图画犹如汇集在都市里的闪亮橱窗，展现着人们往昔生活的细节，并留下了珍贵的历史资料（见图11-27）。

图11-26　20世纪20年代发型/招贴画　　　图11-27　20世纪30年代发型/传世照片

清末民初，封建传统还深深地禁锢着人们的思想，尤其是处于附属地位的妇女，在化妆上禁忌很多，但有一类女性例外，那就是青楼女子。青楼女子是这个历史时期一个独特的团体，20世纪30年代，仅上海的妓女总数就达到10万余人。她们的谋生方式使之具有较良家妇女更多的自由度，也使之必须花费心思装扮自己，以便在众多的同行之中胜出。高级妓女是时尚舞台上翻云覆雨的"明星"，当时一种非常普遍的现象便是"男则宽衣大袖学优伶，女则倩服效妓家"。而普通的良家妇女，一方面鄙夷妓女的生活方式，另一方面也对她们产生好奇——先是好奇她们的生活，继而好奇她们的穿着与化妆打扮，于是在鄙夷之余也纷纷仿效。青楼女子在着装方面有着层出不穷的想法：一会儿浓丽，一会儿清雅，一会儿着男装，一会儿着学生装，新奇的装束时时出新，而普通的女子也仿效得不亦乐乎。由此可见，特殊阶层妇女的着装对民国女子服装风格的影响是巨大的。

此外，电影明星的着装与化妆也影响着当时女子的打扮。1905年，中国第一部电影产生，随着电影这一独具魅力的传播方式在中国流行，引导女装风格的人物变成了传播时尚的明星。通过银幕和纸质媒体，那些具有娇媚面容、婀娜身姿的女性形象被大范围地传播。当时的著名影星有周璇、阮玲玉、胡蝶等，她们的举止言谈、穿着、化妆打扮无一不被当时的女性所争相仿效。

20世纪初，随着日用化妆品的大量出现，逐渐有了爽身粉、香蜜粉、雪花膏、胭脂等化妆品广告，这些有力地推动了女子们的化妆进步。20世纪30年代的上海化妆品不但种类齐全，品牌也相当丰富。香粉是修饰面部的首选，无论是新派还是旧派的小姐，都会在梳妆台前摆上一盒粉。中国的传统化妆方式和审美观念受到了前所未有的强烈冲击，一时间从上海散发出去的时尚魅力波及全国。20世纪30年代，女子化妆受到美国潮流的影响最大。当时化妆审美是多条线索并存的，一方面是传统女性仍坚持的清秀路线，细细的眉眼和小巧的红唇得到赞赏；另一方面，美国的造梦工厂好莱坞将一些新的化妆技巧和方案带到了中国，追求时尚的女性很快就学会了如何在自己的脸上和头发上施展这些新手法。她们喜欢香水、旋转式的口红，画有层次感和线条柔和的眉毛，强调带有立体感的深色眼影和浓而长的假睫毛，并且对上唇饱满、下唇线条明显的唇形特别有感情。这一化妆路线与传统的审美倾向是完全不同的，却一直受到大众的支持。

在革命大潮蓬勃掀起之后，妇女化妆之风有所转变，在抗日根据地延安等地区的审美标准更是发生了变化，人们开始关注女性的健康美和自然美。20世纪30年代后期，曾流行过这样的歌谣："人人都学上海样，学来学去难学像。等到学了三分像，上海早已翻花样。"其实，上海女人的化妆样式也并不是她们的首创，大多是受到了舶来化妆术的影响和启发。

总体来说，20世纪三四十年代，妇女们不但会化一个美国明星似的浓妆，而且还争相去理发店为自己做新发型。此时已经引进烫发技术，电夹热烫虽然有些伤头发，但在当时已经是非常好的选择，它可以在很短的时间内将一头直发变成时尚的波浪发。一些引领时尚的女性不但将头发烫卷，更有人将头发大胆地染了颜色，红色、黄色和褐色都比较受欢迎。这个时候，中西合璧的倾向已经很明显，女子们脚穿高跟鞋，身上是强调线条的旗袍，脸上化着漂亮的妆，头发不再挽起，而是烫发或者短发、直发（见图11-28、图11-29）。

图11-28　20世纪40年代女子发型/招贴画　　图11-29　20世纪40年代末女子烫发形象

第六节　小　结

　　20世纪上半叶是一个社会动荡的历史时期，也是中西文化激烈碰撞、文化相互作用的历史时期。在这一时期各种思潮相继兴起，从而导致人们的思想观念也发生了很大的变化，这一系列的变化在服饰方面体现得较为明显。20世纪20年代晚期是中国近代妇女服装演变的一个重要时期，摆脱了传统服饰的束缚，男女服装开始从封闭走向开放。西方式样的服装结构深深吸引着中国人，"西服东渐"之势进一步得以发展，传统的辫发、缠足陋习得到劝禁与革除，封建社会的衣冠制度迅速解体。

　　民国政府建立后，以国家法制的形式通令改革服装，民众的穿着打扮不再受国家禁令的约束，从此进入自由穿着的时代。男装以长袍、礼帽，或西装、皮鞋为代表，女装以"文明新装"袄裙和新式旗袍为代表，成为兼收并蓄、中西结合的近代男女标准服装，推动了男女服装的现代化进程。

第十二章
20世纪后半叶的中国服装

　　1949年10月，中华人民共和国成立，标志着我国服装进入了一个崭新的历史时期。从此，我国逐步清除封建社会生活陋习，并对资产阶级生活方式进行了批判。20世纪50—70年代，服饰崇尚简朴实用。中山装渐成男性服装主流，这一时期男装还曾流行过列宁装、军便装、人民装；女装受苏联服饰影响，流行列宁装、连衣裙等。这一时期，受经济发展的制约，男女服装还是相当落后，款式与品种单一，纺织面料发展缓慢，跟不上经济发达国家服装的发展进程，全民服装明显带有浓厚的政治色彩。1978年后，中国实行改革开放政策，人民思想得到了解放，着装渐渐体现出了时代精神，具有中华民族特色的服饰与各种时装如雨后春笋般发展起来。

第一节　　20世纪50年代服装

　　新中国成立初期，以往的男子长袍马褂被列宁装、中山装、绿军装所取代，以往女子旗袍的地位被从苏联引进的连衣裙样式所取代。社会鄙夷挂红穿绿的奢侈服饰风尚，人们对衣着时尚美的追求转化为对革命工作的狂热。劳动最光荣、朴素最时尚成为社会认同的价值观。社会主义建设开始轰轰烈烈地进行着。20世纪50年代初期，从苏联传入的色彩鲜艳的布拉吉（连衣裙）成为最受女性欢迎的服装，布拉吉裙很快成为各城市最亮丽的风景线。20世纪50年代中期，年轻姑娘们曾一度爱上男式工装背带裤和格子衬衣。另外，从1950年起，人民解放军和政府干部的服饰，迅速成为城市青年欣赏和追逐的对象，这种革命的、朴素的、大众的"干部服"成为当时人们着装的主流。

一、列宁装

列宁装，是以苏联领导人列宁的名字命名的服装。新中国的建立是吸收了苏联"十月革命"的经验，为了纪念苏联对中国人民的帮助，把服装与革命领袖的名字联系起来，列宁装成为与中山装齐名的"革命时装"。其主要特点是西服大开领、双排各有3～5粒纽扣、左右下方有斜口暗插袋，这是20世纪50年代新中国成立后流行的主要服装样式。"做套列宁装，留着结婚穿"是当时年轻人的流行说法。列宁装本属于男装，经改进后虽然男女通用，但主要用于女装，除了表明当时中国女性在精神上的革命追求之外，还因为它或多或少带有一些装饰性元素，受到女性的喜爱。例如，双排纽扣和大翻领，特别是布腰带的紧束功能有助于女性身体线条的凸显。穿列宁装、留短发是那时年轻女性的时髦打扮，看上去既朴素、干练又英姿飒爽。其实早在新中国成立以前，列宁装在广大解放区的女同志中间就十分流行。新中国成立后，因为它是一种典型的苏式服装，既新颖又代表思想进步，首先是党政机关、国家企事业单位的女干部和"五七干校"的女学员等人穿用，后逐渐流入社会，成为一种时尚的女装（见图12-1、图12-2）。

图12-1　20世纪50年代流行的列宁装

图12-2　穿列宁装的女子/传世照片

二、工装背带裤

工装裤是一种宽松、多口袋、背带式样、选料结实、色彩蓝灰的劳动裤子。新中国刚成立时，人们积极投入革命大生产中，努力劳动，需要耐磨、耐脏的日常服装，工装裤符合上述要求并开始广泛流行。20世纪50—70年代，工装裤一直是流行的主要下装，不仅适用于工作时间穿着，平时也可穿用（见图12-3、图12-4）。

图12-3　20世纪50年代流行的工装裤

图12-4　穿工装裤的妇女/传世照片

三、布拉吉

20世纪50年代，从苏联传入的"布拉吉"最受欢迎。其特点是：宽松的短袖、有褶皱、简单的圆领、碎花、格子和条纹，腰际系一条布带。"布拉吉"本是苏联女子的日常服装，苏联女英雄卓娅就义时，就是穿着飘逸、潇洒的"布拉吉"。因此，"布拉吉"成为一种革命和进步的象征，也是中国20世纪50年代最为流行的女性服饰之一。后来，由于中苏两国关系恶化，"布拉吉"改名为"连衣裙"（见图12-5、图12-6），流行的范围也缩小了。

图12-5　布拉吉——连衣裙

图12-6　20世纪50年代流行的连衣裙

第二节　20世纪60年代服装

20世纪60年代初，中国遭遇三年自然灾害，棉花欠收，纺织品供不应求，加上其他物资极度匮乏，使人们的穿着受到了严重限制。人们对服饰的要求偏向坚实耐穿，在色彩的选择上也偏向耐脏耐洗的颜色。因此，草绿、蓝、灰、黑色成为这一时期的主要色调，人们的服装进入了一个无色彩时期。

一、军便装

军便装，也称"解放装"，是中国20世纪60年代中后期开始流行的服饰。军便装是当时人民解放军现役军人的服装样式，不过百姓穿时不佩戴领章和帽徽。其特点为中山服领式、门襟暗扣、有5粒纽扣、下面有两个暗袋、色彩为草绿色，男女都可穿用（见图12-7、图12-8）。

图12-7　20世纪60年代流行的军便装①　　图12-8　20世纪60年代流行的军便装②

二、海军衫

海军衫，也称"海魂衫"，指水兵们穿的内衣，通常为蓝白相间的条纹衫。其款式自然、文雅、大方，最受当时的青少年喜爱。海魂衫的寓意为广阔的大海与蓝天，水兵们穿上海魂衫更显得精神抖擞。20世纪60年代后期，青年流行海魂衫，这与当时"海上英雄艇"和战斗英雄麦贤德的事迹有关（见图12-9）。

图12-9　20世纪60年代后期流行的海军衫

三、军帽、雷锋帽

这里说的军帽，特指1960—1970年之间人民解放军"六五"式军服中的草绿色军用帽子。1965年6月，军衔制取消，中国人民解放军陆、海、空三军及公安部队等所有部队人员一律佩戴大红五角星帽徽和大红领章，突出了革命色彩，象征着党和毛泽东的领导，形象鲜明地体现了军队的革命本质和光荣传统。

受当时历史的影响，老式军帽与雷锋帽成为青年男女春夏秋冬四季的首服。戴军帽、穿军装、扎军用皮带，成为青少年向往的装扮。能拥有一顶真正的草绿色军帽是当时青年人的梦想（见图12-10）。

雷锋帽是指中国人民解放军55式冬常服中的草绿色棉帽。1963年毛泽东"向雷锋同志学习"的题词发表后，学习雷锋好榜样成为道德信仰的风尚。雷锋戴用的棉绒军帽款式，也成为那一时期流行的经典象征（见图12-11、图12-12）。

图12-10　20世纪60年代流行的军帽

图12-11　55式草绿色的棉帽——雷锋帽

图12-12　人民好战士——雷锋

四、解放鞋

解放鞋也称黄胶鞋，是一种草绿色的布面胶鞋。其特点是胶底帆布、黑底、黄绿鞋面，有低勒和高勒两种。它创制于1949年，曾经是中国人民解放军鞋品装备的主力鞋，后来经过不断改进一直使用了50多年。20世纪60年代流行于内地广大人民群众之中（见图12-13）。

图12-13　20世纪60年代流行的"解放鞋"

第三节　20世纪70年代服装

20世纪70年代，人们在服装上的限制有所缓和，服饰样式在老三色的基础上有所创新，但此时人们购买成衣的意识淡薄，不少家庭喜欢用自家的缝纫机自裁自做服装。家中备用名牌的缝纫机成为人们的追求，手表、自行车、缝纫机是20世纪70年代不少家庭必备的"三大件"。20世纪70年代末，改革开放的春风吹到了人们日常生活中的服饰领域。西服、喇叭裤、T恤衫、牛仔衣裤、风衣、超短裙、运动服、皮装、羽绒服等服装款式渐渐流行起来，受到当时大学生和职业青年的欢迎。又因为当时国家领导人带头穿双排扣西服，国内兴起了"西服热"。从此，人们的服饰开始向着开放化、自由化的方向发展。

一、的确良面料

20世纪70年代中期，中国开始大量进口化纤设备生产"的确良"，由此引发了国人在"穿衣"上的一场革命。"的确良"服装面料因不容易起皱、结实耐用，而成了那个年代的代名词。"的确良"也为百姓沉闷的服装世界带来了一股清风，服装开始逐渐进入一个繁荣的时期。

的确良，英文为"Dacron"，又写作"涤确良"。的确良是一种涤纶的纺织物，从20世纪70年代中期开始流行，一直延续到20世纪80年代中期。特点是轻盈、质地挺括、结实耐磨、色彩鲜亮、花色多样、不易起皱、容易洗和干得快。20世纪70年代能拥有一件"的确良"衬衫，是时髦和洋气的象征。

二、节约领

节约领又称经济领、假领子、假领头，因没有衣身和袖子而得名。因其节省布料、花钱不多、可以翻出更多花色而广受男女老少喜爱。在物质匮乏的20世纪70年代，人们发明了节约领，并首先在上海等地出现，成为男子必备的服装种类。节约领穿在外衣里面，露出的衣领以假乱真。20世纪70年代，每个普通市民几乎都拥有几个节约领，不同颜色的"节约领"搭配不同的外衣，形成不同效果。节约领成为20世纪70年代服装最具特色的标志之一（见图12-14、图12-15）。

图12-14　20世纪70年代流行的节约领①

图12-15　20世纪70年代流行的节约领②

三、蝙蝠衫与踏脚裤

蝙蝠衫与踏脚裤是20世纪70年代后期开始流行的服装。蝙蝠衫，具有领型宽大、袖与身为一体、袖隆无缝合线、下摆紧瘦的款式，后来演变成蝙蝠式外套、蝙蝠式大衣和夹克等，双臂展开时形似蝙蝠。

踏脚裤是20世纪70年代末流行的一种弹力裤，用黑色弹力面料做成，外形设计简单，裤脚缝上环状松紧带，穿时踩在脚下。可与运动鞋搭配，也可与靴子搭配。穿上紧身踏脚裤，能使腿型显得十分修长，衬托出女性腿部线条的健美，类似于后来的"健美裤"。蝙蝠衫下面搭配踏脚裤代表当时女性的时尚，也是当时的时髦女性必备的服饰之一（见图12-16至图12-18）。

图12-16　1970年代末开始
流行的踏脚裤

图12-17　风靡一时的蝙蝠衫

图12-18　伴随着健美操、迪斯科的
流行，健美裤成为时尚

第四节　20世纪80年代服装

　　20世纪80年代，随着中国的改革开放，人们深埋几十年的爱美之心开始在服饰上得以彻底释放，西方文化向人们传递时尚信息，中国人也以极快的速度追赶世界时尚潮流。20世纪80年代以后，我国的纺织与服装业有了较大的发展，在《中外合资经营企业法》颁布后，中外合资服装纺织企业如雨后春笋般出现，服装款式与种类也随之多了起来，喇叭裤、夹克衫、花衬衣开始流行，颜色及面料也变得丰富起来。中国女性从单一刻板的服装样式中解放出来。1985年11月，全国首届"金剪奖"服装设计大赛在北京举行，标志着一个追求服装名师战略、服装品牌效应、服饰个性特征的多样化、多色彩的服装时代真正到来（见图12-19、图12-20）。

图12-19　1985年11月全国首届"金剪奖"获奖人员
及设计作品

图12-20　20世纪80年代起新中国进入改革开放
的年代

一、喇叭裤

20世纪80年代初，喇叭裤随着改革开放成为国内最早的新鲜事物之一。美国歌星"猫王"把喇叭裤推向了时尚巅峰，喇叭裤随后流传到日本和港台。随着日本和港台电影在中国内地的流行，喇叭裤风靡大陆。喇叭裤上细下宽，裤脚宽约一尺，裤的臀围部分紧小，款式不分男女，拉链开在正前方，是当时青年人追赶时髦的目标。

二、健美裤

健美裤类似于舞蹈裤，上宽下窄，脚跟踩着裤底，裤型设计有所讲究，色彩主要有黑、白、灰等颜色。面料选用优质的氨纶面料，可以显示出苗条的身材和健美修长的腿形。随着改革开放后外来新潮的涌入，一些更加凸显个性、张扬自我的前卫意识受到人们的关注，健美裤是20世纪80年代中国最疯狂的裤型，它是最早唤醒了中国女性的审美和独立意识的服饰之一。作为时髦的象征，几乎所有女性，无论年龄、身材、地点，人人都穿。当时有顺口溜说"不管多大肚，都穿健美裤"，说明了当时健美裤深受百姓喜爱的程度。

三、蛤蟆镜

随着20世纪80年代美国科幻电视连续剧《大西洋底来的人》和《加里森敢死队》的热播，男女主角的装扮深深吸引着当时的国人。这两部最早在中国官方电视台公映的西方影视作品给青年人带来了服饰上的新鲜感。青年人上穿花格衬衣、下穿喇叭裤、头戴大而夸张并且贴着商标的蛤蟆镜成为最新时尚。

四、牛仔装

20世纪80年代初，源于美国西部淘金者穿用的工装裤，开始在国内男女青年间流行。20世纪80年代末，我国经济开始走向繁荣，人们思想已经活跃，牛仔裤也随着国际潮流开始故意被撕破，裂口、破洞、毛边成为流行的标志。

五、幸子衫

幸子衫即一种蝙蝠袖、带领结的V领毛衫。1982年，在中国热播的日本电视连续剧《血疑》是黑白电视时代无数人心中最动人的爱情故事。山口百惠主演的女主角大岛幸子穿的学生装成为青年女性最为青睐的服装款式。随着《血疑》的播放，山口百惠和三浦友和一起成为当时许多人最喜欢的电影明星（见图12-21、图12-22）。沉重的故事浸染着爱情的曼妙和轻盈，主人公成为中国的超级偶像。当时，满大街"幸子衫""幸子头""光夫衫"，不仅让个体户赚个盆满钵满，也让中国大众第一次明白了什么叫"名人效应"。20世纪80年代，人们的毛衣基本上都是家人亲手编织而成的，所以当时《幸子衫裁剪法》《幸子衫编织法》等教学书籍热销一时。电影、电视等媒体成为20世纪80年代大众时尚流行的风向标。

图12-21　20世纪80年代日本电影明星——山口百惠身穿"幸子衫"

图12-22　日本电影明星山口百惠、三浦友和

六、红裙子

电影《街上流行红裙子》是我国第一次直接以时装为题材的电影，记录了20世纪80年代开放初期人们的思维方式及变化；电影《红衣少女》用"红色"的衣服来讲故事。随着这两部电影的热播，红色裙子率先在青年女子中流行起来（见图12-23至图12-25）。此时的影视作品已经成为引领时尚的风向标。

图12-23　20世纪80年代流行的红裙子

图12-24　《街上流行红裙子》电影海报

图12-25　红裙子

七、比基尼

比基尼是指女性游泳时穿着的泳衣。比基尼泳装可以说是服装史上最具有视觉冲击力的服装。20世纪80年代，国内健美运动员在比赛中穿着上下分离、身体暴露的两件式泳衣是比基尼在国内的首次亮相，当时曾在国内引起轩然大波。其实比基尼只是马绍尔群岛的一个小岛名称。1946年，杜鲁门总统批准在比基尼岛进行核弹试爆。在比基尼岛原子弹爆炸后的第18天，法国人路易斯·里尔德于1946年7月18日在巴黎推出了一款由3块布和4条带子组成的泳装。这种世界上遮掩身体面积最小的泳衣，背部除绳带外几乎全裸，三角裤最大幅度地露出了臀、腿、胯部。它形式简便、小巧玲珑，仅用了不足30英寸布料，揉成一团可装入一个火柴盒中。在此之前，泳装还是保守的，遮盖着身体的大部分。它的发明就像比基尼岛原子弹爆炸一样震撼世界。这种泳装就此得名。

八、夹克衫

夹克衫是男女皆能穿的短上衣的总称。20世纪80年代被称为夹克衫的"黄金时代"。由于造型轻便、活泼、富有朝气，最为广大青年、中年男女所喜爱。夹克衫配牛仔裤、紧身裙或健美裤成为时尚。其款式造型多样、装饰部位较多、可采用异质面料组合设计、款式的性别模糊性等因素是人们喜欢它的原因。穿夹克衫、听流行电音Disco、跳摇摆霹雳舞、追求绚丽缤纷的闪烁霓虹是20世纪80年代青年人的快乐新姿。

九、西装

20世纪80年代，随着改革开放，国家领导人带头穿起西服，西服套装又开始兴起。穿西装、扎领带似乎成为改革开放的宣言，在国内外产生了巨大的政治影响。20世纪80年代初，国内西装生产制作水平有限，西服合资企业还未形成，普通群众穿西装规范意识不强，出现了外穿西装、内套毛衣或棉袄或者穿衬衣不打领带的现象，甚至大部分普通百姓都不会打领带，还曾一度流行新买的西装保留袖口商标，并以不去掉为美的时尚。

十、运动服

1984年，中国女排的姑娘们在美国洛杉矶奥运会上实现了"三连冠"，受此影响，北京等地开始流行起了运动装，色彩鲜艳的运动装成为爱美人士的首选服装。人们几乎随时随地地穿着运动服，运动服甚至还成为学生的校服和工人的厂服。古老的中华大地上一时间出现了外穿运动装的时尚。这种宽松、舒适、健康的运动装不再是竞技场上的专利，而成为积极、健康、活泼的象征。

20世纪80年代比较有特点的是三道杠运动服，基本上以蓝色为主，其中运动裤侧面带3条白道。穿上它即使不运动，也感觉精力十足，有雄赳赳、气昂昂的气质，能增加健美感。20世纪80年代末至90年代初，三道杠运动服可以说是中小学生的必备物品，而且流行至今（见图12-26、图12-27）。

图12-26　20世纪80年代起流行的三道杠

图12-27　20世纪80年代流行的运动服

第五节　20世纪90年代服装

20世纪90年代，中国服装产业的发展由最初的起飞期、上升期，进入到了平稳的巡航期。中外合资品牌流水线、服装品牌的运作与经营都是以前任何时代所无法比拟的。城市里的繁华地区遍布各种品牌专卖店，北京、上海等大都市里的服装营销模式与国际运作基本同步。人们追逐服装品牌的意识逐渐加强，购买服装已经有了明确的线路，或去普通服装商场，或去服装品牌专卖店挑选理想衣裳。20世纪90年代服装面料出现"返璞归真"的现象，棉、麻、丝、毛等天然面料及其混纺织物受到人们的青睐。受日、韩、港、台等服饰的影响，时装开始五彩缤纷起来，在青年人着装中出现了"韩流"现象，大自然中的色彩如泥土色、树皮色、岩石色成为新的流行色。中老年人选择服装色彩及图案的范围越来越广泛，儿童们流行穿各种卡通图案的T恤衫或套衫，动画人物在童装产业中发挥了不少作用。迷你裙、露脐装、文化衫等服装开始流行，时装流行的周期也越来越短。

一、迷你裙

迷你裙也叫超短裙，是一种长度只及膝盖以上30厘米处的短裙。20世纪60年代中期盛行于欧美，20世纪90年代末风靡中国。青年女性身穿超短裙、露脐装，脚穿长靴，拉伸了腿的长度，显示出青春的活力（见图12-28、图12-29）。

图12-28　风靡世界的迷你裙

图12-29　国内1990年代流行的迷你裙

二、露脐装

超短上衣搭配低腰裤，露出肚脐，这种大胆、前卫的风格备受女青年的青睐，可谓是现代服装史上经典的女装款式。20世纪90年代中期以后，露脐装开始在中国城市流行开来，特别是1996年，露脐装的来势之猛让人吃惊，几个月内从无到有，再到满街流行，代表着一个被压抑多年的追求美好的愿望喷涌而出（见图12-30、图12-31）。

三、文化衫

文化衫是一种有图案、文字的T恤，通常是指一些具有特定意义的文字或图案的短袖圆领衫。20世纪90年代中期，中国内地逐渐出现了文化衫，特别是在当时的大学生群体中十分流行。为了张扬个性、显示自我，一般都在白色的T恤上印有一行文字或者街头流行语，体现穿着者的自我心态。早在20世纪80年代以前，我国的T恤只有螺纹汗衫、背心和老年人穿的圆领衫（也称"老头衫"）。随着改革开放的进行，西方的T恤概念不断进入中国。同各行各业一样，中国的T恤衫行业也与世界越来越同步了。文化衫上的图案都是穿衣者自己选定或加工印制的，所以大多体现着穿衣者的独特气质与个性。文化衫的最大价值不在于款式面料，而在于所承载的文化内容。文化衫趋向于大众化、时尚性强，色彩、图案、造型常有创意性变化，紧随最新潮流指向（见图12-32）。

图12-30 喇叭裤、露脐装

图12-31 20世纪90年代中期流行露脐装

图12-32 20世纪90年代的文化衫设计

四、一步裙

20世纪90年代中期，时髦女性上身穿带有厚垫肩的宽大上衣，下面穿一步裙成为新的流行样式。一步裙，只能向前迈一步远，不能跑，不能做多样的身体动作，是一款非常有女人味的裙装。但是穿上一步裙，行动非常不方便，局限性很大（见图12-33）。

五、两用衫

20世纪90年代男女装中出现了一种具有两用功能的上衣款式。常见的两用衫是衬衫和外衣两用，多在春秋季节使用；冬季或清冷天气，两用衫作为保暖或者修饰衣物穿着于外套以内，不影响舒适度（见图12-34）。

图12-33　20世纪90年代女子"一步裙"

图12-34　20世纪90年代流行的两用衫

六、羽绒、皮革服装、萝卜裤

20世纪80年代末至90年代初，羽绒服、皮革服装在全国各地陆续流行。在20世纪80年代初期，国内羽绒服的年销售量只有几十万件；到了20世纪90年代年末，销售量达5000万件。品牌之间的竞争开始激烈起来。秋冬季开始流行皮革服装，皮革服装的价格一再上涨，但是穿皮革服装的热潮仍然不减。在皮革服装流行的大潮中，全国各地建立了许多的皮草行、皮草公司等，由此开始形成了皮革市场的竞争。

萝卜裤是一种高腰、宽松、收脚、裤筒似萝卜的裤子。自20世纪80年代后期，翩翩美少年"小虎队"穿着萝卜裤与白衬衫、跳着轻快的舞步席卷而来，很快，校园里的男生全都穿起了萝卜裤。如果用白色的萝卜裤搭配白色上衣，双手插在裤兜里，便有"白马王子"的感觉。随后，萝卜裤在女生中间也流行起来（见图12-35、图12-36）。

七、松糕鞋

20世纪90年代，女性普遍流行"头大底厚"的松糕鞋。松糕鞋是一种新式的高跟鞋，顾名思义，其鞋底像发糕一样厚，鞋底高度5～10厘米不等，有的甚至高达十几厘米。由于能增加身体高度，产生人体修长的视觉效果，深受广大年轻女士的喜爱（见图12-37）。

图12-35　20世纪90年代萝卜裤①

图12-36　20世纪90年代萝卜裤②

图12-37　20世纪90年代的松糕鞋

第六节　小　结

从1949年中华人民共和国成立后，人们的着装打扮发生了根本变化。新中国成立初期，中央号召全国人民勤俭节约，人们服装的款式、色调高度统一。20世纪60年代的服装用色，无论男女老幼皆以黑、白、灰、蓝色为主。最有特点的就是头戴军帽、身着绿军装、胸佩纪念章、腰扎咖啡色武装皮带，不分男女。

自1978年改革开放以来，人民生活水平迅速提高，从此，我国的服装发展史迎来了一个崭新的时代。服装上的思想解放首先是从青年人开始的。随着港、澳对内地影响的深入，在港、澳地区流行的一些时装款式已开始出现在中国内地的街头。

进入20世纪80年代后，随着改革开放政策的实施，我国同世界上其他国家之间的交流日益频繁，西装再次在我国得到普及。我国的服装产业逐步确立并飞速发展。各类先进的服装生产流水线不断引进，合资企业日益增多，服装工艺日渐先进，设计水平逐步提高。改革开放之初来料、来样加工的服装生产方式逐渐被自行设计、自行生产的形式代替。可供人们选择的服装款式越来越多，人们不再盲从于流行，而是根据不同的环境、场合、地点来选择着装，讲究穿出自己的个性。

到了20世纪90年代，人们的生活向小康过渡，思想观念更为开放，服饰也在急速变化，穿衣打扮追求个性和多变，很难用一种款式或色彩来概括时尚潮流。强调个性、不追逐流行本身也成为一种时尚潮流。新闻媒介、交通工具、自然人体、文学艺术、服饰配件等开始卷入时尚潮流中，为21世纪的服装进程打下了坚实基础。

第十三章
中国少数民族服装

中国自古以来就是一个多民族国家。新中国成立后，通过识别并经过中央政府确认，我国共有56个民族。据2010年第六次全国人口普查主要数据公报（第1号），大陆31个省、自治区、直辖市和现役军人的人口中，汉族人口为1225 932 641人，占91.51%；各少数民族人口为113 792 211人，占8.49% 。由于汉族以外的55个民族人口相对较少，我们习惯称之为"少数民族"。中国各少数民族由于地理环境、风俗习惯、经济、文化等因素的不同，形成了五彩缤纷、绚丽多姿的民族服装。

第一节　东北、内蒙古地区少数民族服装

一、满族服装

满族主要分布在中国的东三省，人口约1068.2万，有自己的语言、文字，属于阿尔泰语系，满-通古斯语族满语支。旧时满族男子留发束辫，穿马蹄袖旗装，女子穿宽大直筒旗装，穿木制鞋。

二、蒙古族服装

蒙古族是我国东北主要民族之一，人口约581.4万，语言为蒙古语。13世纪初以成吉思汗为首的蒙古部统一了蒙古地区诸部，逐渐形成了一个新的民族共同体"蒙古族"。

蒙古族服饰具有浓厚的草原风格，蒙古族人不论男女都爱穿长袍。牧区

冬装多为光板皮衣，也有绸缎、棉布衣面者；夏装多为布类。长袍身端肥大、袖长，多为红、黄、深蓝色。男女长袍下摆均不开衩，用红、绿绸缎做腰带。男子腰带多挂刀子、火镰、鼻烟盒等饰物，喜穿软筒牛皮靴，长到膝盖。农民多穿布衣，有开衩长袍、棉衣等。冬季多穿毡靴乌拉，高筒靴少见，保留扎腰习俗。男子多戴蓝、黑褐色帽，也有的用绸子缠头。女子多用红、蓝色头帕缠头，冬季和男子一样戴圆锥形帽。未婚女子把头发从前方中间分开，扎上两个发根，发根上面带两个大圆珠，发梢下垂，并用玛瑙、珊瑚、碧玉等装饰。蒙古族的摔跤服也比较有特色。蒙古族服饰包括长袍、腰带、靴子、首饰等，但因地区不同在式样上有所差异。男装多为蓝、棕色，女装喜欢用红、粉、绿、天蓝色（见图13-1）。

图13-1 蒙古族服装

三、朝鲜族服装

朝鲜族是我国少数民族之一，人口约192.4万，主要生活在我国东北地区。其丰富多彩的民族服装是朝鲜族人民思想意识和精神风貌的体现。朝鲜族人比较喜欢素白色服装，以示清洁、干净、朴素和大方，故朝鲜族自古有"白衣民族"之称，自称"白衣同胞"。妇女穿短衣长裙。短衣，朝鲜语叫"则高利"，是一种斜领、无扣、用带子打结、只遮盖到胸部的衣服；长裙，朝鲜语叫"契玛"，腰间有细褶，宽松飘逸。这种衣服大多用丝绸缝制而成，色彩鲜艳。女子婚前穿鲜红的裙子和黄色的上衣，衣袖上有色彩缤纷的条纹；婚后则穿红裙子和绿上衣。年龄较大的妇女可在很多颜色鲜明、花样不同的面料中选择衣料。朝鲜族成年男子一般穿素色短上衣，斜襟、宽袖、左衽、无纽扣，前襟两侧各钉有一飘带，穿衣时系结在右襟上方。他们还喜欢黑色外套或其他颜色的带纽扣的"背褂"即坎肩，坎肩在朝鲜语中叫"古克"，一般套在短衫外面，多用绸缎做面，毛皮或布料做里，有3个口袋、5个扣，穿上显得特别精神。朝鲜男子爱穿"灯笼裤"，这种裤子裤长腰宽，而且白色居多。"巴基"是指传统的朝鲜族裤子，其裤裆、裤腿肥大。由于朝鲜族传统房屋都有火炕供暖系统，人们常常是坐卧在地面的垫子或席子上，穿这种裤子便于在炕上盘腿而坐，随便轻松，裤腿系有丝带，外出时可以防寒保暖。

船形鞋是朝鲜族独有的鞋。鞋样像小船，鞋尖向上微翘，用人造革或橡胶制成，柔软舒适。男鞋一般是黑色，女鞋多为白色、天蓝色、绿色。此外，朝鲜族服饰中还有一种七彩上衣，用七彩缎做成，象征幸福和光明，一般在集会和喜庆活动时穿戴。朝鲜族早期穿木屐、革屐，后来出现草鞋、麻鞋、胶鞋，现在普遍穿胶鞋或皮鞋（见图13-2）。

四、鄂伦春族、鄂温克族服装

鄂伦春族人口约0.82万，分布于我国东北的大、小兴安岭。鄂伦春族人均着宽肥大袍（见图13-3）。因过去主要从事游猎，服饰多以鹿、狍、犴皮制作。领口、袖口、襟边、大袍开衩处均有刺绣、补花等装饰，常用云纹、鹿角纹等。戴犴皮帽，女帽顶用毡子，上缝各种装饰和彩穗；姑娘戴缀有珠子、贝壳、扣子等装饰的头带。男子出猎时，穿狍皮衣、皮裤，戴狍头皮帽，穿乌拉。现今日常已普遍着布衣、胶鞋，但出猎时仍多着皮衣。鄂伦春人无论男女老少，都是制作桦皮制品的能工巧匠，都能用桦皮和马尾或狍、鹿、犴筋捻成的线缝制各种生产、生活所需的用品，并在上面雕绘各种花纹图案。

鄂温克族人主要分布在中国东北黑龙江省讷河市和内蒙古自治区，人口约3.1万。鄂温克是民族自称，意思是"住在大山林里的人们"。鄂温克族服饰的原料主要为兽皮，颜色主要为蓝、黑色。大毛上衣斜对襟、衣袖肥大，束长腰带。短皮上衣、羔皮袄，是婚嫁或节日的礼服。无论男女，衣边、衣领等处都用布或羔皮制作的装饰品镶边，穿用时束上腰带。皮套裤外面绣着各种

图13-2　朝鲜族服装

图13-3　鄂伦春族服装

花纹，天冷时穿在皮裤的外面。男子夏戴布制单帽，冬戴圆锥形皮帽，顶端缀有红缨穗。鄂温克族妇女普遍戴耳环、手镯、戒指，或镶饰珊瑚、玛瑙（见图13-4）。已婚妇女还要戴上套筒、银牌、银圈等。

五、赫哲族、达斡尔族服装

赫哲族是中国东北地区一个历史悠久的民族，人口约0.47万，主要分布在黑龙江省同江县、饶河县、抚远县。他们使用赫哲语，属阿尔泰语系满-通古斯语族满语支，无文字，早年削木、裂革、结革记事。因长期与汉族交错杂居，通用汉语。赫哲族是中国北方唯一以捕鱼为生的民族。早年的衣服用鱼、狍、鹿等皮制成。男人冬季穿貂皮大衣，夏季穿去毛的光皮板，是大襟式的，袖口、衣襟多镶边或染成黑色云纹。长袖的衣襟上还镶有两排用鲶鱼骨做的纽扣。女人穿鱼皮和鹿皮短衣，袖子肥而短，只有领窝，没有衣领，领边、袖口、衣边多缝有以鹿皮剪成的各种颜色的云纹和动物图形，或在衣边上饰以海贝（见图13-5）。男女多穿鱼皮做的套裤。布匹传入后，逐渐以布代替鱼皮、兽皮做衣。

达斡尔族人口约13.2万人，主要分布在内蒙古自治区莫力达瓦达斡尔族自治旗、鄂温克族自治旗以及结雅河一带，少数居住在新疆塔城。达斡尔族的族源目前尚无定论，主要有土著说和契丹后裔说两种。达斡尔族男子头戴皮帽，身穿长袍，下着皮裤，脚蹬皮靴。帽子多用狍、狼或狐狸的头皮做成，毛

图13-4　鄂温克族服装

图13-5　赫哲族服装

朝外，双耳、犄角挺立，形象逼真，出猎时，既防寒又护身。靴子多选用狍、狂、牛等皮。除皮质服装外，达斡尔族还穿布制的袍子和裤子。冬天穿棉袍，天冷时外套狂背心，春秋穿夹袍，夏季穿单袍。妇女早期着皮衣，清朝以后以布衣为主。服装的颜色多为蓝、黑、灰色，老年妇女还喜欢在长袍外套上坎肩（见图13-6）。

第二节　西北地区少数民族服装

一、回族服装

我国最早的回民是7世纪时阿拉伯人和波斯人来华经商者的后裔。13世纪，大批穆斯林从中亚迁入中国，并同当地的汉族、维吾尔族、蒙古族等人民共同生活。回族主要分布在宁夏回族自治区和甘肃、青海、河南、新疆、云南、河北、安徽、辽宁、吉林、山东等省、自治区及北京、天津等城市，人口约981.7万，是我国少数民族中人口较多的民族之一。

回族服饰的主要标志在头部。男子们都喜爱戴用白布制作的圆帽。回族妇女常戴盖头。回族老年妇女冬季戴黑色或褐色头巾，夏季则戴白纱巾，并有扎裤腿的习惯。青年妇女冬季戴红、绿色或蓝色头巾，夏季戴红、绿、黄等色的薄纱巾。山区回族妇女爱穿绣花鞋，并有扎耳孔戴耳环的习惯（见图13-7）。

图13-6　达斡尔族服装　　　　图13-7　回族服装

二、维吾尔族服装

维吾尔族人口约839.9万，主要聚居在新疆维吾尔自治区天山以南的喀什、和田一带和阿克苏、库尔勒地区。维吾尔语属阿尔泰语系突厥语族，使用阿拉伯字母为基础的维吾尔文。"维吾尔"含有"团结""联合"的意思。历史上曾有"袁纥""韦纥""回纥""回鹘""畏兀儿"的音译。

维吾尔男子喜穿长袍，叫"袷袢"，右衽斜领，不用纽扣，用腰带扎腰；妇女多在宽袖的连衣裙外套上对襟背心。

图13-8 维吾尔族服装

男女都喜欢戴称为"多帕"的小花帽，穿皮靴。妇女的饰物有耳环、手镯、项链等。

赛乃姆是新疆维吾尔族最普遍的一种民间舞蹈，在喜庆佳节以及举行婚礼和亲友欢聚时，都要跳赛乃姆。表演赛乃姆时，大家围成圆圈，乐队聚在一角伴奏，群众拍手唱和（见图13-8）。

三、哈萨克族、柯尔克孜族服装

哈萨克族主要分布在新疆伊犁哈萨克自治州、阿勒泰地区、塔城地区、木垒和巴里坤哈萨克自治县以及乌鲁木齐等地，少数分布在甘肃阿克赛和青海等地，人口约125万。哈萨克族是以草原游牧文化为特征的民族。哈萨克族男子内穿套头式高领衬衣、套西式背心，青年人的衣领上多绣有彩色图案，外穿布面或毛皮大衣，腰束皮带，上系小刀便于饮食，下穿便于骑马的大裆皮裤，戴的帽子分冬春季、夏秋季两种。冬春季的帽子是用狐狸皮或羊羔皮做的尖顶四棱形帽，左右有两个耳扇，后面有1个长尾扇，帽顶有4个棱，这种帽可遮风雪、避寒气；夏秋季的帽子是用羊羔毛制作的白毡帽，帽的翻边用黑平绒制作，这种帽既防雨又防暑。男子穿的鞋、靴也多用皮革制成。

哈萨克族女子喜穿白、红、绿、淡蓝色的绸缎、花布、毛纺织品等为原料制作的连衣裙，年轻姑娘和少妇一般穿袖上有绣花、下摆有多层荷叶边的连衣

裙。夏季套穿坎肩或短上衣，冬季外罩棉衣，外出时穿棉大衣。女子最讲究帽
子和头巾。未出嫁的姑娘夏天扎一条漂亮的三角形或方形头巾，冬天戴一种绒
布的硬壳圆顶帽，帽顶饰有猫头鹰羽毛，象征勇敢、坚定。成为新娘时，戴一
种尖顶帽，上有绣花与金银珠宝装饰，前方还饰有串珠垂吊在脸前，一年后换
戴花头巾，有孩子后开始戴披巾（见图13-9）。

柯尔克孜族多数居住在新疆南部克孜勒苏柯尔克孜自治州，还有一部分居
住在黑龙江省富裕县，人口约16万，主要从事畜牧业，兼营农业。柯尔克孜族
有丰富的文化遗产，最著名的是英雄史诗《玛纳斯》。柯尔克孜族的女子多穿
长连衣裙，上身穿黑色小马甲，有些地方的妇女穿小竖领的白色衬衫。妇女用
头巾包头，外佩饰品。男子的高顶方形帽是一大特色，多用皮子或毡子做成，
有一个卷沿，两侧有护耳。男子的上衣多是圆领，绣有花边。腰间束皮带，佩
有小刀（见图13-10）。

图13-9 哈萨克族服装

图13-10 柯尔克孜族服装

四、塔塔尔族、塔吉克族服装

塔塔尔族人口约0.49万，主要居住在中国新疆维吾尔自治区，属于欧罗巴
人种，语言属于突厥语族。塔塔尔族的服饰十分别致，无论男女老幼，通常都
喜欢穿一种宽袖、竖领、对襟的白色绣花衬衣，在衬衣的领口、袖口、胸前大
多绣着十字形、菱形等几何图案花纹，色彩和谐、美观。在白色衬衣外，再套
一件齐腰短背心，这种黑白两色的强烈反差搭配，在男子的服饰上更为普遍。
男子除了衣服是这样，头上也多戴黑白两色的绣花小帽。冬季则戴一种用羊羔

皮做的蓝色卷毛皮帽，下穿宽裆紧身黑裤，脚蹬长筒皮靴，外套毛皮大氅，腰束皮带，显得威武、潇洒（见图13-11、图13-12）。

塔吉克族人口约4.1万，人种属于欧罗巴人种印度地中海类型。塔吉克族有自己的语言，由于民族交往频繁，普遍使用维吾尔文。被称为生活在"云彩上的人家"的塔吉克妇女肤色白皙、俏丽健美，服饰艳丽夺目，大多以红色为主，喜穿绣饰花边的连衣裙，还喜欢用耳环、项链、手镯等来装饰自己。塔吉克少女爱戴用紫色、金黄、大红色调的平绒布绣制的圆形帽冠，帽的前沿垂饰一排色彩鲜艳的串珠或小银链（见图13-13）。衣帽、腰带上大多绣有花纹。新娘、妇女在辫梢饰以丝穗，已婚少妇在发辫上缀以白纽扣。外出时披上方形大头巾，颜色多为白色，新娘则一定要用红色。塔吉克族男子平日爱穿衬衣，外着无领对襟的黑色长外套，冬天着光板羊皮大衣或外罩大衣。男子戴黑绒布制成的绣着花纹的圆形高筒帽，男女都穿皮靴（见图13-14）。

图13-11 塔塔尔族服装

图13-12 塔塔尔族小帽

图13-13 塔吉克族头饰

图13-14 塔吉克族服装

五、乌孜别克族、俄罗斯族服装

乌孜别克族是具有悠久历史的民族，属于蒙古人种和欧罗巴人种的混合型。我国的乌孜别克族人口约1.4万，70%生活在北疆，30%生活在南疆。南疆的乌孜别克族以商业为主，北疆的乌孜别克族以牧业为主。乌孜别克族男女都戴各式各样的小花帽。花帽为硬壳、无沿或四棱形，带棱角的还可以折叠。男子的传统服装是过膝的长衣，有两种款式：一种为直领、对襟、无衬，在门襟、领边、袖口上绣花边；另一种为斜领、右衬的长衣，腰束三角形的绣花腰带。老年人爱穿黑色长衣、坎肩、长裤等，腰带的颜色也偏于淡雅。乌孜别克男女爱穿皮靴、皮鞋。女装有连衣花裙，开领、宽大多褶。上衣比较短，无领、无袖、对襟，下摆的正中和正面两边都开衩，襟边绣花。出门时还要穿斗篷、蒙面纱，从头到脚都不能外露（见图13-15）。

俄罗斯族是俄罗斯移民的后裔，在我国，俄罗斯族总人口约1.56万，主要集中聚居在新疆维吾尔自治区西北部、黑龙江北部和内蒙古自治区东北部。俄罗斯族的传统服饰丰富多彩，妇女夏季多穿短上衣和短袖、半开胸、卡腰式、大摆绣花或印花的连衣裙，或上穿无领绣花衬衫，下穿自制的白色大长裙，上面绣着色彩鲜艳的图案花纹；春秋季节多穿西服上衣或西服裙，头戴色彩鲜艳的小呢帽，上面插着羽毛作装饰；冬季头戴毛织大头巾或皮帽，穿裙子，外套半长皮大衣，脚穿高筒皮靴。男女衬衫的衣领、袖口和前胸等部位缀以精美细密的刺绣几何图案或花草图案。老年人的衣着保持了苏联传统的款式，男性大多穿制服、马裤、大裆长裤或分衩长袍，脚着皮靴或皮鞋；女性大多上穿无领绣花短衣，下穿自织的棉布长裙，腰系一条花布带。俄罗斯族妇女的头饰颇具特色，年轻姑娘与已婚妇女的头饰有严格区别。少女头饰的上端是敞开的，头发露在外面，梳成一条长长的辫子，并在辫子里编上色彩鲜艳的发带和小玻璃珠子（见图13-16）。已婚妇女的头饰必须严密无孔，即先将头发梳成两条辫子盘在头上，再严严实实地把辫子反裹在头巾或帽子里面。

图13-15 乌孜别克族服装

图13-16 俄罗斯族服装

六、保安族、东乡族、撒拉族服装

保安族主要聚居在甘肃、青海省，人口现约1.65万。保安族主要从事农业、手工业，以打刀为主，"保安刀"十分著名。保安族男子平时戴白色号帽，身穿白色衬衣、黑色坎肩、蓝或灰色裤子。年轻女子多穿色彩鲜艳的各色上衣，头戴细薄、柔软、透亮的绿绸盖头，老年妇女多着深色服饰。在喜庆节日时，男子戴礼帽，身穿黑色翻领大襟长袍，束彩色腰带，系腰刀，足蹬高筒牛皮靴，显得威武潇洒、美观大方；女子戴盖头，一般婚后妇女喜欢戴圆形白帽、黑色盖头，少女戴绿色盖头，老年妇女戴白色盖头（见图13-17）。

东乡族主要聚居在甘肃地区，其历史、民俗十分悠久，人口约51.4万。东乡族男子多穿宽大长袍，束腰带，挂腰刀、烟荷包。妇女多穿圆领、大襟、宽袖的绣花上装，下穿套裤，裤筒后面开小衩，裤筒、裤脚有镶或绣的花边。喜庆节日则穿绣花裙、绣花鞋。男子戴平顶、无檐、白或黑色软帽。妇女在家戴绣着花纹的便帽，外出戴遮住全部头发的丝绸盖头。少女和新婚者戴绿色盖头，婚后及中年妇女戴黑色盖头，老年妇女戴白色盖头。妇女的首饰以银质耳环及手镯、玛瑙珠子为主（见图13-18）。

图13-17 保安族服装

图13-18 东乡族服装

撒拉族人口约10.45万，主要聚居在青海省和甘肃省。伊斯兰教是撒拉族的全民信仰。他们有自己的民族语言，但没有本民族的文字，通用汉字。撒拉族男子头戴黑色或白色的圆顶帽，多穿白衬衫、黑坎肩，束腰带，着长裤，穿布鞋，腰带多为红、绿色，长裤则多为黑、蓝色。冬季，男子穿光板羊皮袄或羊毛褐衫，富有者则在外面挂上布或毛料面。妇女穿短上衣，外套为黑色或紫色坎肩，着长裤，穿绣花布鞋，喜欢戴金银戒指，玉石、铜或银质的手镯以及银耳环等首饰。少妇戴绿色盖头，中年妇女戴黑色盖头，老年妇女戴白色盖头（见图13-19）。

七、土族服装

土族人口约24.12万，主要分布在青海和甘肃省。土族服饰有着独特的风格：男女上衣都有绣花高领；男子常戴毡帽，穿小领斜襟、袖镶黑边的长袍，腰系绣花长带，穿大裆裤，系两头绣花腰带，小腿扎上黑下白的绑腿带，脚穿云纹布鞋，老年人在长袍外套黑坎肩；妇女穿绣花小领镶花边斜襟衣衫，两袖由七色彩布圈做成，鲜艳夺目，俗称"七彩袖"。七彩袖第一道为黑色，象征土地；第二道为绿色，象征青苗青草；第三道为黄色，象征麦垛；第四道为白色，象征甘露；第五道为蓝色，象征蓝天；第六道为橙色，象征金色的光芒；第七道为红色，象征太阳。女子外套为黑、蓝、紫镶花边坎肩，腰系绣花宽腰带或彩绸带，悬挂花手帕、花钱袋、荷包、小铜铃等（见图13-20）。

图13-19　撒拉族男女服装

图13-20　土族服装

八、裕固族、锡伯族服装

裕固族人口约1.37万，主要聚居于甘肃省，为回纥后裔之一，无文字，通汉语，信藏传佛教，主要从事畜牧业，兼营农业，崇尚骑马和射箭。裕固族的传统习俗是穿自纺自织的褐子衫或毡片长袄，冬季有钱人穿挂面的皮袄皮袍，穷人穿光板皮袄。妇女佩戴长形头面等饰物，擅长刺绣，在衣领、衣袖、布靴上常绣有各种花草和各类动物图案。"衣领高、帽有缨"是裕固族服饰的一大特点。民间流传着"水的头是泉源，衣服的头是领子""帽无缨子不好看，衣无领子不能穿"的民歌。裕固族妇女的帽子，特点非常鲜明。裕固族西部地区的帽子是尖顶，帽沿后部卷起，用白色绵羊羔毛擀制而成，宽檐上镶有一道黑边，内镶狗牙花边并用各色丝线绲边，帽顶腰部前面有一块刺绣精致的图案；东部地区的大圆顶帽形似礼帽，顶比礼帽细而高，用红布缝帽里，用白布缝帽面，帽檐缝黑边镶花边。无论是西部还是东部，裕固族女帽帽顶都用红线缝成帽缨。裕固族妇女的帽子是姑娘和已婚妇女的区别标志，姑娘到了成婚年龄，举行出嫁戴头面仪式时才能戴帽子，表示已婚。裕固族的服饰多用红、蓝、黑、白等对比强烈的色彩，这也成为其服饰的典型特点（见图13-21）。

锡伯族是古代鲜卑人的后裔，现有人口18.88万人，语言与满语有渊源关系。18世纪中叶，清朝政府从盛京（沈阳）等地征调锡伯族官兵1018人，连同他们的家属共3275人，由满族官员率领，西迁新疆的伊犁地区进行屯垦戍边。传统的锡伯族男子服装喜用青、灰、蓝、棕等颜色，服饰与满族旗装样式基本相同。为便于骑马与劳动，身穿左右开襟的大襟长袍和对襟短袄，上套坎肩，下着散腿长裤，扎腰带，腰带上经常挂上烟袋荷包，脚穿布靴，头戴笠帽、毡帽或礼帽，一般在长袍上套马褂（见图13-22）。

图13-21 裕固族服装

图13-22 锡伯族服装

第三节　西南地区少数民族服装

一、藏族服装

藏族在我国境内人口约541.6万余人，主要居住在青藏高原地区，包括西藏自治区及青海、甘肃、四川、云南等省。藏族服饰的最基本特征是肥腰、长袖、大襟、右衽、长裙、长靴、辫发、金银珠玉饰品、对比强烈的色彩等。男女藏袍均习惯以粗纺厚毛呢为料，左襟大、右襟小，一般在右腋下钉一个纽扣。男式藏袍的领围、袖口、衣襟和底边镶上色布或绸子底边。夏天或劳动时，一般只穿左袖，右袖从后面拉到胸前搭在左肩上，也可左右袖均不穿，两袖束在腰间。女式藏袍分有袖和无袖两种，夏秋两季的藏袍无袖，里面多衬有红、绿等色彩鲜艳的衬衣，衬衣翻领在外，衣袖要长于胳膊一至两倍，长出部分平时卷起，跳舞时放下，舒展飘逸，潇洒自如。藏族的帽子式样繁多，各地均有不同，金花帽是男女老幼都喜欢戴的民族帽。男女穿的藏靴，底高两寸，靴勒高至小腿以上，靴面用红绿相间的毛呢装饰，绣有图案花纹，靴头向上隆起。藏族男女喜欢佩饰：耳穿大环、手腕金银、顶戴珠链，尤其是在腰间，男挎长剑、女佩腰刀，更显得粗犷壮美（见图13-23）。

图13-23　藏族服装

二、门巴族、珞巴族服装

门巴族人口约0.89万，主要居住在西藏的门隅地区和墨脱县，有自己的语言，无文字，因长期和藏族人民密切交往，多通晓藏语，通用藏文。门巴族服饰受藏族服饰影响很大。门巴族男女大都穿毛织氆氇长袍，系腰带，足蹬牛皮软底长靴，靴筒用红黑两色氆氇相配缝制。门隅北部地区男子穿白色或土红色右衽大襟长衫，无领无扣，长及膝盖，外套为赭色、红色土布袍或氆氇袍，右衽长袖，衣摆开衩，腰间加束白色氆氇围裙，背披小牛皮，防寒护背还可以当坐垫。墨脱地区男女都穿自织的白色麻布袍，梳长辫不戴帽。妇女穿红色内衣、套宽大无领套头长坎肩，用腰带扎束，下穿彩色条纹长筒裙。门隅的门巴族穿红色的软靴，墨脱门巴族多是赤足。无论男女都戴铜质或银质的手镯。成年男子的外衣称作"秋巴"，腰部挂一把砍刀和一把叶形的小刀。门巴族有一种叫"八拉嘎"的小帽别具特色，帽顶平，用蓝或黑色的氆氇做成。帽前有缺口，帽檐镶红色氆氇边，翻檐镶金黄色边。戴帽时，男子是缺口在右眼的上方，女子是缺口往后。帽子的下沿有若干条穗，还要插上孔雀翎（见图13-24）。

珞巴族是我国少数民族中人口最少的一个民族，仅有0.29万人，主要分布在藏南地区。"珞巴"是藏族对他们的称呼，意为"南方人"。传统的珞巴族服装特点是充分利用野生植物纤维和兽皮为原料。妇女喜穿麻布织的对襟无领窄袖上衣，外披一张小牛皮，下身穿过膝的紧身筒裙，小腿裹上绑腿，两端用带子扎紧。妇女们重视佩戴装饰品，除银质和铜质手镯、戒指外，还有几十圈的蓝白色相间的珠项链，衣服腰部缀有许多海贝串成的圆球饰物。男子多穿羊毛织成的黑色套头坎肩，长及腹部。背上披一块野牛皮，用皮条系在肩膀上，内着藏式长袍。博嘎尔部落男子的帽子更是别具一格，用熊皮压制成圆形，类似有沿的"钢盔"。帽檐上方套着带毛的熊皮圈，熊毛向四周蓬张着。帽子后面还要缀一块方形熊皮。这种熊皮帽十分坚韧，打猎时又能起到迷惑猎物的作用。男子平时出门时，背上弓箭，挎上腰刀，高大的身躯再配上其他闪光发亮的装饰品，显得格外威武英俊（见图13-25）。

图13-24　门巴族服装

图13-25　珞巴族服装

三、羌族服装

羌族人口约30.6万人，是我国西南地区的一个古老民族。主要聚居在四川省阿坝藏族羌族自治州东部及绵阳市的北川县、平武县等地。羌族的传统服饰为男女皆穿麻布长衫、羊皮坎肩，包头帕，束腰带，裹绑腿。羊皮坎肩两面穿用，晴天毛朝内，雨天毛向外，防寒遮雨。男子长衫过膝，梳辫包帕，腰带和绑腿多用麻布或羊毛织成，一般穿草鞋、布鞋或牛皮靴，喜欢在腰带上佩挂嵌着珊瑚的火镰和刀。女子衫长及踝，领镶梅花形银饰，襟边、袖口、领边等处都绣有花边，腰束绣花围裙与飘带，腰带上也绣着花纹图案。妇女包帕有一定的讲究：姑娘梳辫盘头，包绣花头帕；已婚妇女梳髻，再包绣花头帕。女子脚穿有鼻的"云云鞋"，鞋子绣有云彩图案及波纹，喜欢佩戴银簪、耳环、耳坠、领花、银牌、手镯、戒指等饰物。羌族妇女挑花刺绣久负盛名（见图13-26、图13-27）。

图13-26 羌族服装

图13-27 羌族头饰

四、彝族服装

彝族主要分布在云南、四川、贵州三省和广西壮族自治区的西北部，人口约776.2万。彝族历史悠久，是我国具有古老文化的民族之一。由于彝族支系众多、居住分散，因而各地服饰差异大，不同服饰近百种。总体看来，男子多蓄发于头顶，头上缠着青蓝色棉布或丝织头帕，头帕的头端多成一个尖锥状，偏于额前左方，彝语称为"兹提"，汉语名"英雄结"。青年人多将英雄结扎得细长而挺拔，以示勇武，而老年人的英雄结往往是粗似螺髻，以表老成。彝族男子多穿黑色窄袖且镶有花边的右开襟上衣，下着多褶宽脚长裤。男子以无须为美，耳朵上戴有缀红丝线串起的黄或红色耳珠（见图13-28）。妇女身穿镶边或绣花的大襟右衽上衣，戴黑色包头、耳环，领口别有银排花。除小凉山和云南的彝族穿裙子外，其他地区的彝妇女都穿长裤，许多支系的女子长裤脚

上还绣有精致的花边，已婚妇女的衣襟袖口、领口
也都绣有精美多彩的花边，尤其是围腰上的刺绣更
是光彩夺目（见图13-29）。居住在山区的彝族无论
男女，都喜欢披一件叫"擦尔瓦"的羊皮披毡。它
形似斗篷，长至膝下，下端缀有毛穗子。彝族少女
15岁前，穿的是红白两色童裙，梳独角辫；满15岁
时，要举行一种叫"沙拉洛"的仪式，意即"换裙
子、梳双辫、扯耳线"，标志少女已经长大成人。

图13-28 彝族男装

五、白族服装

白族人口约185.8万，主要分布在云南省大理
白族自治州、丽江、碧江、安宁和贵州毕节、四川
凉山、湖南桑植等地。使用白语，属汉藏语系藏
缅语族。白族男女都崇尚白色，以白色为尊贵，服
饰款式各地略有不同。白族青年男子上身着白色对
襟衣，外套坎肩，下穿白色或蓝色宽裤，头缠白包
头，肩挂绣花挂包。这种装饰色调明快、大方，彰
显白族男性的英俊潇洒。女子服饰各地有所不同。
大理一带多用绣花布或彩色毛巾缠头，穿白上衣、
红坎肩，或是浅蓝色上衣、外套黑丝绒领褂，右襟
结纽处挂银饰，腰系绣花短围腰，下穿蓝色宽裤，
足蹬绣花鞋。已婚者挽髻，未婚者垂辫于后或盘辫
于头，都缠以绣花、印花或彩色毛巾的包头。白族
服饰最明显的特征是色彩对比明快而映衬协调，挑
绣精美、有镶边花饰、朴实大方，充分反映了白族
人民在艺术上的高度才能（见图13-30）。

图13-29 彝族女装

六、苗族服装

苗族人口约894.1万，主要聚居于贵州省东南
部、广西大苗山、海南岛及贵州、湖南、湖北、四

图13-30 白族服装

川、云南、广西等省区的交界地带。苗族地区以农业为主，以狩猎为辅。苗族有自己的语言，苗语属汉藏语系苗瑶语族苗语支。苗族是个能歌善舞的民族，尤以飞歌、情歌、酒歌享有盛名。芦笙是苗族最有代表性的乐器。

苗族服装式样繁多，色彩艳丽。苗族妇女的服装有百余种样式，堪称中国民族服装之最。苗族妇女上身一般穿窄袖、大领、对襟短衣，下身穿百褶裙。衣裙或长可抵足，或短不及膝。便装时则多在头上包头帕，上身大襟短衣，下身长裤，镶绣花边，系绣花围腰，再加少许精致银饰衬托。苗族百褶裙，图案花纹色彩斑斓，多刺绣、织锦、蜡染、挑花装饰。衣裙颜色以红、蓝、黄、白、黑为主，保持了苗族先民"好五色衣服"的传统。服饰用料则以居住地出产的原料为主，多以棉、麻、毛等经过家庭手工作坊精编细织而成。苗族男子的装束则比较简单，上装多为对襟短衣或右衽长衫，肩披织有几何图案的羊毛毡，头缠青色包头，小腿上缠裹绑腿。苗族服装按地域可分为5种形制：黔东南型、黔中南型、川黔滇型、湘西型和海南型。苗族的蜡染和刺绣代表了苗族服装的制作艺术。苗族的蜡染工艺已有千年历史，一般的苗族蜡染是先在整块的布上绘制各种图案，然后再进行染制。苗族刺绣技法多样，图案丰富。苗绣技法多达十几种。很多刺绣图案把传说故事都用在里面，这些形象记录被称为"穿在身上的史诗"。苗族刺绣主要作为苗族服装中头巾、衣领、衽襟、袖腰、袖口、衣肩、衣背、衣摆、腰带、围腰、裙子、裙片、裹腿布巾、鞋子等部位的装饰（见图13-31）。

图13-31　苗族服装

七、纳西族服装

纳西族人口约30.88万，主要聚居于云南省丽江纳西族自治县。纳西族的族源属古代羌人向南迁徙的一个支系。纳西族的妇女以勤劳、善良而著称，她们的传统服饰具有鲜明的民族特色。古代的纳西人，男穿短衣、长裤，女穿短衣、长裙。不论男女，大多不穿鞋袜。纳西妇女上穿大襟宽袖布袍，袖口挽至肘部，外加紫色或藏青色坎肩；下着长裤，腰系用黑、白、蓝等色棉布缝制的围腰，上打百褶，下镶天蓝色宽边；背披"七星羊皮"，羊皮上端缝有两根白色长带，披时从肩搭过，在胸前交错又系在腰后。羊皮披肩典雅大方，既可起到装饰作用，又可暖身护体，是丽江纳西妇女服饰的重要标志。羊皮披肩一般用整块黑色羊皮制成，剪裁为上方下圆，上部缝着6厘米宽的黑边，下面再钉上一字横排的7个彩绣的圆形布盘，圆心各垂两根白色的羊皮飘带，代表北斗七星，俗称"披星戴月"，象征纳西族妇女早出晚归、披星戴月，以示勤劳之意（见图13-32）。

图13-32　纳西族服装

八、傣族服装

我国傣族人口约115.89万，散居于云南的大部分地区。傣族历史悠久，与属壮侗语族的壮族、侗族、水族、布依族等有着密切的渊源关系，具有共同的分布区域、经济生活、文化习俗和民族特点。傣族生活的地方是热带、亚热带地区，气候温热，山林茂密，物产丰富。傣族服饰充分体现了这些地理特点，淡雅美观，既讲究实用，又有很强的装饰意味。各地的傣族男子服饰差别不大，保留着传统的衣对襟、头缠布、挂背袋、带短刀的特点。穿无领对襟小袖短衫，下着黑或白色长管裤，以白、红或蓝布包头，男子文

图13-33　傣族服装

身的习俗很普遍。傣族妇女留长发，将头发打成发髻顶于脑后，或稍偏于脑的一侧，一般不束带，头戴包头巾或高筒帽，有的戴一顶尖顶大斗笠。妇女的首饰和佩饰有银耳坠、项圈、腰带、手镯和金银珠宝制成的"凤冠"等。傣族女装根据不同分支，差别很大，如水傣、花腰傣的服饰就有很大差别。传统上，傣族女子穿紧身窄袖的短衣和彩色筒裙，并用精美的银质腰带束裙。女子的衣衫长仅及腰，少许脊背外露。德宏的傣族妇女，一部分也穿大筒裙短上衣，色彩艳丽，另一部分则穿白色或其他浅色的大襟短衫，下着长裤，束一绣花围腰，婚后改穿对襟短衫和筒裙；新平、元江的"花腰傣"，上穿开襟短衫，着黑裙，裙上以彩色布条和银泡装饰，缀成各式图案，光彩耀眼（见图13-33）。

261

九、怒族、独龙族服装

怒族是我国的古老民族之一，人口约2.87万，主要分布在云南省，使用怒语，属汉藏语系藏缅语族。怒族各地方言差别很大，以致不能互相通话，没有本民族的文字。怒族男女均喜欢穿用麻布织的衣服，成年男子喜欢在腰间佩挂砍刀，肩背弓弩及兽皮箭包。福贡一带怒族已婚妇女喜欢在衣裙加上许多花边，在头部和胸部佩带珊瑚、玛瑙、贝壳、珠料等装饰品，耳带铜环，贡山的怒族则只佩胸饰（见图13-34）。

独龙族人口约0.75万，主要分布在云南省贡山独龙族怒族自治县，使用独龙语，没有本民族文字。独龙族原有原始群婚的习俗，现已不存在。男女均散发，少女有文面的习惯。独龙族人相信万物有灵，崇拜自然物。过去男女衣着均为麻布，穿时由左肩腋下抄向胸前，露右臂，用草绳或竹针拴结，披落自如。独龙族的传统服装习惯用一块以棉麻为原料的独龙毯，通常都是白天为衣，夜间做被。女子多在腰间系戴染色的油藤圈作装饰，常常披挂得五颜六色，串珠、胸链、耳环甚至铜钱和银币常挂在颈上和耳下，独龙族女子大多戴竹质耳管和大铜环，受藏族影响，她们也戴藏式的银质镶珊瑚或绿松石的大耳坠。妇女出门要背精致的篾箩。男女不戴帽，多披头散发，赤足（见图13-35）。

图13-34 怒族服装

图13-35 独龙族服装

十、布依族服装

布依族人口约297.14万，集中于贵州省的布依族占布依族总人口的95%以上。另外，云南的罗平，四川的宁南、会理等地也有布依族聚居区。布依族男女多喜欢穿蓝、青、黑、白等色的布质衣服。青壮年男子多包头巾，穿对襟短衣或大襟长衣和长裤。老年人大多穿对襟短衣或长衫。妇女的服饰各地不一，有的穿蓝黑色百褶长裙，有的喜欢在衣服上绣花，有的喜欢用白毛巾包头，戴银质手镯、戒指耳环、项圈等饰物。一些布依族老年妇女仍保留传统服饰，头缠蓝色包布，身穿青色无领对襟短衣，身大袖宽，衣缝、下角分别镶绣花边及琨边。下身多穿蓝黑色百褶长裙，有的系青布围腰或绣花围裙，脚穿精美的翘鼻子满绣花鞋，整套服装集纺织、印染、挑花、刺绣于一体（见图13-36、图13-37）。

图13-36 布依族服装　　　　　　图13-37 布依族女装

十一、侗族服装

侗族人口约296万，主要居住在贵州、湖南和广西的交界处，湖北恩施也有部分侗族。侗族服饰朴素，色调以青、蓝、白、紫为主。男子多穿对襟短衣或右衽无领短衣，包大头巾。女子上穿大襟无领无扣上衣，下穿百褶裙或长裤，束腰带、裹腿，包头帕或戴银冠及各种银饰等（见图13-38）。侗族的民间手工艺制品有刺绣、编织、彩绘、雕刻、剪纸和刻纸等，大多实用美观，富有鲜明特色。刺绣是侗族妇女擅长的工艺，她们在服饰上刺绣出各种图案花纹，形象生动、色彩绚丽。侗族女性的服饰千姿百态，或款式不同，或装饰部位不同，或图案和工艺不同，或色彩、发型和头帕不同，妇女平时穿着便装，讲求实用，盛装时注重装饰美，朴素与华贵相得益彰。根

图13-38 侗族服装

据侗族妇女服装的整体特点，可将侗族服装分为3种款式，即紧束型裙装、宽松型裙装和裤装。

十二、水族、仡佬族服装

贵州省是我国水族人口最多的省，水族人口约40.69万，占总人口的90.8%。水族有自己的语言，属汉藏语系壮侗语族。水族人善于纺织、染布，崇尚黑色和藏青色。水族男子穿大襟无领蓝布衫，戴瓜皮小帽，老年人着长衫，头缠黑布包头，脚裹绑腿。妇女穿青黑蓝色无领大襟半长衫或长衫，长衫过膝，一般不绣花边，下着长裤，结布围腰，穿绣青布鞋。水族女服多以水家布缝制。节日和婚嫁盛装与平时截然不同。婚礼服上装的肩部一圈及袖口、裤子膝弯处皆镶有刺绣花带，包头巾上也有色彩缤纷的图案。头戴银冠，颈戴银项圈，腕戴银手镯，胸佩银雅领，耳垂银耳环，脚穿绣花鞋。水族在服饰上禁忌红色和黄色，特别禁忌大红、大黄的热调色彩，而喜欢蓝、白、青3种冷调色彩。不喜欢色彩鲜艳的服装，而偏向浅淡素雅的色彩，这表达了水族独特的服饰审美观，那就是朴素、大方、实用（见图13-39）。

仡佬族人口约57.93万。仡佬族传统女装有绲边的大襟短衣，宽身阔袖，配绣花筒裙或长裤，束青布围裙，裙带上织有几何纹，喜欢佩戴各种金银饰品。未婚女子梳辫，女子婚后梳髻，老年妇女则用青布巾包头。仡佬族传统男服是无领的琵琶襟衣，之后演变成对襟外衣和长裤，其衣料都是自织的青色土布（见图13-40）。

图13-39 水族服装　　图13-40 仡佬族服装

十三、佤族、布朗族、德昂族服装

佤族人口约39.66万，主要分布在云南省西南部，与汉、傣、布朗、德昂、傈僳、拉祜等民族交错杂居。佤族服饰保留了古老的山地民族特色，显示着佤族人粗犷、豪放的坚强性格。西盟佤族保持传统习俗最多，服饰最典型（见图13-41）。男子穿无领对襟短衣和青布肥大短裤，用布帕缠头、戴大耳环、下着绑腿草鞋或跣足，青年男子常以佩戴竹藤圈为饰。一些男子仍然保持着系一片兜裆布为衣的传统装饰。西盟佤族女子穿贯头式紧身无袖短

图13-41 佤族服装

衣和家织红黑色条纹筒裙，赤足，戴耳柱或大耳环，项间佩挂银圈或数十串珠饰，喜戴臂箍、手镯，多用白银制成，上面刻有精致的各种图案花纹，是佤族妇女喜爱的装饰品，腰间也以若干藤圈竹串为饰。传统佤族人披发，发箍用红布或金属制作。传统佤族女子的脚上戴有数个或十几个竹藤圈。按习惯，女子每增加一岁就增加一个脚圈，故有"欲知年龄数脚圈"之说。天寒时，佤族男子披麻毯或棉毯御寒。此外，佤族男子还有文身的习俗，其纹样大多为动物纹，也有少量的植物纹。

布朗族人口约9.19万，主要分布在云南省西部沿澜沧江中下游两侧的山岳地带。因为与傣族人民亲密相处，所以住房和服饰都与傣族相似。布朗族穿

着简朴，男女皆喜欢穿青色和黑色衣服，妇女的衣裙与傣族相似，上穿紧身短衣，头顶挽髻，用头巾缠头，喜欢戴大耳环、银手镯等装饰。姑娘喜欢戴野花或自编的彩花，将双颊染红（见图13-42）。

德昂族人口约1.79万，为云南独有民族，主要居住在云南省潞西市与镇康县，少数散居于盈江、瑞丽、陇川、保山、梁河、耿马等地，与傣族、景颇族、佤族等民族杂居在一起。德昂族的服饰十分富有自己的特色，女子一般不留头发，而是缠包头，有的在婚后蓄发。女子多穿对襟短衣，以蓝色或黑色为主，两襟装饰红布边，上面钉有方形银牌、银泡和银甩等，下面穿长筒裙，腰间束竹制或藤制的腰箍，套护腿（见图13-43）。男子穿黑、蓝色大襟上衣和短而肥的裤子，打绑腿，喜欢戴大耳坠和银项圈等装饰，外出的时候佩带长刀、挎包。男子包头时，青年人用白头巾，中老年人用黑头巾。男女头巾、上衣都装饰有彩色绒球，并且以多为美。德昂族有文身的习俗，一般在手臂、大小腿和胸部刺以虎、鹿、鸟、花、草等自己喜爱的图案。

图13-42　布朗族服装

图13-43　德昂族服装

十四、哈尼族服装

哈尼族人口约143.97万，主要分布在云南西南部。独特的生存环境形成了哈尼族多姿多彩的服饰文化。哈尼族崇尚黑色，以黑色为美，庄重、圣洁，将黑色视为吉祥色、生命色和保护色。哈尼族服饰千姿百态，有百余种不同的款式，具有共同的刺绣图案、装饰物品和审美色彩。哈尼族男子服装和头饰比较单纯、朴素、大方，款式大体一致，成年男子的头饰绝大多数为黑色土布包头，有的在包头上插彩色羽毛进行装饰。哈尼族布都支系妇女服饰用黑色自染布料作上衣、齐膝短裤和绑腿带，包头布端都镶一块精美的刺绣图案，衣服领口处多配有银饰，腰束一条丈余长的腰带；哈尼族碧约支系服饰配以色彩鲜艳的花纹图案和银饰，为左开襟长尾衣，下穿白褶裙，包头为数尺长的黑色头巾布，有穗拖拉到背部（见图13-44）。

十五、傈僳族服装

傈僳族人口约63.49万，主要聚居在云南省的傈僳族自治州和县。傈僳族为氐羌族后裔，有自己的语言，原有文字但很不完善。傈僳族妇女的服饰样式主要有两种：一种上着短衫，下穿裙子，裙片及脚踝，裙褶很多；另一种上穿短衫，对襟，满圆平领，无纽扣，平素衣襟敞开，天冷则用手掩住或用项珠、贝、蚌等压住，有的袖口以黑布镶边，衣为白色，黑白相配，对比强烈（传统傈僳族所穿麻布的颜色有黑色、白色、花傈僳色3种），下着裤子，裤子外面前后系小围裙，短衫长及腰间。傈僳族男子都穿麻布长衫或短衫，裤长及膝。有的以青布包头，有的蓄发辫缠于脑后。头人或个别富裕之家的男子，左耳戴一串大红珊瑚，以示在社会上享有荣誉和尊严，穿对襟长衣，或夏着短衫、冬着长衫，中间系麻织花腰带。傈僳族男女都喜欢系绑腿。男子外出身必背长刀和弩弓箭包。德钦县拖顶、霞若、云岭三乡的傈僳族，均喜穿藏族服饰（见图13-45）。

图13-44　哈尼族服装

图13-45　傈僳族服装

十六、拉祜族服装

拉祜族人口约45.37万，主要分布在云南省，源于甘肃、青海一带的古羌人，与彝族、哈尼族、傈僳族、纳西族、基诺族等属于同一族源。早期过着游牧生活，后来逐渐南迁，最终定居于澜沧江流域，其服饰也反映了这种历史和文化的变迁。古代时，拉祜族男女皆着袍服。到了近现代期，男子普遍上穿黑色无领短衣，内套浅色或白色衬衣，下穿肥大的长裤，头缠长巾或戴瓜皮式小帽。妇女服饰各地不一，主要有两种类型：一种是头缠长巾，身着大襟袍式长衫，长衫两侧开衩很高，衣襟上嵌有银泡或银牌，襟边、袖口及衩口处镶饰彩色几何纹布条或各色布块，下穿长裤。有些地区的妇女还喜欢腰扎彩带，较多地保留了北方民族袍服的特点。另一种是典型的南方民族的装束，上着窄袖短衣，下穿筒裙，用黑布裹腿，头缠各色长巾。拉祜族崇尚黑色，以黑色为美。服装大都以黑色为底，用彩线或彩布条、布块镶绣各种花纹图案。整个色彩既深沉而又对比鲜明，给人无限的美感（见图13-46）。

图13-46　拉祜族服装

十七、景颇族、阿昌族服装

景颇族人口约13.21万，主要分布在云南德宏傣族景颇族自治州，以从事农业为主，有自己的语言和文字。景颇族素以刻苦耐劳、热情好客、骁勇威猛的民族性格而著称，流行着一句家喻户晓的熟语："要像狮子一样勇猛。"景颇族男子喜欢穿白色或黑色对襟圆领上衣，包头布上缀有花边图案和彩色小绒珠，外出时常佩带腰刀和筒帕。妇女穿黑色对襟上衣，下着黑、红色织成的筒裙，腿上带裹腿。盛装的妇女上衣前后及肩上都缀有许多银泡、银片，颈上挂7个银项圈或1串银链子或银铃，耳朵上戴比手指还长的银耳筒，手上戴一对或两对粗大刻花的银手镯。妇女戴银首饰越多表示越能干、越富有。有的妇女还爱好用藤篾编成藤圈，涂有红漆、黑漆，围在腰部，并认为藤圈越多越美（见图13-47）。

阿昌族人口约3.39万，是云南境内较早的土著居民之一，主要分布在云

图13-47　景颇族服装　　　　　图13-48　阿昌族服装

南德宏傣族景颇族自治州境内。阿昌族的服饰简洁、朴素、美观。男子多穿蓝色、白色或黑色的对襟上衣、黑色长裤，裤脚短而宽。小伙子喜缠白色包头，婚后则改换为黑色包头。有些中老年人还喜欢戴毡帽。青壮年打包头时总要留出约40厘米长的穗头垂于脑后。如外出赶集或参加节日聚会时，喜欢斜背一个挎包和一把阿昌刀。妇女的服饰有年龄和婚否之别。未婚少女平时多着各色大襟或对襟上衣、黑色长裤，外系围腰，头戴黑色包头，包头顶端左侧还垂挂四五个五彩小绣球，颇具特色。每逢外出，妇女们都精心打扮一番，戴上大耳环和雕刻精致的大手镯、银项圈，还在胸前的4颗银纽扣上和腰间系挂一条条长长的银链，走起路来银光闪闪，风采耀眼（见图13-48）。

十八、基诺族服装

基诺族意为"舅舅的后代"或"尊敬舅舅的民族"，主要分布在云南省西双版纳傣族自治州景洪市基诺乡（旧称基诺山），其余散居于基诺乡四邻山区，人口约2.09万，主要从事农业，善于种普洱茶。基诺族有自己的语言，属汉藏语系藏缅语族。

基诺族妇女上衣为无领对开，上半部多采用黑布或白布，下半部及衣袖用红、蓝、黄、白等7色布配制或刺绣而成，用红色镶边，上衣背部缝一块约三寸见方的白布，上面绣有圆形太阳花式图案（基诺族称"月亮花"）；内衣为上部呈方形、下呈菱形的兜肚式紧身衣，上部方形为鲜艳的条饰花纹，下部菱形绣着各式图案。下身多着红色镶边的黑色合缝短裙，并用一尺左右的黑布缠绑小腿。发型为椎髻，婚前髻在脑后右方，婚后髻在前额正中。头戴披风式尖帽，这种尖帽用长约60厘米、宽23厘米的竖线花纹土布对折，缝住其一边而成，戴时又在帽檐上折起一指许的一道边。男子着无领对襟上衣，多用白底直条纹土布制成，背部缝有绣在白色方块布上的月亮花图案，下穿宽大的裤子，长及膝处，用白色土布绑腿（见图13-49）。头上留三撮发，额前正中一撮，头顶脑门心两边各一撮，但有的村寨只留一撮。基诺族男女都穿耳，并戴上竹木制或银制的刻有花纹的耳铃。新中国成立后，男子留3撮发和穿耳已不流行。男女都有染齿的习俗，方法是用燃烧后的梨木放在竹筒内，上面盖上铁锅片，待铁片上的烟脂呈灰光的黑漆状时，即用梨木烟脂染齿。染齿是一种互相爱慕和尊敬的表示，青年男女在一起时，姑娘常把铁片端到自己爱慕的青年面前请其染齿。

十九、普米族服装

普米族人口约3.36万，是具有悠久历史的民族之一，主要聚居地为云南省。普米族的男子穿短上衣，用银质纽扣，穿肥脚裤子，大多喜黑色，少数蓝色，外边穿一件长衫，束腰带。常用白羊毛制作腰带，两头绣花，缠麻布裹腿，穿皮鞋，春天穿草鞋。男子留长发，或用丝线把假发包缠在头上。也有些普米族男子剃光头，仅在头顶留一撮发，编成辫子，盘于头顶。男子戴的帽子讲究，样式也较多，有戴帕子的，也有戴圆形毡帽、盆檐礼帽的，有的还镶金边（见图13-50）。男子的装饰品有手镯和戒指，有的也戴耳环，但仅扎左边

图13-49　基诺族服装　　　　　图13-50　普米族服装

一个耳朵眼；佩戴长刀和鹿皮口袋，内装火镰、火镜、火草、火石等取火之物。妇女喜欢披肩，多用山羊皮、绵羊皮、牦牛皮制成，以山羊皮的为贵。披肩大多选用洁白的毛皮制成，美观大方。在披肩上结两根带子，系在胸前，白天可防寒，坐时当垫子，睡时当褥子。兰坪、维西一带的妇女，则常常佩戴色彩鲜艳的披肩，腰系叠缀花边的围腰布。老年男女所穿衣服与成年男女基本相同，只是衣服大多用黑色，不戴饰物，也不用假发，有的也缠帕子，但多用蓝包，包头布也比青年人长得多，一律扎素色腰带，很少穿鞋。

第四节　中南、东南地区少数民族服装

一、壮族服装

壮族是中国人口最多的少数民族，人口约1617.88万，主要分布在广西、云南、广东和贵州等省区。壮锦是壮族民间流传下来的一种独特的织锦艺术，已有1000年的发展史，它与南京的云锦、成都的蜀锦、苏州的宋锦并称"中国四大名锦"。壮族服饰主要有蓝、黑、棕3种颜色。壮族妇女有植棉纺纱的习惯，纺纱、织布、染布是一项家庭手工业。男装有斜襟与对襟两种，衣襟镶嵌一寸多宽的有色布边，用铜纽扣，再束上长腰带；女装分为对襟和偏襟两种，有无领和有领之别，镶嵌绲边，多为蓝黑色，有的在颈口、袖口、襟底均绣有彩色花边。头上包着彩色印花或提花毛巾，腰间系着精致的围裙。男女均喜穿布鞋。女子戴银手镯。未婚女子喜爱长发，留刘海，以此区分婚否，通常把左边头发梳绕到右边，用发卡固定，或扎长辫一条，辫尾扎一条彩巾，劳作时把发辫盘上头顶固定。已婚妇女则梳龙凤髻，插上银制或骨质横簪，多用黑帕或花帕头巾，冬季妇女多戴黑色绒线帽，帽边花式因年龄而异（见图13-51、图13-52）。

图13-51　壮族服装

图13-52　壮族头饰与服装

二、瑶族服装

瑶族人口约263.74万，分布在广西壮族自治区和湖南、云南、广东、贵州等省。瑶族支系众多，分布特点是大分散、小聚居，主要居住在山区。瑶族有自己的语言，但支系比较复杂，各地差别很大，有的甚至互相不能通话，通用汉语或壮语，各支系服饰也不尽相同。广西南丹瑶族男子穿交领上衣，下着白色大裆紧腿齐膝短裤，因而得"白裤瑶"之称；龙胜的瑶族由于穿红色绣花衣而得"红瑶"之称，这也从侧面反映了瑶族服饰的色彩、款式之丰富。瑶族妇女善于刺绣，在衣襟、袖口、裤脚镶边处都绣有精美的图案花纹。发结细辫绕于头顶，围以五色细珠。男子则喜欢蓄发盘髻，并以红布或青布包头，穿无领对襟长袖衣，衣外斜挎白布坎肩，下着大裤脚长裤（见图13-53）。

三、仫佬族服装

仫佬族人口约20.74万，主要聚居于广西罗城等县，其余散居在罗城附近的宜山、柳坡、都安等地。仫佬族有自己的语言，但无文字，多数人通汉语和壮语，使用汉文。仫佬族崇尚青色，过去自织土布，自染蓝靛土布，服饰风格素朴简约。近代与当地汉族、壮族服饰差别不大。男穿对襟上衣、长裤，年老的着琵琶襟上衣，穿草鞋（见图13-54）。

图13-53 瑶族服装

图13-54 仫佬族服装

四、毛南族服装

毛南族人口约10.71万，主要分布在广西壮族自治区，是一个传统的农业民族。毛南族服饰受汉族、壮族文化影响较深，自己独有的传统工艺保留得并不多。旧时几乎家家都有木纱车和织布机，并自种蓝靛草，自纺、自织、自染土布，以制作各种衣饰。姑娘从小就要学习纺线织布，织布技术的高低、织成布匹的多少是衡量其智慧和才干的标准。男女扎头巾，使用一条长三尺五寸、宽五到八寸的蓝布做成。未婚男女则戴布帽或棉毛绒织成的各式绒帽。金属装饰品有银质耳环、银梳、发簪和项圈。男子有短上衣和长袍两种。上衣对襟开胸，有两个口袋在下方，用布做扣子，单数。

长袍开右襟，多是一些有身份的人当礼服用，裤脚宽、裤裆大。妇女衣式比较复杂。有穿短衣长裤的，有穿短衣长裙的。上衣开右襟，襟上安5对或7对扣，形状、花色多种多样。上衣的角有绣花镶边的，也有不绣花的。年轻姑娘胸前另罩有精美的围裙，以显苗条、美观。妇女的裤子同男子大致一样，只是在裤脚绣花绲边，显示多彩多姿。毛南族穿的鞋靴比较简单，脚穿自制的布鞋、布靴（见图13-55）。平日和热天多穿草鞋、竹角鞋或布制凉鞋，朴素大方而且实用。女子于隆重场合则穿绣花尖嘴布鞋。

图13-55　毛南族服装

五、京族服装

京族也称越族。我国京族人口约2.25万，主要聚居在广西壮族自治区。京族以渔业为主，农业为辅，属沿海渔业和农耕混合的经济文化类型。京族男子一般都穿及膝长衣，袒胸束腰，衣袖较窄。妇女则内挂菱形遮胸布，外穿无领、对襟短上衣，衣身较紧，衣袖很窄，下着宽腿长裤，多为黑色或褐色。外出时，外套淡色旗袍式长外衣。妇女喜欢染黑齿、结"砧板髻"。京族最有特色的装饰是斗笠（见图13-56）。

图13-57　土家族服装

图13-56　京族服装

六、土家族服装

　　土家族人口约802.81万，主要分布在与湖南、湖北、重庆、贵州毗连的武陵山地区，共有两个土家族苗族自治州，24个土家族自治县。土家语属汉藏语系藏缅语族中的一种独立语言，土家族无本民族文字，通用汉文。传统的土家族男子穿琵琶襟上衣，缠青丝头帕。妇女穿着左襟大褂，滚两三道花边，衣袖比较宽大，下面镶边筒裤或8幅罗裙，喜欢佩戴各种金、银、玉质饰物，但是并没有苗族那样的银头饰、银项圈。土家族"男女一式"的百褶裙，保留了远古时代"裳"的遗风（见图13-57）。

七、黎族服装

　　黎族是我国岭南民族之一，人口约124.78万，主要聚居在海南省，民族语言为黎语。以农业为主，妇女精于纺织，以"黎锦""黎单"闻名于世。黎族男子一般穿对襟无领的上衣和长裤，缠头巾插雉翎。妇女穿黑色圆领贯头衣，配以诸多饰物，领口用白绿两色珠串联成3条套边，袖口和下摆以花纹装饰，前后身用小珠串成彩色图案，下穿紧身超短筒裙。有些身着黑、蓝色平领上衣，袖口上绣白色花纹，后背有一道横条花纹，下着色彩艳丽的花筒裙，裙子

的合口褶设在前面，盛装时头插银钗，颈戴银链、银项圈，胸挂珠铃，手戴银圈，头系黑布头巾（见图13-58）。

图13-58　黎族服装

八、畲族服装

畲族人口约70.95万，散居在我国东南部福建、浙江、安徽、江西、广东省境内，其中90%以上居住在福建、浙江广大山区。男子一般穿着色麻布圆领、大襟短衣、长裤，冬天穿没有裤腰的棉套裤。结婚礼服为青色长衫，祭祖时则穿红色长衫，老年男子扎黑布头巾，外罩背褡。畲族妇女服饰以象征万事如意的"凤凰装"最具特色，即在服饰和围裙上刺绣各种彩色花纹，镶金丝银线，高高盘起的头髻扎着红头绳，全身佩挂叮当作响的银器。畲族最喜欢蓝色和绿色，红、黄、黑色也颇受欢迎。服饰条纹图案排列有序、层次分明，衣领上常绣一些水红、黄色的花纹（见图13-59）。妇女均系一条一尺多宽的围裙，腰间还束一条花腰带，上面有各种装

图13-59　畲族服装

饰花纹，也有绣上"五世其昌"等吉祥语句的。还有的是用蓝印花布制作的，束上它别有一番风采。衣服和围裙上亦绣有各种花卉、鸟兽及几何图案，五彩缤纷、十分好看。另外，有些地区的畲族妇女系黑色短裙，穿尖头有穗的绣花鞋；有的喜爱系八幅罗裙，裙长及脚面，周围绣有花边，中间绣有白云图案；还有的不分季节，一年到头穿短裤，裤脚镶有锯齿形花边，裹黑色绑腿，赤脚。

九、高山族服装

高山族是台湾少数民族的统称，包括16个族群，大多分布在台湾省中央山脉和东南部的岛屿上，也有少数散居在大陆福建、浙江等沿海地区，总人口40多万，大陆散居约0.46万。高山族地区森林覆盖面积大，素有"森林宝库"的美誉。高山族的节日很多，其中，每年秋季的"丰年祭"又称"丰收节""丰收祭""收获节"等，相当于汉族的春节，是高山族最盛大的节日。

台湾高山族传统服饰色彩鲜艳，以红、黄、黑3种颜色为主，其中男子的服装有腰裙、套裙、挑绣羽冠、长袍等，女子有短衣长裙、围裙、膝裤等。除服装外还有许多饰物，如冠饰、臂饰、脚饰等，以鲜花制成花环，在盛装舞蹈时直接戴在头上，非常漂亮（见图13-60）。高山族不同族群的传统服饰各有特色，如排湾男人喜欢穿带有刺绣的衣服，用动物的羽毛作装饰物，女子盛装有花头巾、刺绣长衣、长袍；阿美女人有刺绣围裙，男人有挑绣长袍、红羽毛披肩；布农男人以皮衣为主，女子有缠头巾、短上衣、腰裙；卑南人以男子成年和女子结婚时的服装最为华丽漂

图13-60 高山族服装

亮；鲁凯人的传统服饰色彩鲜艳，手工精巧，喜欢戴上漂亮的帽章搭配华丽的上衣，显得格外精神，女人们穿挂满珠子的礼袍或裙子；泰雅人的服装可分为便装和盛装，平时劳动穿便装，十分简单，妇女的服装大都是无领、无袖、无扣的筒衣，节庆时穿盛装，还要加上许多的装饰品，有趣的是泰雅男子的饰物比女子还要多；人数较少的赛夏人的服饰也很有特色，最吸引人的是一种叫"背响"的饰物。"背响"也称"臀饰"，只在举行祭奠时或舞蹈中使用，形状大小好像背心，上窄下宽，绣着各种彩色花纹，下面缀着流苏和许多小铜铃，穿戴时背在背上，跳舞时响成一片，悦耳动听。

参 考 文 献

[1]沈从文.中国古代服饰研究[M].北京：商务印书馆，1981.

[2]王家树.中国工艺美术史[M].北京：文化艺术出版社，1994.

[3]陈茂同.中国历代衣冠服饰制[M].天津：百花文艺出版社，2005.

[4]祝重寿.中国壁画史纲[M].北京：文物出版社，1995.

[5]陈高华，徐吉军.中国服饰通史[M].宁波：宁波出版社，2002.

[6]上海市戏曲学校中国服饰史研究组.中国历代服饰[M].上海：学林出版社，1984.

[7]袁杰英.中国历代服饰史[M].北京：高等教育出版社，1994.

[8]周迅，高春明.中国历代妇女妆饰[M].上海：学林出版社，1988.

[9]杨源.中国服饰百年时尚[M].呼和浩特：远方出版社，2003.

[10]刘瑜.中国旗袍文化史[M].上海：上海人民美术出版社，2011.

[11]李军均.红楼服饰[M].济南：山东画报出版社，2004.

[12]华梅.中国服装史[M].天津：天津人民美术出版社，1989.

[13]薄松年.中国年画艺术史[M].长沙：湖南美术出版社，2008.

[14]王朝文，邓福星.中国美术史[M].北京：北京师范大学出版社，2011.

[15]冯泽民，齐志家.服装发展史教程[M].北京：中国纺织出版社，1998.

[16]史岩.中国雕塑史图录[M].上海：上海人民美术出版社，1983.

[17]范文澜.中国通史[M].北京：人民出版社，1965.

[18][日]中川忠英.清俗纪闻[M].方克，译.北京：中华书局，2006.